国家科学技术学术著作出版基金资助出版

生态水文学研究系列专著

流域生态水文过程与机制

余新晓　贾国栋　赵　阳　王贺年　牛健植　孙丰宾 等　著

U0210676

科学出版社

北　京

内 容 简 介

本书以北京山区典型小流域和海河上游山区为主要研究区，探讨以气候变化和土地利用变化为主的环境演变下，流域生态水文响应过程与机制。此外，本书还基于模型对植被变化下的径流过程以及不同尺度流域生态水文变化情况进行模拟和预测，评价不同尺度流域生态水文要素对环境变化的敏感性和脆弱性，为华北地区的流域生态水文研究和水资源管理等方面提供理论基础依据。

本书不仅可以作为水文学、地学、生态学、环境学、土壤学等学科的科研和教学工作者的参考资料，也可以作为流域水资源管理和生态环境相关技术人员、行政管理人员的科学行动指南。

图书在版编目（CIP）数据

流域生态水文过程与机制/ 余新晓等著. —北京：科学出版社，2018.7
生态水文学研究系列专著
ISBN 978-7-03-058182-2

Ⅰ. ①流… Ⅱ. ①余… Ⅲ. ①流域–区域水文学–研究 Ⅳ. ①P343

中国版本图书馆 CIP 数据核字（2018）第 139365 号

责任编辑：朱 丽 宁 倩 / 责任校对：张小霞
责任印制：张 伟 / 封面设计：耕者设计工作室

科 学 出 版 社 出版
北京东黄城根北街 16 号
邮政编码：100717
http://www.sciencep.com

北京虎彩文化传播有限公司 印刷
科学出版社发行 各地新华书店经销
*
2018 年 7 月第 一 版 开本：787×1092 1/16
2018 年 7 月第一次印刷 印张：18
字数：426 000
定价：128.00 元
（如有印装质量问题，我社负责调换）

本书所涉研究成果得到

国家自然科学基金重点项目"基于稳定同位素的典型森林生态系统水、碳过程及其耦合机制研究"（41430747）

国家自然科学基金青年基金项目"北京山区主要造林树种水分利用机制及其生理生态响应研究"（41401013）

国家科技支撑计划"'三北'地区防护林体系结构定向调控技术研究与示范"（2015BAD07B030201）

科技创新服务能力建设-协同创新中心-林果业生态环境功能提升协同创新中心（2011协同创新中心）（市级）（PXM2018_014207_000024）

北京林业大学青年教师科学研究中长期项目（2015 ZCQ-SB-03）

共同资助

主要参编人员（以姓氏拼音为序）：

贾国栋　牛健植　孙丰宾

王贺年　王友生　徐晓梧

余新晓　张秋芬　张祯尧

赵　阳

序

在全球气候变暖及极端天气频发等自然背景条件下，人类活动干扰强度不断加强，人类生存环境发生了较大改变，水资源缺乏、生物多样性降低等生态环境问题日益严重。水是支撑人类社会发展不可缺少和不可替代的自然资源，随着社会经济的发展，水资源需求量越来越大。水资源危机成为困扰世界的三大危机之一，水资源短缺及由此引发的水生态安全问题严重威胁着社会经济可持续发展。

土地利用变化与全球气候变化、生态环境演变、生物多样性的减少，以及人类和环境相互作用的可持续性等密切相关，它直接或者间接地影响流域、区域或者全球的水文过程。诸多河流河道面临枯竭断流的困境，随之而来的土地沙化、土地退化、湿地面积急剧萎缩等生态环境问题日益严重。人类活动和气候变化影响了水文过程和水资源量的变化，水文水资源又会反作用于这种影响，这种相互作用的不确定性和双向性使得水文过程的研究比较复杂而且发展比较缓慢。

《流域生态水文过程与机制》一书是余新晓教授及其团队多年综合研究成果的集中总结，是基于国家自然科学基金重点项目、国家自然科学基金青年基金项目、"十二五"后续项目和林果业生态环境功能提升协同创新中心项目等完成的。该书涉及的重大研究成果是以北京山区典型小流域和海河流域上游山区为研究区域，从生态水文学角度来揭示流域土地覆被景观格局变化特征及流域气候水文要素演变规律，系统反映了气候变化和土地利用/森林覆被（LUCC）等环境要素变化下流域生态水文响应过程和机理。在此基础上基于国外现有分布式水文模型进行流域尺度的水文过程模拟，揭示森林植被对水资源形成过程的影响机制，为我国华北地区的小流域生态环境建设和可持续发展提供重要的科学依据，并有针对性地为周边土地利用/森林覆被类型调整提供理论依据，为今后进一步加强水资源规划和管理奠定了坚实的基础，同时对于干旱地区的水资源管理和规划也具有很强的指导意义。

该书内容均为水文学研究领域的热点问题，引领该学科的发展方向，在理论框架、新方法和新技术方面做了很多开创性的工作，在推动生态水文学和水资源管理的关键技术研究方面进行了有益的探索，对我国进行流域生态环境建设和综合管理研究起到了积极的推动作用。

该书不仅为水文学、地学、生态学、环境学、土壤学等学科的科研和教学工作者提供有益的参考，也为我国流域水资源管理和生态环境建设相关技术人员、行政管理人员提供了一套可供指导的参考书。该著作的出版，无疑将对我国生态水文学和流域水文学的深入发展起到积极的推动作用。

中国工程院院士　王浩

2017 年 9 月

前　言

　　20 世纪以来，在世界人口剧增和经济高速发展的过程中，生态环境发生了巨大的变化，全球和区域性的生态环境问题不断加剧，如全球变暖、水资源短缺、水环境污染、土地退化与沙漠化等环境问题越来越严重，对当前人类经济可持续发展构成极大的威胁。随着社会经济的发展，人类赖以生存的生态水环境成为人类社会发展无可替代的自然资源，水资源需求量越来越大，水资源危机成为困扰世界的三大危机之一，水资源短缺及由此引发的水生态安全问题严重威胁着社会经济的可持续发展。从流域径流研究出发，探讨气候变化和土地利用/森林覆被变化对水资源的循环特征的影响，是流域水资源规划、管理与可持续发展的核心问题，对于水资源的合理开发和高效利用具有重要的实践意义。

　　近年来，受自然因素及人类不合理活动影响，华北地区面临严重的水资源危机，海河流域作为华北地区开发较早的流域之一，是中国十大流域中干旱问题最为严重和突出的流域，是我国最缺水的地区之一。而海河山区作为海河流域的主要产水区，对其水文要素的研究具有重要的意义。海河流域受自然环境变化及人类活动影响的强度和广度进一步加深，水资源短缺越发严重。海河流域山区现已修多座大型水库，遇干旱年份，山区径流绝大部分被水库拦蓄，水库下游几乎全年无水。流域内水资源消耗量巨大，地下水超采状况严重。海河流域在七大流域中水质最差，水污染状况最为严重。因此，有必要以海河流域为研究对象，分析该地区人类活动与环境演变的关系，分析土地利用/覆被景观格局演变规律及其驱动力，研究降水的多尺度分布规律和径流、泥沙、洪枯水形成、运行机理，揭示土地利用/覆被空间分异规律及其对水文功能的影响与调节机制，解析多尺度耦合流域的水文生态对环境演变的响应机制，以辨析基于水量平衡的流域水分循环、转化过程，为海河流域土地利用规划和管理、水资源保护与高效利用及生态系统稳定维持等方面提供基础理论依据。

　　本书主要基于作者主持的国家自然科学基金重点项目、国家自然科学基金青年基金项目、"十二五"后续项目和林果业生态环境功能提升协同创新中心项目等的研究成果。全书共分 8 章。第 1 章为绪论，主要介绍环境演变下生态水文过程和机制的研究现状，以及研究区域概况与研究方法；第 2 章分析研究区不同尺度流域土地利用/覆被变化过程；第 3 章和第 4 章分析环境变化背景下不同时间尺度下各流域气象要素和水文要素的变化趋势和特征；第 5 章和第 6 章分别探讨不同流域水文要素对气候和土地利用/覆被变化等环境变量演变的响应；第 7 章基于 Zhang 模型，分析以森林、草地、耕地农作物为主的不同植被类型对生态水文要素的影响，并对区域森林植被对流域径流过程的影响进行模拟分析；第 8 章基于分布式水文模型 WETSPA 分析不同尺度流域生态水文变化情况，并根据模型进行情景设定，分析评价不同尺度流域水文资源对变化环境的敏感性和脆弱性。

　　本书由北京林业大学水土保持学院余新晓教授设计并统稿。在本书写作过程中，余新晓教授团队成员通力合作，从野外调查到数据整理，进行了大量的资料分析工作。考虑到本书的系统性，书中参考了大量文献，借此机会向这些文献的作者表示衷心感谢！科学出版社对本书的出版给予了大力支持，编辑为此付出了辛勤的劳动，在此表示诚挚的感谢！

余新晓

2017 年 10 月

目　　录

第1章 绪 论

环境演变是当前科学界在不同领域研究的热点问题,它关系着人类的生存和经济发展。随着地球上人口的高速增长,人类活动对地理环境形成了巨大的压力,这造成了自然资源的大量消耗、水土流失和荒漠化,严重威胁着干旱、半干旱地带的发展。环境演变的研究内容也越来越广泛,包括大气圈的演变、海岸带变迁、动植物群的演变、陆地水文的变化,以及这些变化的人类因素影响及研究方法等。气候是环境变迁中最活跃的因素,研究过去气候演变的规律,探讨过去人类活动与环境演变的耦合关系已成为目前国际研究的热点。本书所指的环境演变主要是指华北地区的气候变化和土地利用/覆被变化(land-use and land-cover change,LUCC),主要考虑气候变化和土地利用/覆被变化这种环境演变对不同流域水文生态的影响。流域水文生态是全球气候变化和土地利用/覆被变化响应综合作用的整体。

1.1 环境演变下的生态水文响应

1.1.1 气候变化的生态水文过程响应

气候变化是指气候平均状态随时间(10 年或更长)发生统计意义上的显著变化(马荣田等,2007)。国际上有关气候变化的相关研究开始于 20 世纪 70 年代,1988 年政府间气候变化专门委员会(IPCC)组建成立,旨在对世界范围内有关全球气候变化的现有科学、技术和社会经济信息进行评估,并为政府决策者提供气候变化的科学基础。成立至今,IPCC 已分别于 1990 年、1995 年、2001 年、2007 年、2011 年完成了 5 次全球气候变化评估报告。这些报告的提出,对国际国内社会全面认识气候变化现状及存在问题提供了参考依据,同时也为开展全球气候变化下的水文响应提供了重要数据来源和科学依据。进入 21 世纪后,IPCC 分别在巴西、中国、墨西哥、意大利等国家相继召开了国际会议,讨论与气候变化对区域水文过程和水资源的影响相关的研究和分析(张建云等,2009)。

国内外相关研究中,气候变化对流域和区域水文过程及水资源变化的影响大体分为两类。一类是以区域和流域的长时间序列同期气象水文数据资料(包括降水、气温、径流等)进行时间序列分析,建立径流水资源量与气候要素之间的相关关系,并提出一些经验型的统计模型,以此来研究气候变化对流域水文过程、水资源的影响。在这方面的众多研究中,Langbein(1949)的研究最具代表性,他以美国的一些地区作为研究区域和对象,首次对研究区的径流年际变化及气候变化对流域径流的影响进行了全面的分析。Stockton和 Boggess(1979)参考了类似的相关研究,也选择了利用时间序列分析的方法来研究气候变化及其对流域径流等的影响。区域或流域径流等水文资料的长期观测数据最早出现在 1807 年,在长期观测的基础上,国内外许多研究的结果表明,随着气温的升高,全球许多地方的区域径流均表现出增加的趋势,增加幅度约为 4%/℃(Labat et al., 2004)。北极圈地区主要河流的径流,在最近的六十多年里(1934～2000 年)河川径流量也有了一定的增加趋势(Peterson et al., 2002)。有关气候变化对区域水资源过程的影响,我国研究者们也进行了大量的分析和研究,傅国斌(1991)以华北地区作为研究区域,利用统计模型的方法对气候变化导致的华北地区水文过程变化进行了初步分析,并在研究中引用了Flohn(1979)对气候变化的预测结果;张国胜等(2000)以黄河上游地区作为研究的区域,对研究地区近 38 年(1961～1999 年)的径流量及其与气象因子之间的趋势关系进行了研究,并着重分析了干旱气候条件对流域水资源的影响;丁永建等(1999)在流域水文资料数据不足的条件下,应用数理统计方法,对各影响因子的影响主次程度进行了分析,以此明确什么因子是影响流域径流的主要因子;赵付竹等(2008)以澜沧江流域作为研究区域,基于水量平衡原理,研究了气候变化对流域径流的影响,结果表明,气候变化过程中降水的变化对流域径流的影响显著,而气温变化的影响则并不显著;景元书等(1998)以长江干流地区作为研究区,基于研究区长时间序列(80 年)的径流、降水、气温等观测数据,对气候变化影响流域径流量的过程进行分析,结果表明,降水的增加将导致流域径流有增加的趋势,而气温的升高将导致流域径流有减少的趋势;汪美华等(2003)对区域的气候因子与流域径流进行多元回归分析,模拟了它们之间的经验型的统计模型,并以淮河作为研究区域,以区域内的 3 个子流域作为研究对象,以模拟的 15 种气候变化情景作为背景,分析了流域径流的变化趋势,结果表明,气候变化方式、类型、变化趋势的不同对流域径流的影响也有所差异,在不同研究流域的研究结果也有所不同,而在不同季节的研究结果也不尽相同。

在气候变化对流域径流的影响的众多研究中,另一个研究类型是利用流域水文模型来进行研究和模拟,即基于水文过程和现象的理论原理,提出某些概念性的水文模型,以此来分析气候变化与流域径流之间的相关关系及不同气候变化条件下的流域水文过程的差异(石教智,2006)。Remec 和 Schaake(1982)最先采用这种方法来研究气候变化对流域径流的影响;Glick(1987)参考了 Thomthwaite(1949)的研究结果,基于他们研究结果中提出的水量平衡模型,并对该模型进行一定的改进,在评估气候变化影响水文过程的分析上进行了应用;Faith 等(2009)以维多利亚湖流域作为研究地区,基于 SWAT(soil and water assessment tool)模型设置不同的气候变化情景模拟径流的变化过程,结果表明,该区域降水量增加将引起流域径流量明显的增加趋势;Robert 和 Brooks(2009)分析了全球气候变化对美国东北部的森林水文特征的潜在影响。在应用水文模型来研究和分析气候变化对流域径流的影响方面,我国研究者也进行了大量的研究。游松财等(2002)基于修正的水量平衡理论,设置不同气候情景,对中国不同地区径流量的变化过程进行模拟,其研究结果表明,流域径流量在不同的气候背景条件下变化也不同,在空间上存在一定的差异性;刘春蓁(1997)利用综合水量平衡模型和新安江模型,建立了与全球气候模式(global climate models,GCMs)的接口模型,对我国 7 个流域在未来气候条件下的径流量的可能变化趋势进行模拟;高彦春等(2002)以华北地区作为研究区域,建立了相关的动力学模型,通过设置不同气候情景,对水资源供需变化进行了研究;丁相毅等(2010)将2 个不同的水文模型进行耦合,对海河流域过去和未来 30 年时段内的水文过程进行模拟,并分析了气候变化对研究区域水文过程的影响;张建云等(2009)以黄河中游地区作为研究区域，对不同气候条件情景下的流域径流变化进行了模拟，结果表明，气温每升高1℃将导致流域水资源量减少 3.7%～6.6%，相比气温，降水变化导致的径流变化更为剧烈，10%的降水量的减少将导致流域水资源量减少 17%～22%。

当前，预测全球和区域气候变化对水文水资源影响的研究也较多（Sellers et al., 1996；Niemann et al., 2005；Abramopoulos et al., 1988），有关气候变化模拟预测以采用 GCMs进行研究为主，该方法被认为是提供未来气候变化趋势预测评估的有效方法，它可以较好地模拟不同时期全球范围或区域范围内的地表平均降水特征和气温等年月日尺度变化过程（雷水玲，2001；李克让和陈育峰，1999；范广洲和吕世华，1999）。Hulme 等（1999）采用 GCMs 及影响模型研究人为气候变化与自然气候变异对流域年径流和农业生产的相对影响，并给出当气候变化大于自然气候变异标准差的 2 倍时，气候变化才是显著的判断依据。Milly 等（2005）采用多个 GCMs 集合和统计显著性检验技术模拟 1900～1998 年期间全球大尺度径流分布，并认为气候变化已经对 1970 年以后全球径流分布产生影响，且气候强迫信号在欧亚大陆北部和北美西北部的高纬地区更为显著。Nie 等（2011）基于SWAT 模型分析了美国某流域土地利用变化对流域径流的影响，结果表明，城镇建设用地面积增加是导致流域年径流量减少的主要原因。

气候变化包括气候的自然波动及人类活动引起的变化，即年代际之间的变化。气候影响评价模型是目前广为应用的方法，在气候变化对流域水文水资源影响的研究中，模型模拟成为一种重要手段，采用水文模型研究气候变化对流域水资源影响目前存在两个特点：①流域水文模型由统计模型或概念模型向基于物理过程的半分布或分布式模型转化；②模型模拟尺度由较大时间尺度（年）向小时间尺度（日或次洪水）转化。水文模型模拟能力高低是评价模型适用性的关键，相关研究表明，多数模型对于湿润半湿润地区流域水文模拟均可得到较好的模拟效果，而对于干旱半干旱地区而言，水文模型参数不确定性对流域水文模拟精度的影响是该区域流域水文模型面临的巨大挑战，同时也是评价结果不确定性的主要来源之一（王国庆等，2008）。表 1-1 为目前在气候变化影响流域水资源研究中的常用模型。

表 1-1　气候变化影响评价模型

相关文献	研究流域	代表性模型
关志成等（2001）	北方寒冷地区	水箱模型
王光生和夏士谆（1998）	辉发河五道沟流域	SMAR 模型
刘春蓁和田玉英（1991）	华北地区	非线性水量平衡模型
张洪刚等（2008）	汉江流域	半分布式两参数月水量平衡模型
郝振纯等（2011）	淮河流域	新安江月分布式模型
王国庆等（2008）	湿润半湿润地区	月水量平衡模型
Vandewiele 等（1992）	汉江、东江流域	五参数月水量平衡模型
张永强等（2013）	华北地区	非线性统计模型
英爱文和姜广斌（1996）	辽河流域	WatBal 模型

相关文献	研究流域	代表性模型
陈军锋和张明(2003)	梭磨河流域	集总式水文模型(CHARM)
王守荣等(2002)	滦河流域	DHSVM 模型
Wiberg 和 Strzepek(2000)	中国九大水区	CHARM 水文模型
Middelkoop 和 Rotmans(2005)	莱茵河	RHINEFLOW 模型
Mimikou 和 Baltas(1997)	希腊北部 Aliakmon 河	WBUDG 月水量平衡模型
Arnell(1999)	全球范围内 60km×60km 格点	以水量平衡模型为基础的大尺度水文模型
杨桂莲等(2003)	洛河流域	SWAT 模型
Mac Kirby 等(2003)	澳大利亚首府地区	SIMHYD 模型
袁飞等(2005)	海河流域	大尺度陆面水文模型-可变下渗能力模型 VIC
舒晓娟等(2009)	中国广州流溪河流域	WETSPA 模型
莫菲(2008)	中国六盘山洪沟流域	SWIM 模型

众多研究表明，区域不同或气候情景设置的差异对水文要素影响存在明显的差异性，张世法等(2010)提出，不同气候模式的模拟结果之间、与实测值之间不仅存在数量上的差异性，而且在定性方面甚至出现相反的结果，不确定性十分显著。在全球气候变化下，合理地预测未来气候的变化趋势，并采用有效的方法对水文过程进行研究和模拟已成为水文学研究的热点和难点。

1.1.2　土地利用/覆被变化的生态水文过程响应

气候变化下的土地覆被变化是影响区域水分循环的主要因素之一，同时也是流域产水量发生年际变化的主要驱动力(Schilling et al., 2010；Zhan et al., 2011；Zhang et al., 2006；Niehoff et al., 2002)。一方面，流域土地利用变化必然导致地表粗糙度发生变化，进而导致地表蒸散发特征发生变化，间接对流域水分循环造成影响(王黎明等，2009)；另一方面，土地利用变化，尤其是林地、耕地、草地等土地利用类型变化，在降水过程中，会通过林冠截留、植被拦截降水等方式，对流域水分输入过程造成直接影响(石培礼和李文华，2001)。近年来，随着区域水资源短缺问题的日益突出，水资源问题已成为制约我国经济发展的瓶颈因素(谭少华，2001)，区域土地利用覆被下的流域水文响应研究已经引起了广大科研人员及行政管理人员的广泛关注，成为当前环境变化下流域水文过程研究的热点问题(Lørup et al., 1998；Bronstert et al., 2002；Hundecha and Bárdossy, 2004；亢健，2010)。

目前，土地覆被变化对流域水文过程的影响主要表现为对水文循环过程和水量变化方面的影响(Bosch and Hewlett, 1982；Lenat and Crawford 1994；Stednick, 1996；Sahin and Hall, 1996；邱扬等，2002；Liu et al., 2008)。研究方法主要包括对比流域实验法、传统数理统计法、模型模拟等方法(Brown et al., 2005；Wagener, 2007；Franczyk and Changk 2009；Mango et al., 2011；Zhao and Yu, 2013；López-Vicente et al., 2013；Wang et al., 2014)。配

对流域方法虽然能分离降水和土地覆被变化对流域径流的影响，但时间周期长、投资大等特点限制了该方法的应用，且很难找到两个地形、地貌、土壤等立地条件和降水条件较为类似的流域，尤其对于大流域而言，对比试验更难实现(Wei et al., 2008)；时间序列分析法需以长序列水文气象数据资料为基础，我国水文站网系统观测起步相对较晚，导致长时间序列水文数据较为缺乏，此外，考虑到时间序列分析法缺乏一定的物理基础，分析计算结果精度较难保证(Zhan et al., 2011)；水文模型模拟法因包含的诸多参数缺乏物理意义而不易获得，参数率定对流域实测气象水文数据依赖性较大，诸多水文参数需由实测数据反推，主观性较强。

土地利用变化对流域径流的影响是当前生态水文领域广泛关注的热点问题(Krol et al., 2006; Schlesinger et al., 1990; Covert et al., 2005; Kim et al., 2010; Dung et al., 2012)。土地利用变化对水文过程的影响主要表现在对水文循环过程(水文效应)和水量变化(水资源效应)方面(Bonmann et al., 1999)。土地利用覆被变化通过改变地表粗糙度及地被特征改变流域地表蒸散发等，进而此对流域水量平衡造成影响。由于人类经济活动的影响，坡面上的森林或草地在向农田转化过程中土地覆被变化起着至关重要的作用，它不仅破坏了森林截留和涵养水源的能力，改变了区域水文循环系统，同时还有可能增加下游洪水泛滥的频率和强度(Bronatert et al., 2002; Zhang et al., 2012)，以及对水资源的时空分配及水质状况造成影响(Fohrer et al., 2001; 杜习乐等，2011)。

土地覆被变化对流域水文循环系统的影响从理论上分析主要表现在：降雨初期，除了少部分的降雨直接落入河川径流水面上外，大多数都降落在河道以外，这部分降雨除了满足植物截留、填洼和下渗过程外，还产生地表径流。传统意义上的产流方式可分为两种，即蓄满产流和超渗产流(谢正辉等，2003)。蓄满产流方式一般发生在气候相对湿润的流域，其潜水位高、土壤包气带薄、下渗强度大，蓄满产流与降雨量的大小密切相关。而超渗产流恰好相反，多发生在气候干旱的流域，其潜水位低、土壤包气带厚、下渗能力弱，超渗产流与降雨量大小关系不大，但降雨强度却决定了产流量的大小。华北土石山区以干旱、半干旱气候为主，大多数区域产流方式为超渗产流，但在某些多雨山区，土壤较薄、植被覆盖度高、下渗能力强，也会发生蓄满产流。

人类活动引发的土地覆被变化及其水文响应研究中，流域尺度林水关系研究是热点与难点，尤其是流域尺度造林工程实施及林木采伐等人类活动对水文的影响研究。目前已有许多学者就土地覆被变化对流域径流量的影响做了大量研究(赵文智，2002; 金栋梁和刘于伟，2005; 董国强等，2013; Pacheco et al., 2013; 刘二佳等，2013)。但以上诸多研究所选流域气候背景、地形条件及森林结构本身均存在差异性，故所得研究结论大不相同，迄今，在林水关系问题上还存在很大争议(王礼先和张志强，1998; 高甲荣等，2001; 陈军锋和李秀彬，2001; 王根绪等，2005)。

王根绪等(2005)以甘肃河西走廊马营河流域为研究对象，基于该流域4期土地利用数据，采用数理统计学方法就土地利用变化对流域径流及径流过程各参量的影响进行了深入探讨，结果表明，耕地增加、草地减少使流域年均径流量减少28%，平均贡献率达到78%，说明当地退草还耕工程的实施是造成马营河流域径流减少的主要驱动因素，研究结论可为研究区域土地利用规划提供重要参考；姚治君和管彦平(2003)、张磊和王晓燕(2010)研究认为土地利用变化是导致潮白河流域径流减少的主导因素；Zhan 等(2011)基于 SWAT 模型研究认为气候变化是海河流域白河支流流域径流减少的主要驱动力等。以上诸多研究分别从流域土地利用类型年际变化、景观格局变化及森林覆被变化等角度分析了土地利用变化对流域径流量的影响，但研究流域或区域的气候要素及地形、植被因素等均存在差异，导致所得结论存在显著差异。

1.1.3 流域尺度森林变化的生态水文过程响应

森林占地球陆地表面面积的 33%，具有良好的水土保持和涵养水源功能。研究森林生态系统涵养水源功能有助于了解森林生态系统中水分的运转过程与机制，以及其对生态系统结构、生物地球化学循环、能量代谢和生产力的影响，为流域水资源管理与规划提供参考。

1. 森林数量变化对流域径流的影响

森林作为水文环境要素之一，对降水输入分配有明显影响(王彦辉等，1998；王玉杰等，2005；温远光和刘世荣，1995；史宇，2011)。森林植被通过其垂直方向的层次性(冠层、地被物层、根系土壤层)和水平方向的异质性(树种组成等)对流域水分通量各要素产生重要影响(张颖等，2008；Yu，1991)。水源地防护林，尤其是水源涵养林是防护林种之一，主要是指河川、水库等上游集水区内大面积的原始森林、次生林或者人工林。水源涵养林在水土保持、涵养水源、削减洪峰等方面发挥着不可替代的作用。水源涵养林以上诸多功能的发挥是由水源涵养林结构决定的，森林作为水源保护区主要的土地利用类型，在多年降水量变化较小及流域森林覆盖率变化不大的情况下，流域森林自身结构变化势必会对流域水量平衡造成重要影响。诸多学者相继开展了流域尺度森林水文研究(Swank and Crossley，1988；Yu 1991；McCulloch and Robinson，1993；王礼先和张志强，2001；Sun et al.，2006；Wang et al.，2011；张远东等，2011；Chang，2012)，总结以往研究发现，因区域气候及立地条件差异等因素影响，森林对流域产水量的影响还没有形成一致结论，目前，大致分为以下三种观点。

1)森林覆盖率与流域年径流量呈负相关关系

国际上大多数国家的学者对不同流域研究得出的结论认为森林覆盖度提高会使径流量减少，美国、英国、日本、德国和中国的大多数研究结果都证明了这个结论(Kuczera，1987；Sun et al.，2006；Wang et al.，2008；Yu et al.，2009；Wang et al.，2011；Zhang et al.，2007a；Zhang et al.，2007b；Huang et al.，2013a；Huang et al.，2013b；Stdenick，1996)。Hibbert(1983)对世界上 39 个典型流域进行研究后，得出两条结论：森林覆盖的减少可增加产水量；在原来无植被地区种植森林会减少产水量。Bosch 和 Hewlet(1982)选取了世界上 94 个流域，对植被变化对产水量的影响做了研究，结果进一步证实了 Hibbert 的结论，他们还根据不同植被类型对流域产水量的影响进行了研究，发现产水量随流域植被变化而波动的趋势是可以预测的。总体认为，流域森林覆盖率增加，流域产水量减少。我国也有大量研究与此结论相似。刘昌明和钟俊襄(1978)探讨了黄土高原地区森林对流域径流的影响，研究认为黄土高原地区高覆盖率森林流域较低覆盖率森林流域而言流域产水量低 25mm 左右，黄土高原地区森林减少年径流一般值在 37%以上；冉大川(1992)研究发现黄土高原泾河流域年径流在经过综合治理后呈减少趋势，综合治理减水效益为 7.5%，减沙效益为 14.4%；李玉山(2001)研究发现黄土高原地区有林地较无林地径流减少 57%~96%；Sun 等(2006)研究认为植树造林可使黄土高原年径流量减少 50%以上；Bi 等(2009)基于配对流域法在南小河流域得到同样结论，即造林可使流域年径流减少 49.6mm；Wang 等(2011)研究发现黄土高原地区非森林流域年径流量为 39mm，而森林流域年径流量仅为 16mm，同比减少 58%。2011 年，Wang 等就我国北方林水关系进行了探讨，就森林覆盖率与流域径流之间关系进行了量化分析，研究结果发现，黄土高原区域内森林覆盖率与流域径流量呈显著负相关，相关系数 $R=0.64(p<0.05)$。

2）森林覆盖率与流域径流量呈正相关关系

苏联学者斯莫列斯克等以伏尔加河左岸 3 个流域为例开展林水关系研究，研究表明，在相同的气候条件下，有林地比无林地年径流量增加 114mm，即森林覆盖率每增加 1%，年平均径流量增加 1.1mm(林明磊，2008)。马雪华(1993)对长江流域 674~5322km² 范围内的 10 个流域径流率进行了分析，发现森林覆盖率较高的流域通常径流率较高。金栋梁和刘于伟(2005)以长江森林流域为研究对象，研究认为森林覆盖率高的流域，河川年径流量要素呈现增加趋势。黄伯璿(1982)对华北 3 个流域进行对比研究，表明在地质地貌、气候条件大致相同条件下，森林每增加 1%，流域径流深度相应增加 0.4~1.1mm。周晓峰等(2001)对我国东北地区黑龙江和松花江水系的 20 个流域 10 年测定的多元回归分析结果表明，森林覆盖率每增加 1%，年径流量增加 1.46mm。Wei 等(2003)发现我国北方地区面积大于 100km² 的中大尺度流域森林覆盖率与流域产水量之间存在一定的正相关。

3）森林覆盖率与流域径流量之间无直接联系

有关研究却认为森林植被增加对径流影响不显著(周梅，1995)。Scottd 和 Lesch(1997)研究表明，以大叶桉为主要树种的流域，植树 9 年后，枯水期径流完全消失，对林龄为 15 年的桉树进行皆伐实验后发现，流域年径流在 5 年后并没有增加。Braud 等(2001)采用对比流域法研究发现，当两个流域地质条件相同时，植被覆被变化对流域径流影响并不明显。我国一些学者也得出了相似的结论，王礼先等(2001)根据海南岛万泉河乘坡水文站和昌化江毛枝水文站观测资料分析表明，随森林植被变化的河川径流量变化并不明显，乘坡水文站控制集水区面积 727km²，20 世纪 60 年代和 70 年代森林覆盖率分别为 15%和 40%，年降雨量为 2601mm 和 2428mm，年均径流量为 1805mm 和 1676mm，年均径流系数为 0.69。Wei(2008)提出中国大面积的造林工程与流域产水量的减少无明显关系。

2. 森林结构变化对流域径流的影响

森林结构决定森林功能。黄志刚(2009)研究认为森林结构对流域径流的影响主要体现在通过调节降雨林内分配进而对流域产汇流时间及数量造成影响。当前坡面生态系统尺度下森林对坡面径流的影响相对较大，但流域尺度森林质量变化对产水量的影响研究较少。通过参阅相关文献，反映流域尺度森林植被结构的指标主要包括流域森林覆盖率、归一化植被指数(NDVI)、森林生物量、乔木层生物量、森林单位面积蓄积量、流域林层结构、流域树种组成、年龄结构、径阶结构、流域景观空间格局指数等(张友静和方有清，1996；李春晖和杨志峰，2004；张喜等，2008；张津涛等，1993；)。

林龄结构组成是林分结构重要参数之一，它主要指林分中各组成树种在不同龄级的分布株数，是综合反映林分密度和树种的度量指标，从侧面反映了林分结构的稳定程度，进而对林分水源涵养功能造成影响。树种组成不同，可导致树冠特性及林下植被的差异，影响林下枯落物的数量及组成，进而对枯落物持水能力造成差异。申书侃等(2011)选取流域水源林年龄结构、空间格局及水源林面积比例等指标从流域尺度就北京山区流域水源林结构与功能进行了研究，并构建了流域尺度、森林结构与水源涵养功能耦合模型。秦富仓(2006)从森林景观格局角度分析了流域森林不同景观格局指数变化对流域产水产沙特性的影响。索安宁等(2005)选取景观多样性指数、森林比率等指标基于 DCCA 排序法对我国西北黄土区泾河流域 12 个子流域水土流失量与景观指标关系进行了深入分析，探讨了流域水土流失特征沿景观梯度的变化规律。郭浩等(2006)分析了北京市官厅水库上游妫水河流域 1975～2000 年水源涵养林分布格局变化特征。黄志刚(2009)等从森林数量、流域森林结构变化、流域森林类型组成及流域森林经营与管理四方面就流域尺度林水关系加以总结，所得结论为在空间小尺度流域，森林可减少径流，而就空间大尺度流域而言，森林增加，可增加流域径流量。王贺年等(2013)利用空间大尺度上多流域对比及时间尺度上的多年平均和季节性的双重分析，定量分析了华北土石山区流域径流随森林覆盖率的变化，结果表明，当年均降水量小于 500mm 时，流域年均径流深与森林覆盖率相关关系并不明显，森林对径流有微弱影响，当年均降水量大于 500mm 时，流域径流深随森林覆盖率增加而呈现出先增加后减小的趋势。张庆费和周晓峰(1999)选取森林覆盖率及单位面积蓄积量等指标分析了汤旺河和呼兰河流域森林对径流的影响，结果表明，森林覆盖率和单位面积蓄积与流域年径流系数呈正相关关系，森林具有增加年径流量的作用。张喜等(2008)采用样地定位监测法研究了黔中喀斯特山地不同森林类型对地表径流的影响，研究结果表明，黔中喀斯特山地森林与其他森林地表径流量表现出一定的相似性。

1.1.4 流域生态水文过程响应研究方法

在研究流域生态变化对水文系统的影响方面，还没有一种被广泛认可的评估方法，目前通常是通过模型模拟的方法研究水文生态响应，用不同的模型和假定来推导土地利用/森林覆被变化对河川径流的影响。谢平(2010)编著的《流域水文模型——气候变化和土地利用/覆被变化的水文水资源效应》一书将其研究方法概括为三类：第一类是实验室观测法和野外对比流域法，第二类是特征变量的水文时间序列分析法，第三类是流域水文模型法。

1. 实验室观测法和野外对比流域法

实验室观测法成本低，能缩短实验周期并排除其他因素的干扰，但是室内条件也较为理想化,具有太多不确定性从而不能代表野外的实际情形(陈军峰和李秀彬,2001)。野外对比流域法又包括几种方法,即单独流域法、控制流域法、平行流域法等。在野外观测实验中通过对比实验流域观测来研究流域造林或者森林砍伐,以及林地和草地、林地和农用地等之间的相互转化对流域水文过程的影响(Brown et al.,2005)。野外观测结果虽然可代表野外复杂条件的情形,但其耗时长且投资大,所以此方法也具有一定局限性(张志强等,2006)。Lørup 等(1998)在津巴布韦各个流域运用传统统计方法和水文模型来评估土地利用变化对径流的影响研究中指出,大中尺度的流域进行对比时很难找到真正可以进行操作控制实验的流域,同时 Lørup 还指出流域尺度越大则越难确定流域之间是不是具有相似的立地条件和降水等因素,所以他认为对于大流域,对比实验流域的方法很难实现。王盛萍等(2006)指出单个实验流域的方法尽管具有相同的地质地貌和土壤条件等,但很难判断出土地利用/森林覆被变化和气候变化哪个对径流影响更大,很难对它们进行定量分析,所以在进行单个实验流域观测时,必须去除降水等气候因素对径流的影响才能确定不同土地利用/森林覆被变化的水文生态响应。

2. 水文时间序列分析法

时间序列分析的方法最开始被用来预测市场上的经济变化规律情况,其起源于 1927年数学家 Yule 所提出的自回归(AR)模型(张文林,2006);其后,在 AR 模型的基础上,数学家 Walker 在 1931 年基于滑动平均理论,提出了一个全新的混合模型,初步奠定了相关的理论基础(拜存有,2008)。

基于 Mann-Whitney 理论和方法,Pettitt(1979)提出了相关的非参数检验方法。丁晶(1986)在分析洪水时间序列数据资料的过程中,提出了有序聚类分析的方法;夏军等(2001)基于灰色系统理论,提出了对数据序列进行逐时段的滑动分割后再进行比较的序列分析法,以及对数据序列进行有序聚类最优二分割后进行比较分析的序列分析法;熊立华等(2003)提出了相关的贝叶斯数学模型,用来对时间序列的突变点进行分析;张一驰等(2004)基于统计学方法和 Brown-Forsythe 检验,建立了相关的方法来对水文序列突变点进行检验,并对新疆地区的开都河流域大山口水文站近 50 年的年平均径流,利用该方法进行突变点分析;金菊良等(2005)提出了一种新的突变点分析方法 AGA-CPAM,该方法基于遗传算法的原理,对水文时间序列进行突变点分析;陈广才和谢平(2006)对传统 F 检验进行了一定的改进,提出了滑动 F 检验的方法,并以潮白河流域为研究对象,对其年径流序列进行了突变点检验和验证;雷红富等(2007)利用统计分析的方法,对水文时间序列分析中常用的 10 种突变检验方法进行了对比和总结分析。

3. 流域水文模型法

生态学等相关学科的深入研究及计算机技术的高速发展促进了流域水文模型的开发和利用。通过对耦合水文过程来构建相关的水文模型,并对流域水文过程进行仿真模拟,这种方式逐渐成为水文学研究的一种行之有效的方法。流域水文模型是对流域降雨径流等水文过程进行描述,以此总结提出相关的数学函数而构成的一种数学物理模型,研究界普遍将水文模型分为两类:集总式水文模型(lumped model)和分布式水文模型(distributed model)。

集总式水文模型是将流域看作一个整体而不考虑水文过程的空间分布的水文模型，在模型参数率定时常采用模型变量和参数的平均值，将流域看作一个黑箱。值得注意的是，在应用该类模型时需要对模型参数进行率定和模型的验证等过程；该类模型的缺点也十分明显，率定后的参数值可以达到在研究区适用的精度要求，但仅适用于特定的研究条件下，因此无法推广应用，尤其是在没有足够的水文观测资料的情况下，对于模型的参数率定及模型验证等过程就更加困难(郑红星等，2004)。这类模型的代表有新安江模型、RHS 模型、Gash 模型、SPAC 模型、SVAT 模型、TANK 模型等。

相对于集总式水文模型的缺点，分布式水文模型有效地弥补了这方面的不足。这类模型在建立时考虑到了气象、下垫面条件等因素的空间分布不均匀性，模型参数的空间变化有利于研究区域下垫面因素的空间分布，使得模型的输出结果也具备了空间分布不均匀的特性，能够全面地反映各类因子对流域水文过程的影响。Freeze 和 Harlan (1969) 最早开始研究分布式水文模型，提出了建立这类模型的理论、概念和框架结构(芮孝芳和黄国加，2004)；随后，Bevenh 和 Kirbby (1999)提出了以变源产流为基础的 TOPMODEL 模型(topgraphy based hydrological model) (Beven and Kirkby，1979)，但这个模型没有考虑降水、蒸散发等气象因子的空间分布对研究结果的影响，因此，严格意义上还不能算作是分布式水文模型(王中根等，2003)；而后来的 SHE 模型(System Hydrologic European)则是典型的分布式水文模型，它由英国、法国及丹麦的水文学家共同建立，并进行了一定的改进(Abbott et al.，1986；Bathurst et al.，1995)；Jeff Arnold 在 1994 年又为美国农业部农业研发中心开发了 SWAT 模型，该模型具有明确的物理机制和原理，为一典型的半分布式水文模型(熊立华等，2004)；而基于 SWAT 和 MATSALU 模型，以及对水文学、水土保持及元素转移等方面的动力学原理的集成，研究者们又开发和建立了新的 SWIM 模型(soil and water intergated model)。

在水文模型的应用过程中，分布式水文模型在水文过程模拟研究中的应用最为广泛。美国、加拿大常用的水文模型有 SWAT 模型(Arnold et al.，1995)、HSPF 模型(Bicknell et al.，1993)、SWMM 模型(Huber et al.，1987)、USGS-MMS 模型(Leavesley et al.，2002)、UBC 模型(Quick，1995)等；欧洲国家较常用的有 SHE/MIKESHE 模型(Abbott et al.，1986)、TOPMODEL 模型(Beven et al.，1995)、IHDM 模型(Beven et al.，1987)、LISEM 模型(De Roo，2001)等；日本地区具有广泛影响的模型有 OHyMoS 模型、IISDHM 模型等(立川康人，2002)；借鉴国外应用广泛的诸多模型，我国研究者们也开发建立了许多分布式水文模型,在模型的应用与开发等方面很大的进展，如 WEP 模型(Jia et al.，2001)、GBHM 模型(Yang et al.，2002)、LILAN 模型(李兰和钟名军，2003)、DEM 模型(郭生练，2000；熊立华等，2004)、黄河流域分布式水文模型(刘昌明等，2003)、基于人类活动的流域产流模型(王浩等，2003)、产沙输沙的 THIHMs-SW 模型、THMODEL(田富强，2006)、TPMODEL(王蕾，2006)等。

1.1.5　存在的主要问题及发展趋势

土地利用/森林覆被作为陆地生态系统的主体，对水文过程的影响与调控机理等已经成为学术界关注的热点问题，并且在国外和国内开展了大量的研究。但依然存在以下问题。

(1)流域尺度林水关系探讨所得结论存在较大分歧,原因是多方面的。其一,与研究方法相关,配对流域法是早期森林水文学研究所广泛采用的方法,一般在小流域内开展相关实验,但很难找到 2 个气候与地理条件完全相同的流域。此外,研究周期长,流域间可对比性差等给实验结果精度和误差带来影响,都有可能影响最终结论,大大增加了该方法普适的局限性;室内模拟法较配对流域法,虽然在降低成本、缩短实验周期方面存在优势,但室内条件较为理想,难以代表野外的实际情形,实验结果可信度降低;水文模型法包含诸多参数缺乏物理意义,参数率定对流域实测水文气象数据依赖性大,主观性较强。其二,与森林自身复杂性密切相关。森林作为复杂的陆地生态系统,森林生长状况(林分类型、林龄)及其不同对水文系统的影响差异较大,从而影响了森林水文效应的评价。其三,与区域差异有关。不同流域气候、地形地质地貌、植被类型及受人类活动影响等条件均存在较大差异,区域差异性使得不同地区流域林水关系结果之间无法比较。其四,与流域尺度有关。尺度是影响森林水文效应的重要因子,不同尺度流域水文机制存在差异,导致不同大小流域林水关系研究所得结论存在显著差异。

(2)以森林变化为主要特征的流域土地覆被变化对流域径流的影响研究主要集中在森林数量变化对流域径流的影响,或多集中在多个流域森林覆被率变化与流域径流之间关系的探讨。森林面积变化固然对流域径流造成重要影响,但从结构决定功能的角度讲,森林结构变化对流域水分循环的影响不容忽视,而目前,流域尺度下森林结构变化对流域径流形成机制的影响研究相对较少,量化分析森林结构与流域径流量的研究还十分薄弱,为此,开展环境变化背景下流域森林数量与质量变化对径流演变规律影响的研究将对区域林业发展具有重要现实指导意义。

(3)森林生态水文过程受影响的因素较多,主要的影响因素包括降水的再分配和分布、土壤水分和植物体内水分的蒸散发变化、流域径流形成和运行机制。国内大多数研究采用对比分析法进行定性分析,而在定量分析方面则十分薄弱,利用流域水文模型模拟土地利用/森林覆被变化影响的研究更是处于起步阶段,尤其是应用遥感(RS)信息获取技术和地理信息系统(GIS)技术建立分布式水文模型模拟土地利用/森林覆被的水文效应和水资源效应的研究工作仍显得薄弱,一般都是借鉴国外的模型进行模拟(谢平,2010)。

(4)流域水文模型的参数存在区域性的问题。水文模型提供了一个研究土地利用/森林覆被变化和水文过程间关系的一个框架,在各国得到了广泛的应用。但国外所建立的各种模型基本上都是在特定条件下建立的,模型参数多且输入要求高,没有在其他地区进行检验。当模型被用于国内不同地区时,模型参数则需要重新率定,参数率定和数据转换过程中模拟的精度会受到影响,因而无法较好地模拟我国不同地区的水文过程。分布式水文模型模拟过程中尺度转化和异参同效是目前存在的关键问题。因此,在研究开发我国典型地区水文模型的同时,应强化对国外水文模型的参数区域规律的研究,建立模型参数与植被土壤、地形地貌、气候条件等宏观区域参数间的关系,增大已开发水文模型的适用范围。

(5)不同水文模型在建立时所依据的基础理论和模拟公式差异较大,如何对不同模型进行整合和评价是各种模型以后发展的一个重要方向。

森林生态水文学水文模型研究的目的在于揭示森林植被与水资源之间的关系,为较好地管理森林植被提供理论指导，并对其现有的森林状况进行预测并对当地水资源状况进行评估。分布式水文模型是目前比较成熟的并且能够准确地模拟森林生态系统水文过程的模型，但其模型参数较多且收集比较困难，资料收集是模型建立的难点和重点工作，今后我国各单位应加强相关参数数据的监测。另外，尽管各国学者在不同时间和空间尺度上进行了水文过程变化的模拟和机理的阐述，但大多数研究都只局限于某一个方面，不同尺度间的相互联系和转化问题有待于进一步深化研究。同时，在以后研究中必须加强地理信息系统、遥感和全球定位系统等现代空间信息技术在森林植被空间布局研究中的应用，结合现代空间信息技术，揭示不同森林植被景观格局的水文生态过程及响应机理将是未来研究的重点。

1.2　研究区概况

1.2.1　半城子流域概况

1. 地理位置

半城子流域（116°55′～117°2′E，40°37′～40°43′N）位于牤牛河上游，属密云水库水源地保护区二级保护区，流域面积为 66.1km²，干流河道长 19.9km，位于密云水库北侧，具体位置见图 1-1。牤牛河是一条冬春无水、汛期洪水突发的季节性河流。多年平均年径流量为 1289 万 m³，平水年年径流量 1025 万 m³。其中，最大径流量出现在 1994 年，为 488mm，这与 1994 年 7 月 12 日 11～13 时密云县发生特大暴雨直接相关。

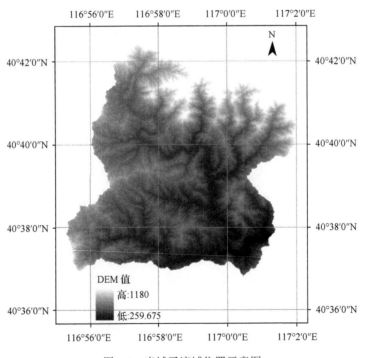

图 1-1　半城子流域位置示意图

半城子水库上游水文站为流域出口控制站，位于北京市密云北部不老屯镇半城子村以北约 500m 半城子水库上游处，始建于 1975 年 11 月，1977 年 11 月基本建成，水库大坝为沥青混凝土斜墙式土坝，总库容 1020 万 m^3，最大泄量 703m^3/s。

2. 地质地貌

半城子流域地处北京北部土石山区，属燕山山脉，流域地貌类型较为复杂，主要地貌类型包括丘陵、低山、中山等。根据流域数字高程图统计分析可知，半城子流域平均海拔在 240～1250m 之间，平均坡度 24°～32°。该流域地质结构以花岗岩和碳酸岩为主。

3. 气候

半城子流域所在气候区属于半干旱向半湿润过渡的大陆性季风气候区，降水集中、四季分明、季风明显。流域 1989～2011 年多年平均气温为 11.46℃，1989～2011 年多年平均降水量 622.8mm，研究时段内年降水量变化范围为 344～988mm。降水的年际变化较大，1994 年降水量 985.7mm 为最大，2002 年降水量 344.4mm 为最少，最大 24h 降水量超 100mm 有 12 次，流域的降水主要集中在汛期 6～9 月。蒸发器型号为 20mm 蒸发皿，多年平均水面蒸发量为 1366mm。蒸发量的年变化与气温的年变化关系大体一致，一般 11 月～次年 5 月的蒸发量为最少，7～9 月的蒸发量为最大。

4. 土壤

流域土壤类型主要包括褐土和山地棕壤，也有极少数石质土。根据 2011 年野外样地调查可知，流域土壤土层厚度为 20～50cm。此外，流域土壤类型分布呈现一定的垂直分布规律，其中，山地棕壤主要分布于高海拔地区（≥900m），按海拔由高到低依次为淋溶褐土、普通褐土和潮褐土。

5. 植被类型

水分是影响半城子流域植被分布的主要限制因子，根据 2011 年 10 月流域森林典型样地野外调查及现场调研可知，半城子流域内森林植被类型较为丰富。其中，水源涵养是流域森林生态、经济和社会效益的最主要体现。目前，半城子流域广泛分布的针叶林代表树种主要有侧柏（*Platycladus orientalis*）和油松（*Pinus tabuliformis*）等，阔叶林代表树种主要有山杨（*Populus davidiana*）、刺槐（*Robinia pseudoacacia* L.）和蒙古栎（*Quercus mongolica*）等，还有一些荆条（*Vitex negundo* L.）等灌丛生长。其中，据实地调研可知，半城子流域主要造林树种侧柏营造于 20 世纪 80 年代中后期，油松营造时间为 20 世纪六七十年代。

6. 水文

该流域位于密云水库北部的牤牛河流域上游，牤牛河属于潮河的一条支流。流域水库 1975 年 11 月动工，1976 年 7 月大坝落成，是一座以防洪、灌溉为主的中型水库。流域水文站控制牤牛河上游 66.1km^2，流域所建水库的总库容为 1020 万 m^3，同时建有溢洪、输水洞、电站和大坝各 1 座。其中大坝最大坝高和坝顶长分别为 29m 和 185m。在坝下建有电站 1 座，年均供水达到 450 万 m^3，年均发电达到 30 万 kW·h 余，灌溉农田 2 万亩①。流域平均降水量为 669mm，流域沟道径流以地表径流为主，平均径流量为 1289 万 m^3。干流河道长 19.9km，平均纵坡 16.6‰，河谷地带地形陡峻，易发生滑坡和泥石流。沟道多为季节性洪沟，旱季无径流，雨季经常暴发山洪。

半城子水库水文站主要承担的观测项目有水位、流量、降水量、蒸发、气温、冰情等，雨量观测方法采用人工、自记和遥测三种方式，以人工观测为主，遥测为辅。水尺位于大坝上游 260m 处公路桥边墩上，为直立水尺。入库流量根据库容差反推流量，溢洪道出库流量根据水位、流量、开度关系曲线图表查算下泄流量，2008 年安设气泡水位计 1 台，目前水位观测以人工观测为主。历史最高水位分别出现在 1992 年 11 月 4 日、1994 年 11 月 15 日，水位 259.30m；实测历史最大流量出现在 1991 年 6 月 10 日，流量 87.6m^3/s。

7. 社会经济状况

半城子流域行政隶属北京市密云区，主要包括不老屯、冯家峪和高岭 3 个镇的半城子、史庄子、古石峪等 6 个主要行政村。据 2012 年北京市密云县国民经济统计资料可知，2012 年流域拥有居民 341 户，户籍人口 1200 余人，农村居民人均纯收入 14590 元。

1.2.2　红门川流域概况

1. 地理位置

红门川流域地理坐标为 117°2′~117°16′ E，40°20′~40°28′ N，位于北京市密云区，流域位置示意图详见图 1-2。流域集水区面积为 128km²，沙厂水库位于流域出口处，水库多年平均径流量 2060 万 m^3，总库容 2120 万 m^3，兴利库容 1940 万 m^3，设计洪水位 167.95m，汛期限制水位 165.50m，大坝最高 47m，坝顶长 230m，溢洪道堰顶高程 162m，最大流量 798m^3/s，有效灌溉面积 3.7 万亩，总工程量 65 万 m^3，总投资 700 万元，并于 1973 年竣工。

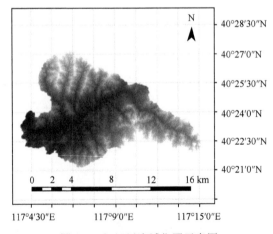

图 1-2　红门川流域位置示意图

---

① 1 亩≈666.67m²。

2. 地质地貌

和半城子流域类似，红门川流域地处北京北部山区，密云区东部，同属于燕山山脉，流域平均海拔在 140～1200m 之间，平均坡度在 20°～45°之间。流域地貌类型较为复杂，主要类型包括丘陵（海拔小于 300m）、低山（海拔 300～800m）及中山（海拔 800～1200m）等。红门川流域地质结构同样主要由花岗岩和碳酸岩等基岩组成。

3. 气候

红门川流域所在气候区属于半干旱向半湿润过渡的大陆性季风气候区，降水集中、四季分明、季风明显。流域 1989～2011 年多年平均气温为 11.46℃，1989～2011 年多年平均降水量 490.5mm，研究时段内年降水量变化范围为 160～759mm，降水的年际变化较大，1994 年降水量 758.3mm 为最大，1999 年降水量 160.5mm 为最少，流域的降水主要集中在汛期 6～9 月。蒸发器型号为 20mm 蒸发皿，多年平均水面蒸发量为 1359.6mm。蒸发量的年变化与气温的年变化关系大体一致，一般 11 月～次年 5 月的蒸发量为最少，7～9 月的蒸发量为最大。

4. 土壤

红门川流域土壤类型主要包括褐土和山地棕壤。根据 2011 年野外样地调查可知，流域土壤土层厚度为 18～55cm。此外，流域土壤类型分布呈现一定的垂直分布规律，其中，山地棕壤主要分布于高海拔地区（≥900m），褐土分布于低海拔地区（<900m），按海拔由高到低依次为淋溶褐土、普通褐土和潮褐土。流域土壤为微酸性，有机质含量为 5%以上。

5. 植被类型

和半城子流域植被分布特征相似，水分同样是红门川流域植被类型分布的主要限制因子，根据 2011 年 10 月流域森林典型样地野外调查及现场调研可知，红门川流域内森林植被类型较为丰富，其中，水源涵养是流域森林生态、经济和社会效益的最主要体现，目前，红门川流域广泛分布的针叶林代表树种主要有侧柏和油松等，阔叶林代表树种主要有山杨、刺槐、蒙古栎和栓皮栎（*Quercus variabilis*）等，还有一些荆条等灌丛生长。此外，在流域内还分布有一定面积的苹果树（*Malus pumila*）等。

6. 社会经济情况

红门川流域行政隶属北京市密云区，共涉及张泉、张庄子、下栅子等 25 个行政村，据 2012 年北京市密云县国民经济统计资料可知，2012 年流域拥有居民 34189 户，户籍人口 727980 余人，农村居民人均纯收入 15590 元。

1.2.3　海河流域概况

1. 地理位置

海河流域位于我国东部地区，地理坐标 $112°\sim120°$ E、$35°\sim43°$ N，流域总面积 31.82 万 km²，内部水系主要有海河水系、滦河水系及徒骇马颊河水系三大水系；流域内地貌类型主要为山地高原和平原两种类型，其中山地高原面积占总面积的三分之二，平面面积占三分之一，两者之间有明显的分界线；流域涉及北京和天津全境、河北的绝大部分、山西和山东的一部分，还涉及河南、内蒙古和辽宁的少部分区域。

海河山区包括海河流域的西部和西北部地区，地理坐标为 $35°3'\sim42°43'$N 和 $111°57'\sim119°35'$E（图 1-3），研究区海拔为 6~2940m，总面积约为 18.64 万 km²，是海河流域的主要产水区。植被有明显的纬度变化，从北部的干草原和森林草原逐渐向南部针阔混交林、落叶阔叶林变化，植被覆盖度逐渐增加，种类成分越来越复杂。主要的土壤类型为褐土和棕壤，土层薄（小于 1m）。

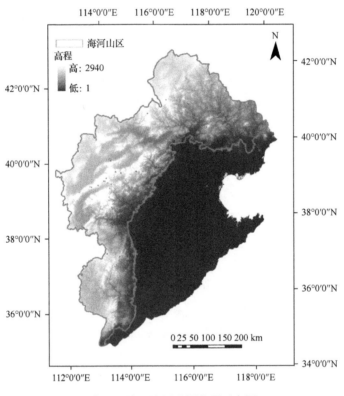

图 1-3　海河山区范围位置示意图

2. 地质地貌

1) 地质

研究区西段阴山山地由前震旦纪花岗片麻岩、闪长片麻岩等组成，部分地区分布有中生代碎屑岩并存在大量火成岩；东段燕山山地广泛分布着震旦纪石英岩和硅质灰岩、下古生代浅海相沉积页岩和灰岩及上古生代的含煤构造。该地区在中生代构造运动强烈，断层发育，地面长期隆起上升，岩石风化剥蚀，形成平缓的丘陵山地。西部在朔州、广灵、井陉、武安、涉县、潞城、陵川、辉县一带，岩溶发育，泉水丰富，著名的有神头泉、娘子关泉、黑龙洞泉、辛安泉、百泉等。南部新生代以来一直处于上升状态，山势比较陡峻，多由花岗岩、片麻岩组成，风化层较厚，富含石英砂砾。

2) 地貌

研究区内地势西北高东南低，一半以上地区海拔高于 1km，有的地区甚至海拔高于 2km，主要的地貌类型有山地、丘陵、沟壑谷地等，土石山区类型面积达到研究区面积的 70%以上，丘陵地区海拔范围一般为 100～500m；研究区总地势大体为西北向东南倾斜。山区河流大多纵横切割较深，沟壑密度可达 2.0～4.3km/km²。

3. 气候

海河山区气候季节性明显，冬季寒冷少雪，春季风大干燥，夏季湿润多雨，秋季干爽雨少。山区气温在 7～10℃之间，无霜期年平均 120～200 天，其中最少 99 天(永定河)，最大 217 天(漳卫河)。年平均相对湿度为 50%～70%。年平均风速 1.5～3.4m/s。由于流域所处位置与特定的气候条件，霜冻、冰雹等极端性气候不断发生，造成局部地区的农业减产甚至绝收。秋季的早霜对山区的晚秋作物危害较大，春季的晚霜对拔节后的冬小麦也有一定的危害。

研究区年降水 500mm 左右，在我国东部沿海地区为降水十分稀少的地区，且空间分布有明显的地带性差异，空间分布总趋势呈西北向东南不断减少，在山脉迎风坡形成一条 600mm 弧形多雨带，燕山山脉的河北遵化、太行山山脉的河北易县及河南淇县是 700～800mm 的多雨中心，五台山最多达 952mm，西部地区降水量为 400～500mm。

研究区时间尺度上差异性明显，年内年际分布极不均匀。年际变化幅度以太行山、军都山多雨区较大。多数站最大与最小年降水量之比在 4 倍左右，燕山地区及西部高原、盆地变幅最小，均在 3 倍以下；年内分布极不均匀，汛期(6～9 月)降水量可达全年降水量的 75%～85%，而秋冬季降水仅为 10%左右，春季仅 15%左右。

4. 土壤

研究区的主要土壤类型在水平分布上从北到南主要是褐土和黄棕壤两大类，两者分别为暖温带和北亚热带的典型地带性土壤。棕壤主要分布在海拔 600～1000m 的燕山、太行山山脉的中低山地区，淋溶、黏化现象较为显著，有机质在腐殖质层中含量较高，一般大于 50g/kg；其西部地区分布有栗钙土，其剖面上层为腐殖质层，下层为钙积层，一般出现在 40～60cm 处，厚度 20～50cm，碳酸钙含量为 50～300g/kg，通体石灰反应呈弱碱性至碱性。后者发育在温带半干旱森林草原向温带草原过渡的生物气候条件下，具有弱腐殖质化、弱黏化、弱钙积化的成土特点。

褐土有明显的黏化过程，以残积黏化为主，在土体的一定深度形成黏粒含量较高的黏化层；而且具有明显的钙化过程，受淋溶程度的限制，土体中的碳酸钙下移到一定深度后即发生淀积，形成钙积层，土壤呈中性到碱性反应。

由于地形、地质、地貌等众多因素，研究区土壤普遍土层较薄。典型调查表明，土层厚度小于 15cm 的约占总面积的 40%，大于 50cm 的只占总面积的 10%，其余都在 15～50cm。

5. 植被

华北山地暖温带落叶阔叶林区的植物区系成分属中国-日本植物区系的北部区，以东亚区系成分为主。落叶阔叶林较为常见的树种有槐、榆、桦、槭、杨、落叶栎类等，针叶林主要有油松(*Pinus tabuliformis*)、华北落叶松(*Larix princis-rupprechtii* Mayr.)、青杆(*Picea wilsonii* Mast.)、红皮云杉(*Picea koraiensis* Nakai)。低山丘陵地区植被类型主要有松、栎、杨、桦等人工林或落叶阔叶次生林等。

6. 社会经济状况

海河流域人口稠密，人口密度达 416 人/km^2，农业人口占总人口的 60% 左右。人口的年龄构成为 0～14 岁占 21.8%，15～59 岁占 67.6%，60 岁及以上占 10.6%。山区人口流动大。2004 年，临城、赤城、滦平、围场、代县和浑源 6 个县，共有大约 4.25 万人外出务工，人数分别占农业人口和农村劳动力的 16.96% 和 31.17%。经济组成中第二产业占主要地位(46.8%)，第一产业和第三产业分别占 24.7% 和 28.5%，人均国内生产总值为 1.42 万元。山区各类能源资源丰富，煤炭储量占全国总储量的 45%，已建设有多处大型煤矿区和油田。

1.3 研 究 方 法

1.3.1 基础数据收集

1. 土地利用/覆被变化数据

半城子流域和红门川流域研究区基于 1990 年、1995 年、2000 年、2005 年和 2010 年 5 期遥感数据，并结合流域 1∶10000 地形图，在 Erdas Imagine 9.2 软件(刘志丽和陈曦，2001)支持下，通过投影选择(高斯-克里格投影)、几何校正(二次多项式法，校正误差不超过 0.5 个像元)、区域裁剪等对影像进行处理。考虑到水源保护区以林地为主的土地利用特征，故结合北京市森林资源 1999 年及 2004 年二类调查数据、2007 年及 2011 年野外调查数据及中国科学院地理科学与资源研究所提供的北京市 1∶100000 土地利用数据对遥感影像进行解译，初步建立研究流域 5 期土地利用数据库。参考 2007 年《土地利用现状分类》(GB/T 21010—2017)、研究区域土地利用实际情况及实地野外调查资料，建立 2 个流域土地利用类型分类体系，具体划分为 5 类：林地、耕地、水域、草地(主要指灌丛草地和草地)和建设用地(主要指城镇、乡村、工矿及交通用地)。考虑到森林类型及树种不同，LAI、树冠结构等也不同，导致不同林分类型在水源涵养功能方面存在差异，故结合北京市森林资源二类调查数据将林地进一步划分为针叶林、阔叶林、混交林、灌木林。

　　海河研究区土地利用数据来源于地球系统科学数据共享平台，该平台为国家技术基础平台，相关数据以全国土地利用数据库中的数据为基础，主要来源有全国土地利用总体规划、《中国 1：100 万土地资源图》等，基于 1980 年、1990 年、1995 年、2000 年 4 期土地利用图，用 ArcGIS 软件对图片进行矢量化等处理，提取所需土地利用数据。数据分类符合国家标准《土地利用现状分类》的一、二级分类标准。

　　2. 流域林分结构因子调查

　　为了分析流域森林植被林分结构因子年际变化特征，本研究在 1999 年、2004 年北京市森林资源二类调查数据及研究团队 2007 年密云山区标准地调查数据基础之上，参照 2 个流域 2010 年土地利用类型小斑图，根据斑块植被类型选取典型样点，于 2011 年通过标准样地设置法开展野外林分结构复查。其中，半城子流域调查各类样地 12 块，样地规格有 $(20 \times 20) \, \mathrm{m}^2$ 和 $(20 \times 10) \, \mathrm{m}^2$；红门川流域调查各类样地 18 块，样地规格有 $(10 \times 10) \, \mathrm{m}^2$ 和 $(20 \times 10) \, \mathrm{m}^2$。调查内容参照北京市森林资源二类调查表，主要包括林分类型、林龄、树种组成、平均树高、平均胸径、土壤物理参数等指标，半城子流域和红门川流域野外样地调查点分布如图 1-4 所示。野外样地调查点信息如表 1-2 所示。

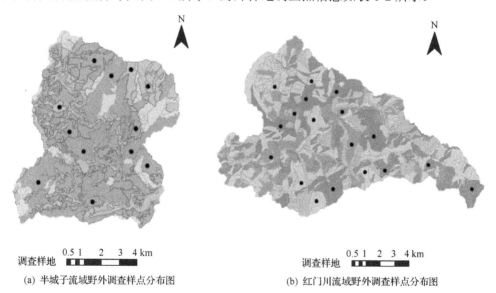

	0.5 1 2 3 4 km		0.5 1 2 3 4 km
调查样地		调查样地	
(a) 半城子流域野外调查样点分布图		(b) 红门川流域野外调查样点分布图	

图 1-4　野外调查样地分布图

表 1-2　样地信息统计表

流域	编号	经纬度	海拔/m	面积/m²	坡度/(°)	坡向	土壤类型	土壤厚度/cm	典型树种
半城子流域	1	40°38′15.2″N 113°57′48.5″E	375	20×20	22	阴坡	山地褐土	>60	油松人工纯林
	2	41°32′00.5″N 114°01′02.7″E	309	20×20	26	阴坡	山地褐土	30	槲树
	3	40°40′22.7″N 116°57′45.1″E	414	20×10	31	北偏西9°	山地褐土	40	油松人工纯林

续表

流域	编号	经纬度	海拔/m	面积/m²	坡度/(°)	坡向	土壤类型	土壤厚度/cm	典型树种
半城子流域	4	40°40′29.9″N 116°57′41.2″E	405	20×20	28	半阳坡	山地褐土	14	侧柏人工纯林
	5	40°40′06.7″N 116°57′56.5″E	401	20×20	37	南偏西 2°	山地褐土	35	侧柏蒙古栎混交林
	6	40°39′46.4″N 116°59′36.8″E	344	20×20	5	沟底	山地褐土	40	杨树纯林
	7	40°39′50.8″N 116°59′33.4E	352	20×20	40	北偏东 56°	山地褐土	38	油松蒙古栎混交林
	8	40°37′40.2″N 116°58′39.2″E	348	20×10	24	南偏西 10°	山地褐土	42	油松天然林
	9	40°37′20.2″N 116°58′49.2″E	305	20×10	25	南偏东 5°	山地褐土	57	刺槐纯林
	10	40°41′33.3″N 116°58′1.0″E	602	20×20	35	南偏东 5°	山地褐土	60	侧柏纯林
	11	40°37′09.7″N 116°58′56.5″E	371	20×20	30	南偏东 2°	山地褐土	37	侧柏蒙古栎混交林
	12	40°40′48.2″N 116°58′37.3E	393	20×20	28	北偏西 12°	山地褐土	41	油松蒙古栎混交林
红门川流域	1	40°22′55.6″N 117°09′55.1″E	567	20×20	25	西偏北 15°	山地褐土	105	油松人工纯林
	2	40°25′264″N 117°07′712″E	303	20×20	37	北偏西 50°	山地褐土	35	侧柏人工纯林
	3	40°22′51.1″N 117°09′50.2″E	524	20×20	22	北偏西 17°	山地褐土	43	山杨纯林
	4	40°25′51.99″N 117°05′28.21″E	459	20×20	26	北偏西 5°	山地褐土	47	侧柏蒙古栎混交林
	5	40°25′38.15″N 117°06′35.17″E	501	20×20	31	南偏西 12°	山地褐土	34	侧柏蒙古栎混交
	6	40°25′6.76″N 117°05′59.93″E	544	20×20	25	北偏东 16°	山地褐土	43	侧柏人工纯林
	7	40°25′6.76″N 117°06′1.68″E	452	20×20	30	北偏东 20°	山地褐土	37	侧柏天然林
	8	40°25′6.76″N 117°06′1.68″E	514	20×10	21	北偏西 9°	山地褐土	36	油松人工纯林
	9	40°23′42.79″N 117°4′35.51″E	465	20×20	30	半阳坡	山地褐土	40	侧柏人工纯林
	10	40°24′43.11″N 117°9′32.09″E	496	20×20	31	南偏西 2°	山地褐土	39	油松人工纯林
	11	40°22′58.79″N 117°11′0.378″E	369	20×20	15	北偏东 13°	山地褐土	40	油松人工纯林
	12	40°23′12.98″N 117°10′44.40″E	395	20×10	28	南偏东 15°	山地褐土	42	蒙古栎纯林
	13	40°22′35.5″N 117°6′0.98″E	502	20×20	30	南偏东 18°	山地褐土	39	油松侧柏混交林
	14	40°22′31.31″N 117°12′5.60″E	557	20×20	27	北偏西 10°	山地褐土	49	油松蒙古栎混交林

续表

流域	编号	经纬度	海拔/m	面积/m²	坡度/(°)	坡向	土壤类型	土壤厚度/cm	典型树种
红门川流域	15	40°23′31.3″N 117°9′29.38″E	489	20×20	23	北偏西 11°	山地褐土	44	油松蒙古栎混交林
	16	40°25′24.30″N 117°5′4.67″E	462	20×20	36	北偏东 10°	山地褐土	42	蒙古栎纯林
	17	40°25′35.5″N 117°16′10.98″E	567	20×20	18	北偏西 8°	山地褐土	49	山杨林
	18	40°25′52.3″N 117°09′15.1″E	521	20×20	18	南偏东 12°	山地褐土	40	油松蒙古栎混交林

3. 地形地貌数据

研究所需 DEM 数据主要来源于国家技术基础条件平台——地球系统科学数据共享平台，数据主要提取于中国 1km 分辨率数字高程模型数据集，主要基于中国 1∶25 万等高线和高程点形成，以及切割自全球 1km 的 SRTM 数据。

4. 气象数据

研究所需气象相关数据均来源于国家气象科学数据共享服务平台(http://data.cma.cn/)，其数据资料由中国气象局国家气象信息中心气象资料室(Climatic Data Center，National Meteorological Information Center，China Meteorological Administration)进行建设和管理。数据集包括地面气象数据、高空气象数据、海洋气象数据、气象辐射数据、农业气象数据等，其站点包含中国 824 个基准、基本气象站，数据的时间序列为 1951～2014 年，数据内容包括降水量、蒸发量、相对湿度、气温、气压、日照时数、地面辐射、风向、风速等，数据时间分类有日值数据、月值数据、年值数据及累年平均数据。本研究所需气象数据均来自于该数据网站中海河流域范围内的相关国家气象站数据。

5. 水文数据

本研究所需流域水文过程数据主要来源于《中国水文年鉴 海河流域卷》。《中国水文年鉴》依据全国水文站网的实际观测值整理编纂而成，按照不同流域分为不同的卷册，每年刊布一次。年鉴资料中的观测数据有降水、径流、泥沙、水质等诸多水文过程数据，还包括测站位置、分布等基础资料。按照不同流域，我国水文年鉴共分 10 卷，本研究所需流域水文过程数据主要来源于海河流域卷。

1.3.2 水文分析方法

水文气象变化过程是一个非常复杂的问题，它存在着非线性和线性的两种变化趋势。了解水文气象因子的变化趋势，是进行生态水文过程研究的基础，通过分析水文气象因子的各种统计变量，就能够揭示其变异规律，下面从长时间序列趋势性分析、突变点分析和统计参数计算等几个方面进行阐述。

1. 长时间序列趋势性分析

1）线性倾向估算

线性倾向估算即为一元线性回归方程，用 x_i 表示样本数量 n 中的某一变量，t_i 代表 x_i 所对应的时间，从而建立 x_i 与 t_i 之间的回归方程：

$$\hat{x}_i = a + bt_i (i = 1, 2, \cdots, n) \tag{1-1}$$

在方程式中用一条直线表示 t 与 x 之间的关系，在式(1-1)中左边的变量 x 与右边的时间 t 存在着对应关系，所以线性倾向估算也属于时间序列分析的范围。在方程式中 a 和 b 分别代表为回归常数和回归系数，回归系数 b 和常数 a 的最小二乘法估计为

$$\begin{cases} b = \dfrac{\sum\limits_{i=1}^{n} x_i t_i - \dfrac{1}{n}(\sum\limits_{i=1}^{n} x_i)(\sum\limits_{i=1}^{n} t_i)}{\sum\limits_{i=1}^{n} t_i^2 - \dfrac{1}{n}(\sum\limits_{i=1}^{n} t_i)^2} \\ a = \bar{x} - b\bar{t} \end{cases} \tag{1-2}$$

式中，$\bar{x} = \dfrac{1}{n}\sum\limits_{i=1}^{n} x_i$；$\bar{t} = \dfrac{1}{n}\sum\limits_{i=1}^{n} t_i$。

利用回归常数 a 与回归系数 b 的关系，求出相关系数 r：

$$r = \sqrt{\dfrac{\sum\limits_{i=1}^{n} t_i^2 - \dfrac{1}{n}(\sum\limits_{i=1}^{n} t_i)^2}{\sum\limits_{i=1}^{n} x_i^2 - \dfrac{1}{n}(\sum\limits_{i=1}^{n} x_i)^2}} \tag{1-3}$$

通过线性回归的计算结果分析相关系数 r 和回归系数 b。b 的大小用来反映 x 倾向程度；相关系数 r 代表 x 与 t 线性相关程度，x 与 t 之间的线性相关性越小，则 $|r|$ 值越小，而线性相关性越大，则 $|r|$ 值越大。

2）多年滑动平均

多年滑动平均的变化趋势是由时间序列的平滑值来表示的，对样本数量为 n 的一个长时间序列 x，多年滑动平均序列可以用下列方程表示：

$$x_j = \dfrac{1}{k}\sum\limits_{i=1}^{k} x_{i+j-1} \quad (j = 1, 2, \cdots, n-k+1) \tag{1-4}$$

式(1-4)中 k 值既可以取奇数，也可以取偶数。经过多年滑动平均的计算，会削弱比滑动长度短的周期，这样就能够显示明显的趋势，通过分析滑动平均序列曲线图来诊断或者判断整个时间序列的趋势。

3）累积距平法

对于一个时间序列 x，某一时刻 t 的累积距平值可以表达为

$$x_t = \sum_{i=1}^{t} (x_i - \bar{x}) \, (t = 1, 2, \cdots, \ n) \tag{1-5}$$

式中，$\bar{x} = \dfrac{1}{n} \sum_{i=1}^{n} x_i$。

在绘制累积距平曲线时，需要选求出 n 个时刻的累积距平值，然后进行趋势性分析。如果曲线呈下降趋势则表示距平值在减小，相反，如果曲线在上升则表示距平值增加。通过曲线的变化可以判断出序列大致突变的时间及长期持续变化情况和演变趋势（魏凤英，2007）。

4）Mann-Kendall 趋势检验

Mann-Kendall 法属于一种比较简单的非参数统计的检验方法。Mann-Kendall 的优点是样本不但不需要遵循一定的分布规律，而且也不受异常数值的干扰，能够很好地适用于类型和顺序变量。该方法最初由曼（H. B. Mann）和肯德尔（M. G. Kendall）提出原理并发展的，后来经其他学者的进一步完善和改进，才形成了以下计算格式（魏凤英，2007），对于具有 n 个样本量的时间序列 x，构造一秩序列：

$$S_k = \sum_{i=1}^{k} r_i \ \ (k = 2, 3, \cdots, n) \tag{1-6}$$

式中，$r_i = \begin{cases} +1, & x_i > x_j \\ 0, & x_i \leqslant x_j \end{cases} \ (j = 1, 2, \cdots, \ i)$

第 j 时刻数值小于 i 时刻数值个数的累计数可以用秩序列 S_k 表示。

定义统计量时需在时间序列随机独立的这一假定条件下进行，

$$UF_k = \frac{\left[S_k - E(S_k) \right]}{\sqrt{\mathrm{var}(S_k)}} \ (k = 1, 2, \cdots, \ n) \tag{1-7}$$

式中，$UF_1 = 0$，累计数 S_k 的方差和均值分别用 $\mathrm{var}(S_k)$ 和 $E(S_k)$ 表示。当 x_1，x_2，$\cdots$，x_n 连续分布并且相互独立时，可用下列公式计算得到：

$$\begin{cases} E(S_k) = \dfrac{n(n+1)}{4} \\ \mathrm{var}(S_k) = \dfrac{n(n-1)(2n+5)}{72} \end{cases} \tag{1-8}$$

UF_i 应该为标准正态分布，首先给定显著性水平 a，通过查正态分布表来分析变化趋势，如果 $|UF_i| > U_a$ 则说明存在明显的变化趋势。

重复前述的过程，按时间序列 x 逆序 x_n，x_{n-1}，$\cdots$，x_1，使 $UB_k = -UF_k$（$k = n$，$n-1$，$\cdots$，1），$UB_1 = 0$。

通过对 Mann-Kendall 绘出的 UF_k 和 UB_k 曲线图的分析来研究其变化趋势，若 UF_k 或 UB_k 的值小于零则序列呈现下降趋势，反之则呈上升趋势。如果上升或下降的趋势显著则 UF_k 或 UB_k 值会超过临界显著性直线。当 UF_k 和 UB_k 两条曲线之间出现交点并在临界线内，那么突变的时间即为交点所对应的时刻。

2. 突变点分析

主要采用双累积曲线法(double mass curve，DMC)对水文数据序列突变点进行分析。双累积曲线法利用研究序列变量的两个累积曲线斜率的变化来分析研究变量的变化趋势，因该方法直观、简单、实用而被广泛应用于水文气象要素长期演变趋势分析研究之中(穆兴民等，2010)。该方法最早由美国科学家 C. F. Merriam 于 1937 年提出，应用该方法分析了美国萨斯奎汉纳(Susquehanna)流域降雨资料的一致性(Gao et al., 2011)；Searcy 和 Hardison(1960)就该方法理论基础及在降水、泥沙、径流等序列长期演变过程分析中的应用进行了系统说明，推动了该方法在流域生态水文研究方面的应用(Searcy and Hardison，1960)。

该方法假定两个变量参数之间应具有正比例关系，即两个变量之间应具有明确的因果关系。降水量-径流量双累积曲线可用于分析人类活动影响下流域径流是否存在趋势性变化，进而分析不同因素(主要包括气候和土地利用变化)对径流变化的影响。就某一特定流域而言，流域地貌土壤等本底特征在多年内可以认为是相对不变的，因此，气候因子被一致认为是影响流域产水量的重要因素，在流域自然条件下，如无人类活动影响，自然条件下的流域径流量应随降水量增减而增减，相同时间内的累积降水量和累积径流量之间应基本表现为直线相关关系。累积降水量与累积径流量双累积曲线斜率的变化，反映了流域单位雨量产生径流量的变化。因此，该法可用于检验流域径流量时间序列前后的一致性，进而评估流域产水量变化趋势及其变化时间。若累积曲线斜率发生明显变化，可认为人类活动影响改变了流域下垫面产流水平，发生斜率变化的点被认为是人类活动使流域径流发生突变的年份，偏离点与原拟合直线延长线的距离大小表示了人类活动干扰程度的强弱(赵雪花和黄强，2004；孙宁等，2007)。

3. 统计参数计算

1)变差系数

变差系数 C_v 是水文气象统计中的一个重要参数，用来说明水文气象因子长期变化的稳定程度。变差系数的计算公式如下：

$$C_v = \frac{\sigma}{\overline{R}}, \quad \sigma = \sqrt{\frac{1}{N}\sum_{i=1}^{N}(R_i - \overline{R})^2}, \quad \overline{R} = \frac{1}{N}\sum_{i=1}^{N}R_i \tag{1-9}$$

式中，σ、$\overline{R}$、R_i、N 分别为分析年限内的标准差、平均值、各年的水文气象因子和系列长度。C_v 值越大离散度越大，说明其水文气象因素年际变化越剧烈。

2)不均匀性

采用不均匀系数 C_u 来衡量水文气象因素的年内分配的不均匀性，其计算公式为

$$C_u = \sigma / \overline{R} = \sqrt{\frac{1}{12} \sum_{i=1}^{12} (R_i - \overline{R})^2} \bigg/ \left(\frac{1}{12} \sum_{i=1}^{12} R_i\right) \tag{1-10}$$

式中，R_i 为年内各月水文气象因子；$\overline{R}$ 为年内月平均水文气象因子。C_u 值越大，水文气象因子年内分配越不均匀。

年内分配完全调节系数 C_r 是另外一种年内分配的指标。其计算公式如下：

$$C_r = \sum_{i=1}^{12} \psi(t)[R(t) - \overline{R}] \bigg/ \sum_{i=1}^{12} R(t) \tag{1-11}$$

式中，$\psi(t) = \begin{cases} 0, R(t) < \overline{R} \\ 1, R(t) \geqslant \overline{R} \end{cases}$

年内分配完全调节系数 C_r 越大，则年内水文气象因子分配越不均匀。

3）集中度与集中期

集中度（runoff concentration degree，RCD）和集中期（runoff concentration period，RCP）根据水文气象因子年内分配的向量法来研究其年内分配规律。它将一年内各月的水文气象因子看作向量，水文气象因子的大小为向量的长度，所处的月份为向量的方向。当采用月为计算时段时，每个月的天数是不同的，因此，必须做一定的概化处理，如表 1-3 所示，将每月视为同一个时段长，把 1 年 365 天看作一个圆周，1 月水文气象因子向量所在位置定为 0°，依次按 30°等差角度表示 2～12 月水文气象因子所在位置（刘贤赵等，2007；魏凤英，2007）。然后把每个月的水文气象因子分解为 x、y 两个方向上的分量，则 x、y 方向上的合成及各月合成的总向量为

$$R_x = \sum_{i=1}^{12} R_{xi} = \sum_{i=1}^{12} R_i \sin\theta_i, \ R_y = \sum_{i=1}^{12} R_{yi} = \sum_{i=1}^{12} R_i \cos\theta_i, \ R = \sqrt{R_x^2 + R_y^2} \tag{1-12}$$

式中，R_i 和 θ_i 分别为年内月水文气象因子的大小和方向（i=1，2，3，…，12）；R_x，R_y 分别为 x、y 方向上的合成向量；R 为 R_x 和 R_y 的合成向量。由式（1-12）可得 RCD 和 RCP 的计算公式为

$$\text{RCD} = R \bigg/ \sum_{i=1}^{12} R_i \times 100\% \tag{1-13}$$

$$\text{RCP} = \arctan \frac{R_x}{R_y} \tag{1-14}$$

表 1-3 全年各月包含的角度及月中代表的角度值

月份	1 月	2 月	3 月	4 月	5 月	6 月	7 月	8 月	9 月	10 月	11 月	12 月
包含角度/(°)	345~15	15~45	45~75	75~105	105~135	135~165	165~195	195~225	225~255	255~285	285~315	315~345
代表角度/(°)	0	30	60	90	120	150	180	210	240	270	300	330

4) 变化幅度

采用相对变化幅度和绝对变化幅度两个量算指标来衡量水文气象因子的变化幅度，计算公式为

$$\begin{cases} C_m = Q_{max} / Q_{min} \\ \Delta Q = Q_{max} - Q_{min} \end{cases} \tag{1-15}$$

式中，C_m 和 ΔQ 分别为相对和绝对变化幅度；Q_{max} 和 Q_{min} 分别为系列年内最大和最小值。

4. 相关水文要素对径流变化贡献的定量估算

在定量估算降水和土地利用/森林覆被变化对流域径流变化的贡献时，需要先依据降水和径流关系突变时间点来划分径流变化阶段，并认为降水-径流关系突变时间点前一阶段为天然状态，此时的径流只受降水的影响，突变后的径流受到气候和人类活动等相关因素的影响，本研究中相关因素主要为降水和人类活动所导致的土地利用/森林覆被的变化，因为气候因子中温度在较短时间内变化不大。

定量估算降水和土地利用/森林覆被变化对流域径流变化的贡献率时，需要首先建立流域径流序列在天然阶段的年降水和年径流统计关系式，之后利用此关系式输入突变后的降水数据序列，得到突变后的径流深回归序列，序列均值(Y_2')。突变后径流的总变化量(ΔR)包括降水量变化的影响量 ΔR_1 和土地利用变化的影响量 ΔR_2 [式(1-16)]，它为突变后的径流深均值(Y_2)与突变前的径流深均值(Y_1)的差值。其中，ΔR_1 (降水对径流变化的影响量)为回归推算出的径流深均值 Y_2' 与突变前径流深均值 Y_1 的差值[式(1-17)]；而土地利用变化对径流变化的影响量 ΔR_2 为径流变化的总量与降水变化对径流的影响量的差值[式(1-18)]。

$$\Delta R = Y_2 - Y_1 = \Delta R_1 + \Delta R_2 \tag{1-16}$$

$$\Delta R_1 = Y_2' - Y_1 \tag{1-17}$$

$$\Delta R_2 = \Delta R - \Delta R_1 = Y_2 - Y_2' \tag{1-18}$$

1.3.3 土地利用/植被动态变化过程

1. 土地利用空间动态度模型

某一研究区内单一土地利用类型 i 在某一变化时期的动态度或者变化速率可用以下公式进行计算(王思远等，2001)：

$$S_i = \frac{LA(i,t_1) - ULA_i}{LA(i,t_1)} \Big/ (t_2 - t_1) \times 100\% \tag{1-19}$$

反映某一研究区的土地利用类型综合变化情况可以用综合土地利用动态度来表示，其计算公式为

$$S = \frac{\sum_{i=1}^{n}\{LA(i,t_1) - ULA_i\}}{\sum_{i=1}^{n}LA(i,t_1)} \Big/ (t_2 - t_1) \times 100\% \qquad (1\text{-}20)$$

式(1-19)中，$LA(i,t_1) - ULA_i$ 为研究时段转移部分的面积；$LA(i,t_1)$ 是第 i 种土地利用类型在研究初期的面积；ULA_i 为研究时段内没有发生变化的第 i 种土地利用类型的面积。

2. 土地利用动态变化的空间分析模型

有人将土地利用动态度模型进行修正(刘盛和何书金，2002)，改进为土地利用/森林覆被动态变化的空间分析模型，可用下列公式进行计算：

$$TRL_i = \frac{LA(i,t_1) - ULA_i}{LA(i,t_1)} \Big/ (t_2 - t_1) \times 100\% \qquad (1\text{-}21)$$

$$IRL_i = \frac{LA(i,t_2) - ULA_i}{LA(i,t_1)} \Big/ (t_2 - t_1) \times 100\% \qquad (1\text{-}22)$$

$$CCL_i = \frac{[LA(i,t_2) - ULA_i] + [LA(i,t_1) - ULA_i]}{LA(i,t_1)} \Big/ (t_2 - t_1) \times 100\% = TRL_i + IRL_i \qquad (1\text{-}23)$$

式中，TRL_i 为在研究时段内第 i 种土地利用类型从 t_1 至 t_2 时段的转移速率；IRL_i 为研究时段的新增的速率；CCL_i 为研究时段的变化速率；其他参数含义同上。

3. 土地利用变化的趋势

为了进一步比较土地利用各类型 i 的转入和转出速度，反映土地利用/森林覆被类型不断变化的各种状态和发展趋势，本研究通过引入状态指数 D_i 来揭示土地利用变化趋势(仙巍等，2005；张晓明，2007)，表达式如式(1-24)所示：

$$D_i = \frac{V_{in} - V_{out}}{V_{in} + V_{out}} \quad (-1 \leqslant D_i \leqslant 1) \qquad (1\text{-}24)$$

式中，D_i 为研究时段土地利用类型转入和转出的速度。表 1-4 描述了不同状态指数 D_i 代表的具体含义及其将来发展的趋势。

表 1-4　不同状态指数 D_i 含义对照说明表

D_i 取值	具体含义	发展趋势
D_i 接近−1	转入速度远小于转出速度	面积大量减小趋势
D_i 接近 0	转出速度略大于转入速度，变化都很小	土地处于平衡状态，减小不明显
	转出速度略大于转入速度，变化都很大	处于双向高速转换下的平衡状态
D_i 接近 1	转入速度远大于转出速度	土地面积大量增大趋势
$-1 \leqslant D_i < 0$	转出速度大于转入速度	土地面积呈减小趋势
$0 \leqslant D_i < 1$	转出速度小于转入速度	土地面积呈增大趋势

1.3.4　景观分析方法

流域景观格局的不断变化是人类活动的宏观表现，会对流域径流量产生显著影响。因此，为探讨影响流域径流量的关键景观因子，本研究基于 ArcGIS 9.2 及美国俄勒冈州立大学开发的景观格局分析软件 FRAGSTATS（McGarigal et al，2014）分析了半城子流域和红门川流域不同土地利用时期（1990～2010 年）土地利用景观格局变化及森林景观格局变化特征。

FRAGSTATS 景观分析软件可从斑块、斑块类型和景观三个水平统计计算景观格局指标，本研究根据研究目的及不同指标生态学意义，在景观尺度上选择了斑块密度（PD）、斑块平均大小（MPS）、蔓延度（CONTAG）、散布与并列指数（IJI）、面积加权的平均形状因子（AWMSI）和香农多样性指数（SHDI）6 个指标探讨了流域尺度景观格局变化。此外，从斑块水平尺度选择反映斑块形状、大小、数量和空间组合等特征的面积加权的平均形状因子（AWMSI）、斑块平均大小（MPS）、斑块个数（NP）、散布与并列指数（IJI）、聚合度（AI）5 个指标表征流域森林景观格局变化特征。各指标生态学意义参见表 1-5，计算公式参见相关文献资料（余新晓，2006）。

表 1-5　景观格局指数

景观指数	取值范围	生态学意义
斑块数（NP）	≥1	反映景观空间格局及景观异质性，其值大小与景观破碎度呈正相关。一般 NP 大，破碎度高；NP 小，破碎度低（王玉洁等，2006）
斑块密度（PD）	>0	PD 可用于表征景观总体斑块破碎程度或分化程度；其值越高，说明区域一定范围内景观要素斑块类型及数量较多，斑块面积较小，区域景观异质性较高（张芸香和郭晋平，2001）
斑块平均大小（MPS）	>0	MPS 用于表征景观或斑块破碎化程度，MPS 越大，说明景观或斑块类型破碎度更大（唐丽霞，2009）
蔓延度（CONTAG）	(0, 100]	CONTAG 反映小尺度上的格局，表明景观类型在空间上的聚集程度或类型间镶嵌程度（布仁仓等，2005）。CONTAG 值越高，说明景观中优势拼块类型之间连接性良好；反之则表明景观破碎化程度度高
散布与并列指数（IJI）	(0, 100]	用景观类型的相邻程度来表示景观聚集度的指数，是描述景观空间格局的重要指标之一，例如，干旱区许多植被因受水分分布限制，彼此邻近，则 IJI 一般较高
香农多样性指数（SHDI）	≥0	用景观类型面积百分比表示景观异质性，对景观中的非优势类型的变化敏感。在一个景观系统中，土地利用越丰富，破碎化程度越高，SHDI 越高（周连义等，2006）
面积加权的平均形状因子（AWMSI）	≥1	AWMSI=1 说明所有斑块形状为简单的方形，大于 1 说明斑块形状趋于复杂（周连义等，2006）
聚合度（AI）	[0, 100]	用景观类型内部的团聚程度来表示景观聚集度；用类型之间相邻矩阵表示景观异质性；一般其值越小，说明斑块间分布越分散，斑块间连通性越低（陈张丽，2012）

1.3.5　模型模拟方法

本研究选择了 WETSPA Extension 模型来模拟北京山区典型流域半城子和红门川

1990～2006 年的径流在不同时间尺度的变化情况。通过多期遥感数据的图像解译和土壤数据的野外调查结果，以及长期的径流和降水数据的定位观测数据，建立了 WETSPA Extension 模型所需的 DEM 数据、土地利用和土壤数据等空间数据库，在此基础上进行一些空间分布参数的推求。并通过手动调参的方法对模型所需的全球参数进行调整，从而对模型在北京山区小流域的适用性进行评价与检验。采用极端森林植被变化和不同覆盖率的情景模拟，分析流域不同森林植被类型及覆盖率对径流及其组分的影响。

第2章　流域土地利用/覆被景观与森林结构变化过程分析

土地覆被变化已成为全球环境变化的重要组成部分，由其引发的粮食安全、生态环境、水资源等问题已引起政府部门的广泛关注。密云水库作为我国首都重要的地表水水源地，在首都水资源供给方面发挥着不可替代的作用。水源涵养林作为密云水库上游集水区重要的土地利用类型，流域土地覆被变化，尤其是水源涵养林变化所引发的环境改变势必对流域水分循环造成重要影响。开展集水区土地覆被变化研究对分析流域水分循环各要素变化原因具有重要支撑作用。为此，本章利用遥感数据，分别对流域土地利用结构、森林结构、景观空间特征年际变化进行了统计分析。

2.1　流域土地利用/覆被景观变化及驱动力分析

2.1.1　流域景观类型划分和指数选取

1. 流域景观类型划分

进行流域的景观结构和景观的功能研究之前首先要进行景观分类，分类结果又决定了景观规划及管理等应用性研究，景观分类可以根据研究区的特点如植被类型或者地形条件等进行划分(朱丽，2010)。本研究参照国家土地利用分类系统和国家调查土地资源的遥感分类体系，同时结合研究区 1∶1 万的地形图和各种专题图，并结合研究区的土地利用方式和覆被特征等，在实际调查的基础上，以生态类型为基础，将半城子水库流域和红门川流域土地景观划分为混交林地、针叶林地、阔叶林地、灌木林地、农田、水域、其他用地这 7 种土地利用类型，由于流域土地利用类型较少，而且水源涵养林在整个景观类型中占主导地位，为了研究方便将一级土地利用类型与二级土地利用类型并列一起统计分析。

2. 流域景观指数的选取

景观格局可以反映景观的异质性，而流域的景观格局是各种生态过程在不同尺度上共同作用的结果。景观格局空间分析的目的是加深对景观过程的进一步了解，建立异质性与空间格局相互作用的关系(张晓明，2007)。景观空间格局变化的定量分析可以用景观格局指数的变化反映出来，对于某一景观类型的斑块特征的描述除了常用的斑块面积、周长和密度外，还可以用其他一些景观指数来进一步表达斑块结构特征及其动态过程，以反映景观结构组成和空间配置特征及时间维上的演变信息。近年来，许多学者(肖笃宁，1991；傅伯杰和陈利顶，1996；邬建国，2007；余新晓等，2006)

研究了景观生态系统空间特征及空间特征各指标体系的建立,并相应引出了很多景观格局评价指标,而这些指标是景观空间格局分析的基础(梁国付,2010)。

借助 FRAGSTATS 3.3 软件使景观指数的计算变得简单,但是找到一些有诠释性的指数是景观格局计算成功与否的关键。FRAGSTATS 3.3 软件计算出的景观指标可以代表不同的研究尺度上的三个级别,即斑块水平指数、斑块类型水平指数和景观水平指数。在景观指标选择时用户首先需要全面了解每个指标的生态意义及其反映的侧重面,然后根据研究需要选择适合自己的指标与尺度。

本研究主要从斑块层次上研究两个流域不同土地利用/森林覆被类型的景观格局的变化,根据研究目的排除了一些相关性很高的指标后,直接选择了一些景观指数。在景观水平上选取了斑块个数(NP)、面积加权的平均斑块分形指数(AWMPFD)、MPS、AWMSI、香农均度指数(SHEI)、SHDI、IJI 这 7 个指标;在斑块水平上选取了 NP、MPS、斑块类型面积(CA)、斑块所占景观面积的比例(PLAND)、AWMSI、平均形状指数(MSI)、IJI、平均邻近指数(MPI)和 AI 这 9 个指标,这些指标的详细介绍如表 2-1 所示。

表 2-1 景观格局指数的选取

指标	公式	范围	意义
斑块类型面积(CA)	$CA = \sum\limits_{j=1}^{n} a_{ij}\left(\dfrac{1}{10000}\right)$	>0	斑块类型面积取值的大小限制着该类斑块作为聚居地的物种丰度、数量,次生种的繁殖及食物链等(Robbins et al., 1989)。斑块类型面积的大小也反映了物种、能量及养分等的差异,它既可以反映各类景观的稳定性特征,也可以表明景观的动态变化趋势
斑块个数(NP)	$NP = n$	≥1	斑块个数反映了景观的空间格局,用来描述整个景观的异质性,斑块个数的多少与景观的破碎度呈很好的正相关性,景观中各种干扰之间的蔓延程度受 NP 值大小的制约(Franklin and Forman, 1987)
斑块平均大小(MPS)	$MPS_i = \dfrac{\sum\limits_{i=1}^{n} a_{ij}}{n_i}\left(\dfrac{1}{10000}\right)$ $MPS = \dfrac{A}{N}\left(\dfrac{1}{10000}\right)$	>0	斑块平均大小在景观格局中能反映两方面的信息。一个方面是景观中图像的范围及最小斑块的粒径选取都受到斑块平均大小的取值区间的制约;另一个方面斑块平均大小可以表示景观和斑块的破碎程度,一个斑块平均大小值较小的景观或斑块类型相对于一个斑块平均大小值较大的景观或斑块类型更加破碎。也有研究发现斑块平均大小值具有反馈更多的景观生态信息的功能,斑块平均大小是反映景观异质性的关键(唐丽霞,2009)
斑块所占景观面积的比例(PLAND)	$PLAND = \dfrac{\sum\limits_{j=1}^{n} a_{ij}}{A} \times 100$	[0, 100]	斑块所占景观面积比例用来度量景观组分。它用来表示某一个斑块类型所占整个景观的面积的相对比例,在确定景观的主要基质和优势景观要素时可以作为一个重要的依据;在决定一些生态系统指标如景观中的优势种、数量和生物多样性等方面也起到重要作用(陈东立和余新晓,2005)

指标	公式	范围	意义
平均形状指数(MSI)	$$\mathrm{MSI}_i = \dfrac{\sum\limits_{j=1}^{n}\left[\dfrac{2P_{ij}}{2\sqrt{\pi \cdot a_{ij}}}\right]}{n_i}$$		反映了景观组分斑块的复杂程度(邬建国,2007)
面积加权的平均形状因子(AWMSI)	$$\mathrm{AWMSI}_i = \sum_{j=1}^{n}\left[\left(\dfrac{0.25 p_{ij}}{\sqrt{a_{ij}}}\right)\cdot\left(\dfrac{a_{ij}}{\sum\limits_{j=1}^{n} a_{ij}}\right)\right]$$	$\geqslant 1$	面积加权的平均形状因子在斑块水平上和在景观水平上算法略有不同。公式中系数 0.25 是通过栅格的基本形状为正方形来确定的。公式的含义是面积大的斑块的权重大于面积小的斑块的权重。度量景观空间格局复杂性的指标中就有面积加权的平均形状因子,许多生态过程受其影响。当面积加权的平均形状因子为 1 时说明斑块形状为最简单的方形;当面积加权的平均形状因子不断增大时说明斑块形状变得更复杂和不规则
平均邻近指数(MPI)	$$\mathrm{MPI}_i = \dfrac{\sum\limits_{j=1}^{n}\sum\limits_{s=1}^{n}\dfrac{a_{ijs}}{h_{ijs}^2}}{n_i}$$ $$\mathrm{MPI} = \dfrac{\sum\limits_{i=1}^{m}\sum\limits_{j=1}^{n}\sum\limits_{s=1}^{n}\dfrac{a_{ijs}}{h_{ijs}^2}}{N}$$	$\geqslant 0$	景观的破碎度和同类型斑块间的邻近程度都可以用平均邻近指数表示;如平均邻近指数值大说明同类型斑块间邻近度高,景观连接性好;平均邻近指数值小,表明同类型斑块间离散程度高或景观破碎程度高。研究证明斑块间生物种迁徙及另外一些生态过程进展的顺利程度都受到平均邻近指数的影响
聚合度(AI)	$$\mathrm{AI}_c = \left[1 - \dfrac{\sum\limits_{j=1}^{n} p_{ij}}{\sum\limits_{j=1}^{n} p_{ij}\sqrt{a_{ij}}}\right]\left[1 - \dfrac{1}{\sqrt{z}}\right]^{-1}\times 100$$ $$\mathrm{AI}_I = \left[1 - \dfrac{\sum\limits_{i=1}^{m}\sum\limits_{j=1}^{n} p_{ij}}{\sum\limits_{i=1}^{m}\sum\limits_{j=1}^{n} p_{ij}\sqrt{a_{ij}}}\right]\left[1 - \dfrac{1}{\sqrt{z}}\right]^{-1}\times 100$$	[0,100]	聚合度值较大说明所研究尺度是由一个紧凑的组分构成,其值较小说明所研究尺度较为分散
散布与并列指数(IJI)	$$\mathrm{IJI}_i = \dfrac{\sum\left[\left(\dfrac{e_{ik}}{\sum\limits_{k=1}^{m'} e_{ik}}\right)\ln\left(\dfrac{e_{ik}}{\sum\limits_{k=1}^{m'} e_{ik}}\right)\right]}{\ln(m-1)}\times 100$$ $$\mathrm{IJI} = \dfrac{-\sum\limits_{i=1}^{m'}\sum\limits_{k=i+1}^{m'}\left[\left(\dfrac{e_{ik}}{E}\right)\ln\left(\dfrac{e_{ik}}{E}\right)\right]}{\ln\frac{1}{2}m(m-1)}\times 100$$	[0, 100]	散布与并列指数是描述景观空间格局指标中非常重要的一个。它能够更加清楚地反映某些生态系统的分布特征,尤其是那些受到某种自然条件严重制约的生态系统,如干旱区中的许多过渡植被类型等,彼此邻近的散布与并列指数值一般较高,而生态系统呈垂直地带性分布的植被类型,散布与并列指数就较低
面积加权的平均斑块分形指数(AWMPFD)	$$\mathrm{AWMPFD}_i = \sum_{j=1}^{n}\left[\left(\dfrac{2\ln 0.25 p_{ij}}{\ln a_{ij}}\right)\cdot\left(\dfrac{a_{ij}}{\sum\limits_{j=1}^{n} a_{ij}}\right)\right]$$ $$\mathrm{AWMPFD}_{ij} = \sum_{i=1}^{m}\sum_{j=1}^{n}\left[\left(\dfrac{2\ln 0.25 p_{ij}}{\ln a_{ij}}\right)\cdot\left(\dfrac{a_{ij}}{A}\right)\right]$$	[1, 2]	面积加权的平均斑块分形指数用来反映景观格局总体特征,也反映了人类活动大小对景观格局的影响。通常情况下,受人类活动干扰大的自然景观的面积加权的平均斑块分形指数就小,相反情况下则其值较大。景观或者斑块的形状最简单时其值为 1 代表,周长最复杂的斑块类型的面积加权的平均斑块分形指数值为 2,一般情况下面积加权的平均斑块分形指数值不超过 1.5

续表

指标	公式	范围	意义
香农多样性指数 (SHDI)	$SHDI = -\sum_{i=1}^{m}(P_i \ln P_i)$	$\geqslant 0$	香农多样性指数反映景观的异质性,尤其对景观中各斑块类型之间的非均衡分布状况更加明显。另外同一景观不同时期的多样性与异质性变化的比较分析中,香农多样性指数也是一个敏感指标,不同景观在不同时期的比较分析时,也应该考虑到香农多样性指数值。通过上述可知在一个景观系统中,土地越破碎,利用程度越高,则其不定性的信息含量也越大,反映的香农多样性指数值应该越高。生态学中的物种多样性与景观生态学中的多样性在同一景观中呈正态分布,但并不是简单的正比关系(傅伯杰和陈利顶,1996)
香农均度指数 (SHEI)	$SHEI = \dfrac{-\sum_{i=1}^{m}(P_i \ln P_i)}{\ln m}$	$[0,1]$	香农均度指数也是比较不同景观或同一景观在不同时期的多样性变化的一个重要指标。另外,香农均度指数还可以与优势度之间相互转换,当香农均度指数高时一般优势度较低,此阶段景观由少数几种优势斑块类型支配;香农均度指数=1 时说明景观中并没有明显的优势类型,而且在景观中各种斑块类型呈均匀分布

注: 表中各景观格局指数意义引自李海光博士学位论文(李海光,2011)。

2.1.2　流域土地利用/覆被景观变化分析

1. 景观级别上的景观格局动态变化分析

表 2-2 显示了半城子流域不同时期的景观格局指数,可以看出流域 1990 年的 NP 为 140 个,到了 2005 年减少到 121 个。而由于许多小的斑块相互连通变成大斑块,所以 MPS 在不断增大,说明流域景观的破碎程度在降低,景观的连通性增加。AWMSI 是反映景观空间格局复杂性的一个重要指标,AWMSI 变化对许多生态过程有非常大的影响,研究时段内 AWMSI 的值呈逐渐增加的趋势,从 1990 年的 3.27 增加到 2005 年的 4.32,说明了 2005 年的斑块形状最复杂,最不规则。AWMPFD 反映人类活动对景观格局的影响程度,是度量景观格局总体特征的重要指标,研究时段内 AWMPFD 的值在 1.145 到 1.174 之间,变化不大,说明流域一直受到人类活动的干扰,但其干扰变化相对较小较缓慢。研究期内 IJI 呈现出逐渐减小的趋势,从 1990 年的 68.43%减少到 2005 年的 62.63%,减少了 8.5%,说明流域景观要素的分布趋于聚集。SHDI 呈现出先减少后增加的趋势,但变化不大。1990 年和 2005 年均为 1.422,说明流域各土地利用斑块类型在景观中呈现均衡→相对不均衡→均衡的变化。SHEI 在研究时段内与 SHDI 相同,其值均在 0.72 以上,说明半城子流域没有明显的优势类型,各斑块类型分布比较均匀。

表 2-2　半城子流域的景观格局指数

年份	NP/个	AWMSI	IJI/%	SHEI	SHDI	AWMPFD	MPS
1990	140	3.27	68.43	0.731	1.422	1.145	46.75
1995	78	3.81	65.85	0.722	1.404	1.166	83.53
2000	102	4.31	66.17	0.726	1.413	1.174	64.33
2005	121	4.32	62.63	0.731	1.422	1.168	54.09

注：NP 表示斑块个数；MPS、AWMSI、AWMPFD、SHDI 和 SHEI 分别为斑块平均大小、面积加权的平均形状因子、面积加权的平均斑块分形指数、香农多样性指数、香农均度指数，都是无量纲的；IJI 代表散布与并列指数。下同。

　　表 2-3 显示了红门川流域 4 个不同时期的景观指数，可以看出从 1990 年到 2000 年 NP 数变化不大，到了 2005 年明显增加。同样 MPS 在 1990 年到 2000 年间变化不大，到 2005 年减少到 26.70，说明流域景观的破碎度程度在增加，景观的连通性减弱。研究时段内 AWMSI 的值呈逐渐增加的趋势，从 1990 年的 3.10 增加到 2005 年的 3.38，说明了 2005 年的斑块形状最复杂，最不规则。在研究时段内 AWMPFD 的值在 1.15 左右，变化不大，说明流域一直受到人类活动的干扰，但其干扰变化相对较缓慢。研究期内 IJI 呈现出减小的趋势，从 1990 年的 85.82% 减少到 2005 年的 84.74%，说明流域景观要素的分布趋于聚集。SHDI 呈现减小的趋势，从 1990 年的 1.68 减少到 2005 年的 1.63，减少不明显，说明流域各土地利用斑块类型在景观中由均衡向相对不均衡变化。SHEI 在研究时段内变化趋势与 SHDI 相同，其值较大且几期变化不大，说明红门川流域森林景观中没有明显的优势类型，在流域各斑块类型分布均匀。

表 2-3　红门川流域景观格局指数

年份	NP/个	AWMSI	IJI/%	SHEI	AWMPFD	SHDI	MPS
1990	240	3.10	85.82	0.86	1.15	1.68	46.06
1995	226	3.08	84.53	0.85	1.14	1.66	48.91
2000	231	3.20	84.83	0.85	1.15	1.66	47.85
2005	414	3.38	84.74	0.84	1.16	1.63	26.70

2. 斑块类型级别上的景观格局动态变化分析

1）斑块数目的变化分析

　　NP 经常被用来描述景观的异质性，NP 值的大小与景观的破碎度之间存在着正相关关系，破碎度高则 NP 大，破碎度低则 NP 小。从表 2-2 和图 2-1 中可以看出，半城子流域 1990～2005 年期间，林地的 NP 最大，所占比例也最大，是流域的主要景观基质，达到整个流域斑块总数的 70% 以上。其中阔叶林除了 1990 年所占比例略小于混交林外，其他各期均占绝对优势，NP 最大。4 个时段比较发现，阔叶林和针叶林的 NP 变化幅度不大，而灌木林和混交林的 NP 呈现先减后增的趋势，1990 年的 NP 最大，也就是说灌木林和混交林破碎化程度在 1990 年期间相对较高，而到了 1995 年和 2000 年斑块的破碎化程度反而降低了。水域和农田所占整个流域斑块比例呈现先增后减的趋

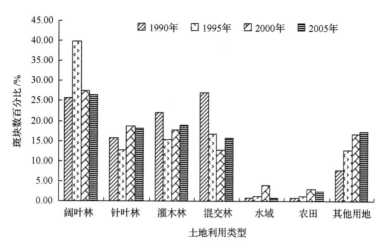

图 2-1　半城子流域不同时期斑块数百分比变化图

势，2000 年达到最大，分别占流域斑块总数的 3.9%和 2.9%；而其他用地的 NP 呈现逐期增加的趋势，从 1990 年 11 个斑块增加到 2005 年的 21 个斑块，所占流域斑块总数比例从 7.9%增加到 17.4%。

表 2-3 和图 2-2 显示了红门川流域 1990~2005 年期间各类用地的斑块数百分比。从图中可以看出，林地是流域的主要景观基质，占整个流域斑块总数的 70%以上。其中针叶林在每期都占绝对优势，NP 最大。4 个时段比较发现，阔叶林和针叶林的 NP 变化幅度不大；针叶林 2005 年间 NP 最小；而灌木林和混交林 2005 年期间的 NP 最大，也就是说这两类土地利用类型在 2005 年期间破碎化程度相对较高。相对整个流域而言，水域和农田的 NP 值呈现减小趋势，农田所占比例 2005 年出现最小值，分别占流域斑块总数的 2.2%和 5.3%；而其他用地的 NP 呈现逐期先减小后增大的趋势，所占流域斑块总数比例从 15.8%增加到 18.1%。

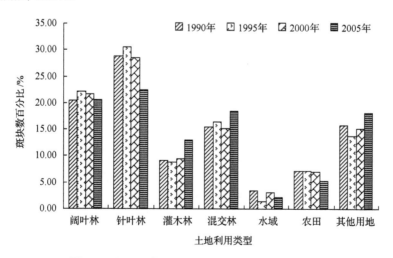

图 2-2　红门川流域不同时期斑块数百分比变化图

2) 斑块面积变化分析

由于斑块所占景观面积的比例与斑块类型面积是同一类统计量，即同为斑块大小统计量，所以本节只从二者中选取 CA 进行斑块面积变化分析。图 2-3 反映了半城子流域 4 个不同时期不同土地利用类型的斑块面积的动态变化情况。

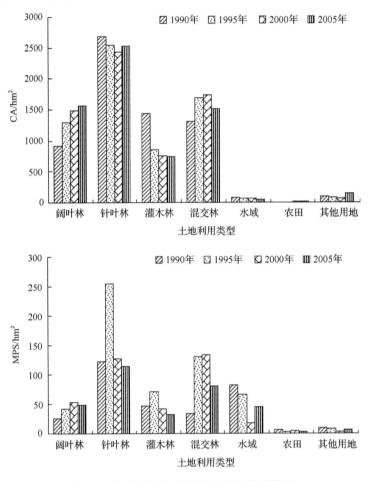

图 2-3　半城子流域不同时期斑块面积变化图

1990 年间流域主要的景观组分为针叶林，面积为 2687.3hm^2，占整个流域面积的 41.1%，但在 1995 年和 2000 年间其面积呈逐期减少趋势，到 2005 年面积有所增加，达到 2530.9hm^2。同时灌木林的面积也呈现逐期减少的趋势。相反地，阔叶林面积呈逐期增加趋势，由 1990 年的 918.3hm^2 增加到 2005 年的 1558.6hm^2。混交林在 4 个时期中面积呈先增后减的变化。除各林地外，水域面积逐期减少，农田为逐渐减少；其他用地为先减后增的趋势，面积比例从 1990 年的 1.5% 增加到 2005 年的 2.2%。

由图 2-3 对半城子流域斑块平均大小进行分析。4 个时期均为针叶林最大，1995 年达到最大值，为 254.9hm^2；阔叶林的斑块平均大小呈现出增加后减少的趋势，但减少幅度不大，从 1990 年的 25.5hm^2 到 2005 年的 48.7hm^2。从图 2-3 中还可以看出，灌木林和混交林也呈现先增后减的趋势，说明 1995 和 2000 年期间，这 4 种林地生长较好，受人为干扰不大。水域斑块平均大小呈现先减少后增大的趋势，而农田和其他用地斑块平均大小较小，不同时期变化不明显。

图 2-4 为红门川流域 4 个不同时期不同土地利用类型的斑块面积动态变化情况。CA 变化分析结果显示，1990～1995 年期间流域主要的景观组分为针叶林，4 个时期面积比例均在整个流域景观的 27%以上，并在 2005 年面积达到最大；同时阔叶林和灌木林在 2005 年面积也达到最大值，分别为 2590.6hm² 和 1008.9hm²；相反地，混交林面积总体呈现减少趋势，由 1990 年的 2794.6hm² 减少到 2005 年的 1802.7hm²。除各林地外，水域面积逐期减少，农田在 1990 年到 2000 年间变化不大，到 2005 年达到最大值；其他用地呈现逐期减少的趋势，面积比例从 1990 年的 16.1%增加到 2005 年的 11.7%。

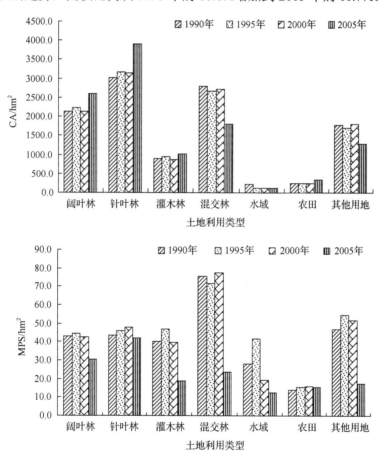

图 2-4 红门川流域不同时期斑块面积变化图

由图 2-4 对红门川流域斑块平均大小进行分析。4 个时期除 2005 年外，混交林的斑块平均大小最大，2000 年达到最大值，为 77.6hm²。阔叶林、针叶林和灌木林的斑块平均大小呈现先增加后减少的趋势，说明 1995～2005 年期间，这 4 种林地生长较好，受人为干扰不大；阔叶林从 1990 年的 43.3hm² 减少到 2005 年的 30.5hm²，针叶林从 1990 年的 43.7hm² 减少到 2005 年的 41.9hm²，减幅不大。从图 2-4 中还可以看出，水域和其他用地的斑块平均大小呈现先增后减的趋势，而农田的平均斑块大小不同时期变化不明显。

3）斑块形状变化分析

MSI 反映了景观各组分间斑块的复杂程度，图 2-5 反映了半城子流域不同时期不同土地利用类型的斑块形状变化情况。由图中可看出各斑块的 MSI 相差不大，值都比较大，在 1.65～2.82 之间，表明各种土地利用类型斑块形状偏离正方形，呈现不规则。在研究期内，阔叶林的 MSI 呈逐期增加的趋势，说明斑块形状趋于不规则，受人类活动干扰增加；而针叶林、灌木林和混交林均呈先增后减的趋势，斑块形状趋于规则。水域和农田的 MSI 在 1990 年较大，1995 年和 2000 年都有所减小，到了 2005 年又分别增加到 2.51 和 2.52。其他用地 MSI 值除了 1995 年等于 2 外，其他各年都小于 2，说明其他用地斑块形状相对规则，受人为干扰较大。

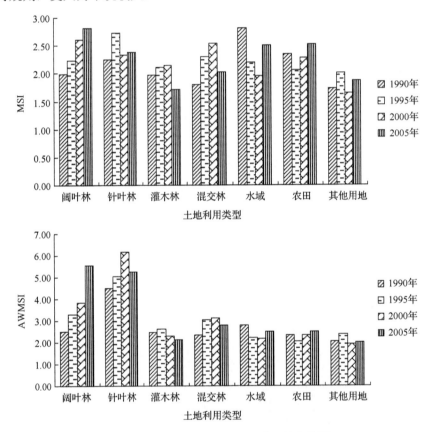

图 2-5　半城子流域不同时期斑块形状变化图

由图 2-5 对半城子流域 AWMSI 变化进行分析。几种土地利用类型中，针叶林和阔叶林的 AWMSI 值最高，除 2005 年的针叶林的 AWMSI 值有所下降外，其他各期两类土地类型均呈逐期增加的趋势，说明在研究时段内除针叶林后期受人为干扰减少外，这两类斑块受人为的干预逐渐增大。混交林和灌木林的 AWMSI 值相差不大，均比较小，呈现出先增加后减小的趋势；其他景观类型的 AWMSI 值在 1990～2005 年间均比较低，而且变化不大，说明在研究时段内灌木林、混交林、水域、农田和其他用地这几类景观类型持续受到一定的人为干扰。

图 2-6 反映了红门川流域不同时期不同土地利用类型的斑块形状变化情况。图中显示，

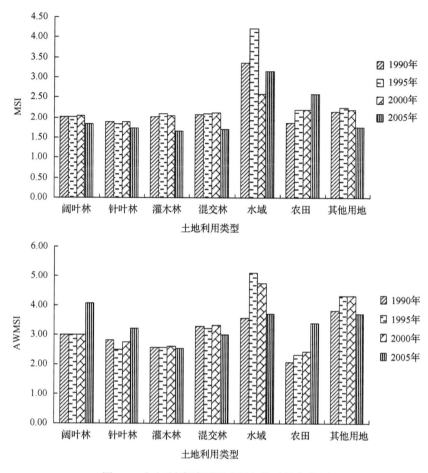

图 2-6　红门川流域不同时期斑块形状变化图

水域在各期 MSI 值都最大，其他各斑块的 MSI 相差不大，总体来看其值也比较大，表明各种土地利用类型斑块形状偏离正方形，呈现不规则。在研究时段内，各林地的 MSI 呈减小趋势，说明斑块形状趋于规则；而农田的 MSI 值呈现逐期增加趋势，说明斑块形状趋于不规则，受人类活动影响逐渐增强；其他用地斑块形状呈先增后减趋势，说明受人为干扰呈先增后减的趋势；水域是各类土地利用类型中 MSI 最大的土地利用类型，呈现先增后减的趋势，在 1995 年达到最大值，为 4.22，说明水域在 1995 年受人为干扰影响最大。

由图 2-6 对红门川流域 AWMSI 变化进行分析。几种土地利用类型中，水域和其他用地的 AWMSI 最高，4 个时期出现先增后减的趋势，说明在其前期受人为干扰明显，后期有所减小。针叶林、阔叶林和农田的 AWMSI 值除 2005 年有明显增加外，在其他各期变化不明显，说明这 3 类景观在 2005 年受到人为的干预较大。灌木林和混交林的 AWMSI 值在 1990～2005 年较低，且略有下降，说明在后期受干扰减小。

4) 斑块空间结构变化分析

从图 2-7 可以看到半城子流域斑块空间结构的变化情况，下面结合表 2-2 分析流域不同时期斑块的空间结构。MPI 能够度量同类型斑块间的邻近程度及景观的破碎度。由

图 2-7 可看出，研究时段内各土地利用类型的 MPI 值均较高，都在 0.8 以上；整体而言连通性较好。其中混交林和水域的 MPI 值相对较大，均在 0.91 以上，说明混交林和水域分布比较集中，有最好的连接性。在研究后期，阔叶林、针叶林、灌木林、农田和其他用地的 MPI 值均有下降趋势，相比较混交林和水域而言，这几类土地变得破碎、分散，连通性较差。

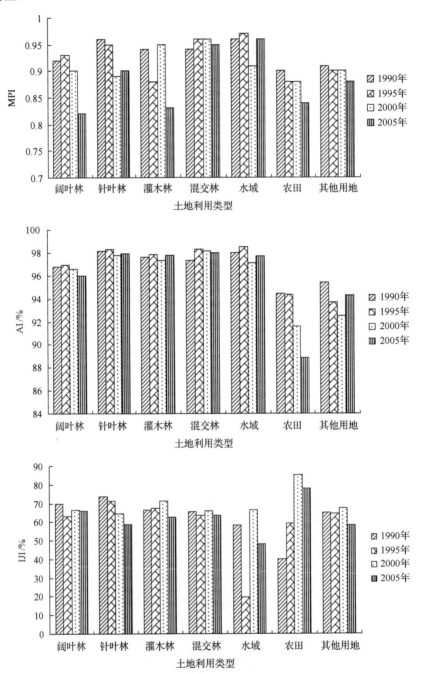

图 2-7　半城子流域不同时期斑块空间结构变化图

　　AI 值较大说明所研究尺度是由一个紧凑的组分构成，其值较小说明所研究尺度较为分散。从图 2-7 中可以看出，半城子流域各土地利用类型的聚合度均较高，说明所研究的流域由一个紧凑的组分构成。在研究时段内，阔叶林、针叶林、灌木林、混交林和水域的 AI 值变化不大，说明一直处于比较集中的分布状态；而农田在 1990～2005 年间 AI 值持续下降，说明农田变得比较分散破碎；其他用地 AI 值出现先减小后增大的趋势，说明其变化为集中→相对分散→相对集中。

　　IJI 值的大小决定着斑块类型与其他斑块间的比邻程度，值较小说明只与少数其他类型相邻接，值较大表明与其他各斑块间的比邻概率均等。由图 2-7 可以看出，1990～2000 年，农田的 IJI 值逐年增大，2005 年略有下降，但整体呈现增加趋势，表明农田景观受人为因素制约最强，与其他各斑块的邻接程度较高；而水域的 IJI 值在 1995 年间突然减少，可能与其在此期间比较集中分布有关，说明水域只与少数土地类型邻接。在研究时段内其他各类用地的 IJI 值变化并不明显，均在 60%～70%之间，说明在研究期内各斑块间的比邻概率并没有发生大的变化，分布比较均匀。

　　从图 2-8 可以看到红门川流域斑块空间结构的变化情况，同样结合表 2-3 分析流域不同时期斑块的空间结构。在 2005 年之前，各土地利用类型的 MPI 值均较高，都在 0.7

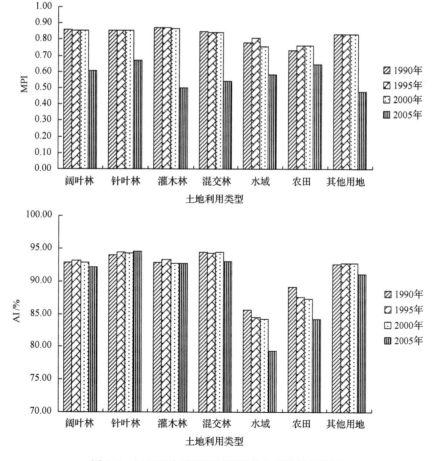

图 2-8　红门川流域不同时期斑块空间结构变化图

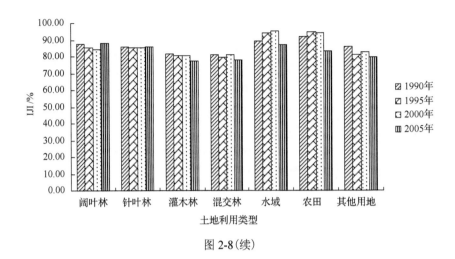

图 2-8(续)

以上，到了 2005 年，流域各景观要素之间的连通性有所下降，整体表现为连通性较好。其中各林地和其他用地在 2005 年之前相对较大，在 0.83 以上，而水域和农田的 MPI 值相对较小。在 2005 年间，各种土地利用类型的 MPI 值均有所下降，说明流域各景观类型变得破碎、分散，连通性较差。

　　从图 2-8 中可以看出，流域各土地利用类型的 AI 均较高，均在 80%以上，说明所研究的流域由一个紧凑的组分构成。各林地和其他用地不同时期的 AI 值变化不明显，说明仍处于比较集中的分布状态；而水域和农田的 AI 值在 2005 年下降较明显，说明这两种土地利用类型在该时期受到人为影响因素制约较强。

　　如图 2-8 所示，研究时段内，相对其他土地利用类型，水域和农田的 IJI 值相对较大，表明这两类景观各斑块间彼此比较邻近；除针叶林和阔叶林 IJI 值变化不大外，其他各类用地在 2005 年间 IJI 值都有所减小，说明各斑块间的比邻概率略有下降，但变化并不明显，分布相对比较均匀。

2.1.3 流域土地利用/覆被景观变化驱动力分析

　　影响流域土地利用变化的驱动因素错综复杂，各因素变量之间相互干扰。赵阳等(2013)已对密云红门川等流域土地利用变化驱动力开展了相关研究，认为社会经济、自然与区域政策、人口是影响北京山区流域土地利用变化的最主要因素。为避免重复，本研究在前期研究成果基础之上，基于 2 个流域 1990～2010 年社会经济等数据资料，从经济发展、自然与区域政策、人口因素三方面，分析了流域土地利用景观驱动力。考虑到 2 个流域均处于同一行政区划范围内，国家政策等差异不大，故对 2 个流域土地变化驱动力做一并分析。

　　1) 经济发展

　　经济发展是影响流域景观变化的主要因素，考虑到流域地处山区，同时作为密云水库地表水水源保护区，半城子流域和红门川流域工业产业较少，土地利用受经济发展影响主要表现形式为流域土地利用在经济利益驱动下由低产值产业向高产值产业转移，具体为由粮食种植向采摘果园、大棚蔬菜种植等设施种植转移。据密云县统计年鉴统计，1990～2009 年间红门川流域经济林、蔬菜、瓜果等农副业发展迅速，区域果园面积增长

12.21%，干鲜果产量由 1990 年的 555.4 万 kg 增加到 2009 年的 713.3 万 kg；半城子流域干鲜果产量由 1990 年的 46.3 万 kg，增加到 2009 年的 156.8 万 kg。此外，传统农业所占比例大幅下降。红门川流域从事种植业人口比例以每年 6.7%的速度大幅缩小；半城子流域从事种植业人口比例以每年 8.4%的速度大幅缩小。由此可见，在经济利益驱动下，非种植业生产已成为农民收入的主要来源。

2）自然与区域政策

气候条件对土地利用规划具有制约作用。研究流域地处华北土石山区，降水是限制区域农林生产的主要因素。据统计，红门川流域 1989～2009 年间年降水量以 1.7mm/a 的倾向率递减，其中 1999 年降水量仅为 160.5mm；半城子流域 1989～2011 年间年降水量以 10.2mm/a 的倾向率递减，其中 2002 年降水量仅为 344.4mm。降水波动及极端干旱气候的出现对流域粮食产量必然造成一定影响。数据显示 2000 年红门川流域耕地夏粮亩产量较 1999 年增加 21.7%；半城子流域 2002 年流域秋粮产量较 2001 年减少 15.8%。粮食减产、人口增加必然导致耕地面积的增加，进而间接促进了耕地与其他土地利用类型之间的转化。

此外，区域政策对流域土地利用结构变化造成重要影响。密云水库集水区是北京市的重要生态屏障，近年来，随着经济发展和城市化进程的加快，公众对生态环境的需求在逐步增加，红门川和半城子流域作为密云水库重要的地表水源地，保护生态环境及饮用水安全是研究区土地利用规划的核心。荒山荒坡造林、幼林抚育、退耕还林还草、防止土地沙漠化综合治理等工程政策的实施，直接推动了研究区林地、耕地等土地利用结构的改变。

3）人口因素

土地是人类最赖以生存的物质条件，人类通过对土地资源的改造利用，来改变人类的生存环境。因此，人口数量的多少直接影响土地利用景观格局的变化。一方面，人类通过增强对土地的干扰程度，改变土地利用景观的类型与结构，进而满足人类对生境的需求；另一方面，人口的增减变化会通过影响农产品需求量、居住用地面积及城镇基础设施用地需求对土地利用景观变化造成间接或直接影响。以红门川流域为例，根据 2000～2009 年密云县统计年鉴及 GM(1，1)模型预测，红门川流域所涉及的 3 个乡镇 25 个行政村人口总数将由 2000 年的 19598 人增加到 2020 年的 20015 人，年增长率 0.106%。伴随着人口增长，相应地，居民与工矿用地面积则由 2000 年的 290hm^2 增加到 2020 年的 620hm^2；人均耕地面积由 2000 年的 0.03hm^2 增加到 2020 年的 0.058hm^2（赵阳等，2013）。

2.2　流域森林景观格局及结构因子变化分析

森林结构决定森林各项功能的发挥。王礼先和张志强（2001）研究认为，森林对流域产水量的影响主要体现在对流域总径流量的影响及对流域产水量时空分配的影响，且不同生长发育阶段的森林对流域水分循环和水文过程影响有所差异，主要体现为不同生长阶段的森林林冠层、枯枝落叶层、根系土壤层及其他林分结构因子的差异，会导致流域森林截流量、流域蒸散发量不同，进而对流域水量平衡造成影响。以往流域尺度林水关系研究，多从流域森林覆被率变化对流域径流的影响进行探讨，缺乏森林结构指标与流域产水量关系之间的深入研究，考虑到 2 个研究流域在研究时段内降水量和产流性降水量减少趋势并不显著，且森林覆被率变化并不大，为此，开展流域森林结构因子变化分析研究，对于深刻理解森林对流域产水量影响有重要意义。

2.2.1　流域森林覆被率变化分析

流域森林覆被率是反映一个地区或流域生态环境质量及森林资源丰富程度的极其重要指标。我国流域森林覆被率多指郁闭度达到 0.3 以上的乔木林、竹林、国家特别规定的灌木林地等面积总和占土地面积的百分比。近年来，随着学者对流域尺度林水关系的不断关注，诸多研究以流域森林覆被率作为反映流域尺度森林状况的数量指标探讨流域森林对径流的影响(王礼先和张志强，2001；Yu et al., 2009；Wang et al., 2011；)，考虑到乔木林与灌木林水源涵养功能的显著差异(吕锡芝，2013)，本研究从乔木林覆被率和灌木林覆被率角度讨论流域森林覆被率的变化。为将森林覆被变化数据与流域径流过程数据进行同步分析，本研究依据 2 个研究流域所属行政区 1990~2010 年密云县统计年鉴资料中流域辖区范围内各村造林面积数据，计算了 1989~2011 年 2 个流域连续 20 多年的流域森林覆被率数据系列。

1. 半城子流域森林覆被率年际变化分析

半城子流域森林覆被率年际变化趋势见表 2-4 和图 2-9。由表 2-4 和图 2-9 可知，从流域森林覆被率整体趋势看，半城子流域 1990~2010 年间森林覆被率呈增加趋势，1990~2010 年间累积增加 1.72%。其中，乔木林地覆被率年际间呈明显增加趋势，2010年较 1990 年乔木林地覆被率增加 16.15 个百分点；而灌木林地则呈现明显的减少趋势，由 1990 年的 20.78%减少到 2010 年的 6.35%，20 年间减少 14.43 个百分点。结合图 2-9，可将半城子流域乔木林覆被率变化趋势大致分为 2 个阶段，即 1989~1995 年快速增加阶段，1995~2010 年均匀增加阶段。通过对多年乔木林覆被率拟合线性方程，斜率为 0.7267，线性相关系数 R^2 为 0.97。此外，灌木林地覆被率变化趋势与乔木林地变化趋势相反，年际间呈波动减少趋势。其中，1995 年前，大量灌木林地减少转化为乔木林地等土地利用类型，导致灌木林地大量减少；1995 年后，灌木林地减少速度有所放缓。灌木林覆被率拟合线性方程，斜率为–0.6634，线性相关系数 R^2 为 0.96。

表 2-4　半城子流域森林覆被率年际变化趋势分析

流域	流域总面积/km²	年份	覆盖率/%		
			乔木林地	灌木林地	森林覆被率
半城子流域	66.1	1990	74.25	20.78	95.03
		1995	80.92	15.27	96.19
		2000	83.65	12.69	96.34
		2005	86.38	10.27	96.65
		2010	90.40	6.35	96.75

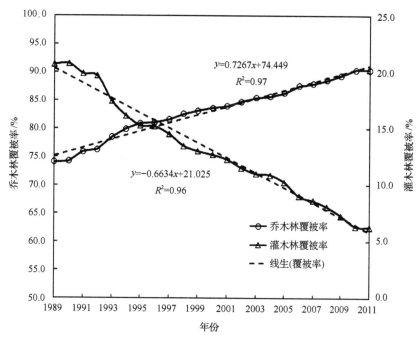

图 2-9 半城子流域森林覆被率年际变化趋势

2. 红门川流域森林覆被率年际变化分析

红门川流域森林覆被率年际总体变化趋势见表 2-5 和图 2-10。由表 2-5 可知，从整体趋势看，红门川流域 1990～2010 年间森林覆被率呈现"增加—增加—减少—减少"的趋势，1990～2010 年间增加 1.35 个百分点。将流域森林覆被率划分为乔木林地覆被率和灌木林地覆被率进行分类统计后发现，乔木林地覆被率年际间呈增加趋势，2010 年较 1990 年乔木林地覆被率增加 9.37 个百分点；而灌木林地则呈现明显的减少趋势，由 1990 年的 11.85% 减少到 2010 年的 3.83%，20 年间减少 8.02 个百分点。结合图 2-10 可知，红门川流域乔木林覆被率 2000 年前增加趋势拟合直线斜率较大，2000～2010 年相对较缓。总体而言，乔木林覆被率年际间拟合线性方程斜率为 0.4704，线性相关系数达到 0.98；灌木林地覆被率变化趋势与乔木林地变化趋势相反，表现出快速减少的变化趋势，其中，以 2000 年后减少趋势最为明显。

表 2-5 红门川流域覆被率年际变化趋势

流域	流域总面积/km^2	年份	覆盖率/%		
			乔木林地	灌木林地	森林覆被率
红门川流域	128.00	1990	75.07	11.85	86.92
		1995	77.44	10.34	87.78
		2000	80.75	7.65	88.40
		2005	82.17	6.18	88.35
		2010	84.44	3.83	88.27

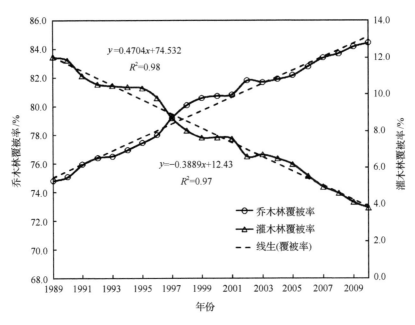

图 2-10　红门川流域森林覆被率年际变化趋势

2.2.2　流域森林生物量变化分析

流域尺度林水关系研究多从流域森林覆被率和流域年径流量之间的关系入手探讨林水关系，关于森林质量对流域径流影响的研究相对较少(周晓峰等，2001)。森林主要通过它占有的地上、地下的空间大小对降水进行拦截，进而对流域产汇流造成影响，反映这种影响大小的主要是生物量。森林生物量是反映森林生态系统结构优劣和功能高低的最直接表现，森林生物量作为反映森林生长和森林生态系统生产力的重要指标，与森林拦截降水、降低雨滴冲刷动能等功能的发挥有着密切联系。对流域森林生物量进行测算将对了解流域森林质量及生长状况，分析森林变化对降水、径流分配有重要意义。因此本研究基于研究流域 2 次二类调查数据，并结合 2007 年及 2011 年野外样地调查数据、北京市不同树种多年实测统计数据，构建了流域优势树种单木生物量测算模型，根据不同树种在流域内的小斑分布面积及混交林树种组成比例，初步估算了 1990～2010 年研究流域森林生物量。

1. 流域单木生物量测算模型构建

乔木层生物量作为森林群落生物量的重要组成部分，在拦截降水、降低雨滴动能、延滞林内降水等方面发挥着重要的作用。结合研究区植被类型可知，流域所在区域植被类型属于暖温带落叶阔叶林和针叶林区，流域内地形复杂，主要以人工林为主，天然次生林零星分布。人工林建群种主要以侧柏、油松、刺槐、栎类(蒙古栎)、杨树为主，此外，流域中还分布有一定面积的荆条灌丛。结合实地调研可知，人工油松林营造时间多集中于 20 世纪 60 年代，侧柏则集中营造于 20 世纪 80 年代后期，落叶松林营造于 1979 年，阔叶树则主要集中于 20 世纪 80 年代后期。

参考鲁绍伟等(2013)、甘敬(2008)、王友生(2013)等有关北京山区主要乔木树种生物量研究成果与方法，以树高胸径组合(D^2H)为自变量，套用相对生长 CAR 模型，选取以下公式构建乔木层生物量测算模型，具体计算公式为

$$W = a\left(D^2H\right)^b \tag{2-1}$$

式中，W 为单木整株生物量(干重)；D 为单木胸径(cm)；H 为单木树高(cm)；a、b 为系数。

不同树种单木生物量模型构建如下。

油松林： $\qquad W = 9.8026\left(D^2H\right)^{0.3689} \quad R^2 = 0.8847 \tag{2-2}$

侧柏林： $\qquad W = 9.8026\left(D^2H\right)^{0.5895} \quad R^2 = 0.9454 \tag{2-3}$

刺槐林： $\qquad W = 0.7570\left(D^2H\right)^{2.2947} \quad R^2 = 0.9254 \tag{2-4}$

蒙古栎： $\qquad W = 2.8514\left(D^2H\right)^{0.1928} \quad R^2 = 0.9254 \tag{2-5}$

山杨： $\qquad W = 10.9840\left(D^2H\right)^{0.1854} \quad R^2 = 0.8254 \tag{2-6}$

此外，灌木林生物量测算则依据相关研究结果(杨本琴，2009)，该研究基于北京山区大量灌木样地实测数据对灌木林生物量进行了研究，指出北京山区主要灌木类型包括荆条和绣线菊灌木林。以荆条灌丛为例，其生物量为 3.49t/hm^2；绣线菊灌木林生物量为 6.09t/hm^2。

2. 半城子流域森林生物量变化分析

根据半城子流域不同植被类型分布面积及其各自比重，依据不同树种单木生物量估算模型及参考灌木林单位面积生物量研究结果，分类统计不同植被类型下各树种生物量，按面积及权重进行叠加获得了整个流域 1990 年、1995 年、1999 年、2000 年、2004 年、2005 年和 2010 年的森林生物量，基于流域森林面积变化与造林面积数量关系密切的认识，利用造林面积变化率的 3 年滑动平均值作为线性插值的权重，利用分段线性插补技术，获得半城子流域 1989～2011 年 23 年连续的流域森林生物量数据系列，具体结果参见图 2-11。

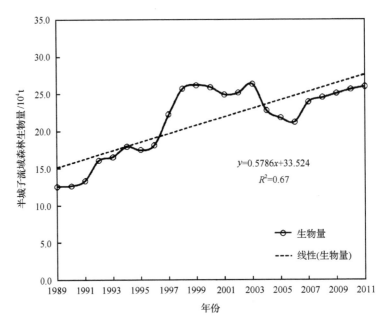

图 2-11　半城子流域森林生物量年际变化

由图 2-11 可知，半城子流域森林生物量年际间呈现波动增加趋势，多年平均值达到 21.42×10^4t，Mann-Kendall 趋势检验结果表明 $Z=3.80>2.576$，说明流域 23 年间森林生物量增加趋势达到极显著水平（表 2-6），Sen 斜率估计 $Q_m=0.54$，同样说明流域森林生物量呈现增加趋势，与 Mann-Kendall 趋势检验结果一致（表 2-6）。其中，2000 年以前增加趋势更为明显。一方面与森林不同林分类型自身生长阶段有关，野外调研资料表明，该流域主要分布树种油松林多营造于 20 世纪 60 年代，侧柏林、阔叶树种则多集中营造于 20 世纪 80 年代后期，该林龄阶段的林木生长力较为旺盛，生物量增长率较快；一方面与该阶段造林面积增幅较大有关，根据密云县社会经济统计年鉴资料，半城子流域范围内村镇 1990～2000 年年均造林面积 107.36 亩，2000 年以后流域年均造林面积 51.11 亩，且有多个年份造林面积为 0 亩。

表 2-6　半城子流域森林生物量年际变化趋势检验

指标	Z	Sig.	Q_m	Q_{min} 99	Q_{max} 99	Q_{min} 95	Q_{max} 95	B	B_{min} 99	B_{max} 99	B_{min} 95	B_{max} 95
数值	3.80	***	0.54	0.35	0.93	0.46	0.70	14.4	17.72	11.87	15.89	13.23

*** 表明趋势在 99.9%置信区间达到显著水平。

3. 红门川流域森林生物量变化分析

红门川流域森林生物量年际变化见图 2-12。由图 2-12 可知，该流域森林生物量与半城子流域森林生物量总体变化趋势一致，但增加趋势更为明显，线性拟合方程线性相关系数为 0.9078，研究时段内变化趋势具体表现为，1989～1998 年呈波浪式增加趋势，1998～2006 年间增加幅度不大，2006 年以后流域森林生物量呈缓慢增加趋势；由图 2-13 和表 2-7 可知，Mann-Kendall 趋势检验结果表明，$Z=6.37>2.576$，说明流域 21 年间红门川流域森林生物量增加趋势达到极显著水平，Sen 斜率估计 Q_m=0.818，Q_m 值为正，则同样表明流域森林生物量增加趋势明显。从年际变化趋势看，1989～1998 年间，流域森林生物量增加趋势明显，2006 年以后流域森林生物量增加趋势有所缓慢，其原因主要是，随着流域森林覆被率的增高，可造林面积逐年减少，据年鉴资料统计，1989～1998 年间红门川流域年均造林面积 498.7 亩，2000 年以后流域年均造林面积 120.0 亩，且有个别年份造林面积为 0。造林面积的减少及幼苗造林是流域森林生物量增加趋势减缓的主要原因，而木材采伐是造成流域森林生物量呈现增减波动的主要因素。

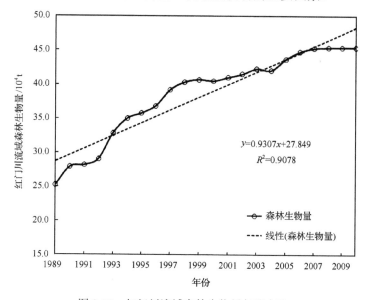

图 2-12　红门川流域森林生物量年际变化

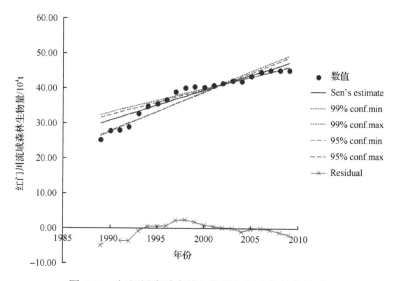

图 2-13　红门川流域森林生物量年际变化趋势检验

Data 为每年的实测生物量值；Sen's estimate 为 Sen 斜率估计；99% conf.min 为拟合直线斜率 Q 在 99%置信区间的下限；99% conf.max 为拟合直线斜率 Q 在 99%置信区间的上限；95% conf.min 为拟合直线斜率 Q 在 95%置信区间的下限；95% conf.max 为拟合直线斜率 Q 在 95%置信区间的上限；Residual 为实测值与拟合值之间的残差；下同

表 2-7 红门川流域森林生物量年际变化趋势检验

指标	Z	Sig.	Q_m	Q_{min} 99	Q_{max} 99	Q_{min} 95	Q_{max} 95	B	B_{min} 99	B_{max} 99	B_{min} 95	B_{max} 95
数值	6.37	***	0.818	0.63	1.11	0.69	1.06	30.71	33.10	26.75	32.17	27.14

*** 表明趋势在 99.9%置信区间达到显著水平。

2.2.3 流域森林单位面积生物量变化分析

林分生物量是评价森林植物群落生产力高低和潜在生产力大小的重要指标，也是研究森林生态系统生物产量结构及其功能过程的定量依据。吕锡芝(2013)研究发现乔木林冠截留率与生物量呈正相关关系，即生物量越大林冠截留率越大，且生物量在降水拦截中起主导作用。就流域而言，流域尺度单位面积生物量则是反映流域内单位面积地块生产力水平的重要评价依据，同时也是表征流域单位面积地块拦截降水能力的大小的重要因子，为此，本研究基于 2.2.2 小节的研究成果，以流域森林单位面积生物量作为流域尺度森林结构指标，探讨了其年际变化规律。

1. 半城子流域单位面积生物量年际变化分析

根据 2.2.2 小节流域森林生物量年际数据，计算了半城子流域单位面积生物量，计算结果见图 2-14。由图 2-14 可知，半城子流域单位面积生物量多年平均值达到 38.76t/hm²，且年际间变化幅度较大，变异系数 C_v=0.19。由图 2-15 和表 2-8 可知，Sen 斜率估计 Q_m=0.81，同样说明流域单位面积生物量年际间呈现增加趋势，此外，由半城子流域单位面积生物量年际变化 Mann-Kendall 趋势检验可知，Z=3.27＞2.58，说明流域单位面积生物量年际间增长趋势在 99%置信区间内达到显著增加水平。

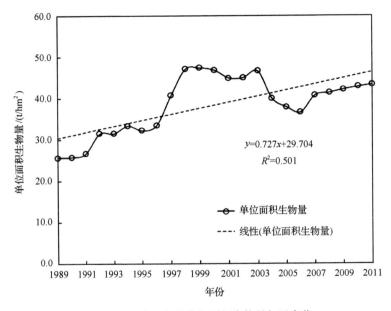

图 2-14 半城子流域单位面积生物量年际变化

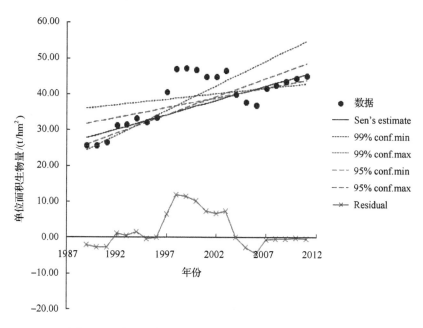

图 2-15　半城子流域单位面积生物量年际变化趋势检验

表 2-8　半城子流域单位面积生物量年际变化趋势检验

指标	Z	Sig.	Q_m	Q_{min}^{99}	Q_{max}^{99}	Q_{min}^{95}	Q_{max}^{95}	B	B_{min}^{99}	B_{max}^{99}	B_{min}^{95}	B_{max}^{95}
数值	3.27	**	0.81	0.32	1.38	0.55	1.02	27.82	36.08	24.40	31.81	26.08

**表明趋势在 99%置信区间达到显著水平。

2. 红门川流域单位面积生物量年际变化分析

参照半城子流域单位面积生物量统计方法，计算了红门川流域单位面积生物量及其年际变化趋势（图 2-16）。由图 2-16 可知，红门川流域多年平均单位面积生物量为 35.74t/hm²，且年际间增加趋势明显。由图 2-17 和表 2-9 可知，Sen 斜率估计表明，Q_m=0.63＞0，同样说明流域单位面积生物量呈增加趋势，较 2005 年前，2005 年后流域单位面积生物量增加趋势缓慢，主要与幼苗造林有关；Mann-Kendall 趋势检验显示该流域单位面积生物量增加趋势明显，Z=6.20＞2.58，说明在 99%置信区间内达到显著增加水平，单位面积森林生物量的增加表明随流域林木林龄不断增大，流域森林生产力水平不断提高，流域森林结构更加稳定。

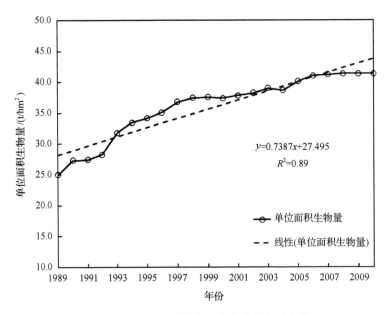

图 2-16　红门川流域单位面积生物量年际变化

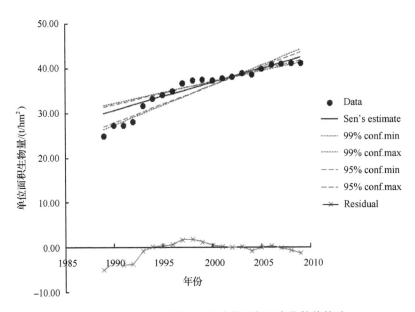

图 2-17　红门川流域单位面积生物量年际变化趋势检验

表 2-9　红门川流域单位面积生物量年际变化趋势检验

指标	Z	Sig.	Q_m	Q_{min} 99	Q_{max} 99	Q_{min} 95	Q_{max} 95	B	B_{min} 99	B_{max} 99	B_{min} 95	B_{max} 95
数值	6.20	***	0.63	0.481	0.900	0.525	0.837	30.01	31.84	26.42	31.38	27.04

*** 表明趋势在 99.9% 置信区间达到显著水平。

2.2.4　流域森林景观格局变化分析

森林景观格局是大小和形状各异的森林景观镶嵌体在空间上的排列和组合形式(王仰麟,1995)。它是人类活动与自然因素共同作用下森林景观异质性在空间上的综合表现。森林作为研究流域景观基质,探讨森林景观空间格局变化将对深刻认识流域植被景观格局和流域径流特征之间的量化关系有重要参考价值,为此,本研究将以流域森林景观为研究对象,从景观角度分析不同斑块植被类型空间整体分布格局动态变化特征,为进一步揭示景观尺度下植被空间格局对流域径流的调节作用提供数据支撑。考虑到不同林分类型水源涵养功能存在显著差异(吕锡芝,2013),本研究从斑块类型水平选取表征不同斑块类型形状、大小、数量和空间组合的 4 个指标探讨流域不同林分类型景观格局空间变化特征。

1. 半城子流域森林景观格局变化分析

为全面反映流域森林景观格局变化特征,从斑块水平尺度选择反映斑块形状、大小、数量和空间组合等特征的 4 个指标表征流域森林景观格局变化特征,具体结果见表 2-10。

表 2-10　半城子流域 1990～2010 年森林景观格局动态变化

年份	斑块类型	面积加权的平均形状因子(AWMSI)	斑块平均大小(MPS)	斑块个数(NP)	聚合度(AI)	散布与并列指数(IJI)
1990	针叶林	4.31	122.28	22	93.16	73.62
	阔叶林	2.36	24.81	37	88.44	69.26
	混交林	2.22	34.34	38	90.08	65.77
	灌木林	2.38	46.44	31	91.14	66.52
1995	针叶林	2.47	231.45	11	93.75	71.79
	阔叶林	2.17	47.77	27	88.86	62.88
	混交林	2.16	130.06	13	93.66	67.73
	灌木林	2.12	76.79	11	92.05	67.29
2000	针叶林	5.91	135.17	18	91.93	64.44
	阔叶林	3.63	52.98	28	87.64	65.43
	混交林	2.97	133.56	13	93.16	67.26
	灌木林	2.20	40.20	19	90.15	65.90
2005	针叶林	4.32	117.90	22	92.53	55.49
	阔叶林	4.75	26.46	59	85.45	65.25
	混交林	2.74	72.43	21	92.41	67.20
	灌木林	2.03	33.00	23	89.68	61.96
2010	针叶林	4.42	120.35	23	92.46	60.19
	阔叶林	4.59	27.69	55	83.69	66.35
	混交林	3.02	85.36	22	91.58	67.98
	灌木林	2.02	26	24	87.59	56.29

由表 2-10 可知，针叶林 AWMSI 多年间经历了"减小—增大—减小—增大"的变化趋势，总体呈略微增加趋势，说明在人类活动影响不断加剧情况下，流域针叶林斑块形状呈现不规则趋势；MPS 总体呈现减小趋势，NP 多年间小幅增加，综合说明流域针叶林景观呈现一定的破碎化，分析结果与 2.2.1 流域景观分析结果一致。AI 与 IJI 总体呈现减少趋势，说明半城子流域针叶林景观连通性在降低，且分布特征区域不均匀化，破碎度在增强。

半城子流域阔叶林景观多年间 NP 呈显著增加趋势，由 1990 年的 37 块增加到 2010 年的 55 块；MPS 年际间呈现明显的波动增加趋势，但增加幅度较小，仅为 11.61%；综合说明流域阔叶林面积呈增加趋势；AI 与 IJI 同样呈现小幅减少趋势，结合阔叶林 AWMSI 变化趋势，说明半城子流域阔叶林研究时段内斑块形状不规则趋势明显，且斑块间聚集度在减小，斑块间连通性降低，区域景观破碎度在增强。

混交林景观 1990~2010 年间 NP 减少 42.1%，但 MPS 年际间呈现明显增加趋势，增长幅度达到 148.6%，综合说明流域混交林景观面积呈现增加趋势；AI 与 IJI 均呈现小幅增加趋势，且 IJI 较高，说明混交林斑块间连通趋势在增强，斑块破碎度在减弱，这与当前以营造混交林为主密切相关；结合混交林 AWMSI 变化趋势同样说明流域混交林景观在人类活动干预下斑块形状不规则趋势明显。

由于流域研究时段内灌木林面积减少，因此，灌木林景观 NP 和 MPS 年际间均呈现明显减少趋势，AI 与 IJI 均呈现减少趋势，AWMSI 同样呈现减少趋势，说明流域灌木林斑块分布区域破碎，但斑块形状趋于规则化。

2. 红门川流域森林景观格局变化分析

由表 2-11 可知，红门川流域针叶林 AWMSI 总体呈增加趋势，说明针叶林斑块形状趋向于不规则；MPS 大幅增加，2010 年较 1990 年增加 55.21%，NP 年际间变化较小，2010 年较 1990 年仅减少 5 块，说明针叶林面积在研究时段内有较大增长；AI 呈现波动增加趋势，IJI 呈减少趋势，说明整个流域内针叶林景观连通性在增强，针叶林景观破碎化程度在减小。

表 2-11 红门川流域 1990~2010 年森林景观格局动态变化

年份	斑块类型	面积加权的平均形状因子(AWMSI)	斑块平均大小(MPS)	斑块个数(NP)	聚合度(AI)	散布与并列指数(IJI)
1990	针叶林	2.75	43.80	69	88.89	86.42
	阔叶林	3.42	46.04	46	87.03	87.26
	混交林	3.36	87.19	32	89.66	81.31
	灌木林	2.52	40.20	22	86.92	81.42
1995	针叶林	2.45	46.04	69	89.90	85.77
	阔叶林	3.46	46.17	48	87.52	85.33
	混交林	3.54	85.59	31	89.46	79.66
	灌木林	2.51	44.80	21	87.68	80.91

续表

年份	斑块类型	面积加权的平均形状因子 (AWMSI)	斑块平均大小 (MPS)	斑块个数 (NP)	聚合度 (AI)	散布与并列指数 (IJI)
2000	针叶林	2.68	46.36	68	89.57	85.58
	阔叶林	3.47	44.12	48	86.95	84.22
	混交林	3.37	90.41	30	89.63	81.38
	灌木林	2.53	37.93	23	86.73	80.46
2005	针叶林	3.72	63.75	67	90.66	83.96
	阔叶林	4.48	33.40	81	86.18	87.63
	混交林	2.96	29.31	64	87.55	76.07
	灌木林	2.41	20.89	51	86.42	75.82
2010	针叶林	4.01	67.98	64	90.24	82.14
	阔叶林	4.65	36.14	80	86	88.35
	混交林	2.69	33	60	85	72
	灌木林	2.38	17.25	40	85.29	71.59

与针叶林景观变化较为类似，红门川流域阔叶林 AWMSI 研究时段内同样总体呈增加趋势；阔叶林景观多年间 NP 呈显著增加趋势，由 1990 年的 46 块增加到 2010 年的 80 块，增加 73.91%；流域阔叶林景观 MPS 呈减少趋势，平均减小 21.5%，综合表明流域阔叶林面积在研究时段内呈现一定的增加趋势；结合 AI 研究时段内变化趋势，以及 AWMSI 指数变化趋势，综合说明受人为干扰活动影响，流域阔叶林斑块间连通性在降低，且形状不规则化趋势明显。IJI 较大，说明阔叶林景观分布较为分散。

混交林 1990～2010 年间 NP 增加 87.5%，但 MPS 减少 62.15%；AI 呈现减少趋势，说明混交林斑块间连通趋势在减弱，斑块破碎度在增强，这与当前以营造混交林为主密切相关；结合混交林 AWMSI 变化趋势说明流域混交林景观研究时段内斑块形状趋于规则。IJI 较大，但呈减少趋势，说明混交林景观分布较为分散，邻近度在降低。

与半城子流域灌木林变化趋势相反，红门川流域灌木林景观受近年来植树造林影响，大量灌木林地被乔木林所取代，NP 增加 18 块，MPS 1990～2005 年间减少 57%，斑块形状相对规则化；AI 和 IJI 变化趋势说明人类活动影响下流域灌木林斑块景观破碎度在增强，斑块间连通性在减弱，分布日趋分散化。

2.3　区域土地利用现状及变化分析

土地利用变化已经成为影响流域径流的重要的下垫面因素，在时间和空间尺度上，其随着经济社会的发展及人口的增加发生了巨大的变化，无论是变化量还是变化速度，相对于其他下垫面要素都要明显得多。

2.3.1　流域上游山区土地利用现状及其变化

依据海河上游山区 1980 年、1990 年、1995 年、2000 年四期土地利用数据，结合《土地例行现状分类》国家标准中的一、二级分类标准，基于 ArcGIS 软件，对研究区 1980年、1990 年、1995 年、2000 年四期的土地利用图进行处理，如图 2-18 所示，并提取海河上游山区 1980 年、1990 年、1995 年、2000 年四期土地利用现状数据，如表 2-12 所示。

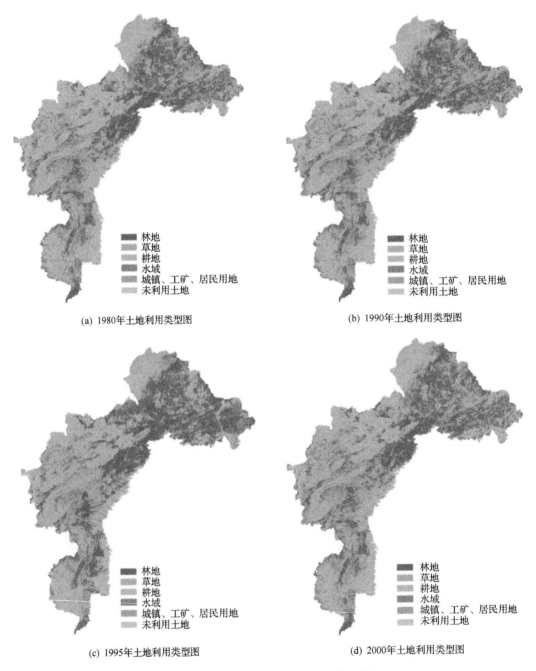

图 2-18　海河山区土地利用类型分布图

表 2-12　海河山区土地利用现状及动态变化

土地利用类型		1980 年		1990 年		1995 年		2000 年	
		面积/km²	覆盖率/%	面积/km²	覆盖率/%	面积/km²	覆盖率/%	面积/km²	覆盖率/%
耕地	水田	1442.57	0.80	1597.00	0.89	1504.55	0.84	1613.16	0.90
	旱田	55558.27	30.98	54659.72	30.48	49435.08	27.57	54713.89	30.51
	汇总		31.78		31.37		28.41		31.41
林地	有林地	24361.07	13.59	27067.27	15.09	23695.50	13.21	26885.06	14.99
	灌木地	23016.42	12.84	23302.18	12.99	25742.21	14.36	23104.55	12.88
	疏林地	6117.27	3.41	5973.88	3.33	15258.51	8.51	5880.82	3.28
	其他林地	1015.84	0.57	926.71	0.52	1666.88	0.93	1190.89	0.66
	汇总		30.40		31.94		37.01		31.82
草地	高覆盖草地	29239.74	16.31	28838.01	16.08	5748.55	3.21	28710.85	16.01
	中覆盖草地	19055.20	10.63	18211.77	10.16	29943.90	16.70	18029.31	10.05
	低覆盖草地	10797.63	6.02	10710.96	5.97	18357.37	10.24	10748.96	5.99
	汇总		32.95		32.21		30.14		32.06
水域	河渠	560.18	0.31	533.65	0.30	362.79	0.20	515.43	0.29
	湖泊	26.09	0.01	23.57	0.01	25.96	0.01	34.09	0.02
	水库坑塘	637.18	0.36	717.16	0.40	909.23	0.51	813.59	0.45
	滩地	1590.41	0.89	1470.12	0.82	1107.99	0.62	1395.71	0.78
	汇总		1.57		1.53		1.34		1.54
城乡、工矿、居民用地	城镇用地	641.73	0.36	597.50	0.33	661.93	0.37	769.13	0.43
	农村居民点	3281.13	1.83	2640.04	1.47	2755.70	1.54	2741.78	1.53
	其他建设用地	408.02	0.23	330.27	0.18	377.59	0.21	418.97	0.23
	汇总		2.42		1.99		2.12		2.19
未利用土地	沙地	683.00	0.38	672.93	0.38	293.27	0.16	811.30	0.45
	盐碱地	85.37	0.05	84.93	0.05	87.95	0.05	85.27	0.05
	沼泽地	781.82	0.44	826.19	0.46	504.09	0.28	728.29	0.41
	裸土地	52.25	0.03	48.87	0.03	73.82	0.04	48.61	0.03
	裸岩石质地	100.58	0.06	86.26	0.05	803.27	0.45	87.37	0.05
	汇总		0.95		0.96		0.98		0.98

图 2-18 和表 2-12 表明，研究区主要的土地利用类型为林地、耕地和草地三种类型，三种类型面积覆盖了研究区的绝大部分。表 12-2 中显示，耕地的覆盖率可达 28.41%～31.79%，林地的覆盖率可达 30.40%～37.01%，草地的覆盖率可达 30.14%～32.95%，该三种土地利用类型的覆盖率的总和可达 90% 以上。

就四期土地利用类型的变化来看，1980 年、1990 年、2000 年三期的土地利用类型相差不大，而在 1995 年出现一定的变化。就 1990 年与 1995 年两期土地利用类型数据对比来看，在 1995 年，研究区耕地覆盖率减少了 2.96 个百分点，林地增加了 5.07 个百分点，草地减少了 2.07 个百分点，其他三种土地利用类型变化不大；而在 2000 年三种土地利用类型的覆盖率又恢复到 1990 年的状况，仅在 1995 年出现一定的波动。

相对于土地利用类型一级分类的变化，其二级分类类型的变化更加明显，例如，1995年土地利用类型相对于 1990 年来说，其草地覆盖率仅减少了 2.07 个百分点，但其二级分类中，高覆盖草地覆盖率减少了 12.87 个百分点，中覆盖草地增加了 6.54 个百分点，低覆盖草地增加了 4.27 个百分点，这表明，有一定面积的草地由高覆盖变为了中覆盖或低覆盖，其内部变化要比草地覆盖率减少 2.07 个百分点剧烈得多。

2.3.2 土地利用程度综合指数变化

对不同的土地利用类型进行赋值，将未利用土地程度赋值为 1，林地、草地、水域等赋值为 2，农用地赋值为 3，工矿建筑用地赋值为 4，则其综合指数计算公式为

$$L = 100 \times \sum_{i=1}^{n} (A_i \times C_i) \qquad (2-7)$$

式中，L 为综合指数；A_i 为不同土地利用类型的赋值；C_i 为覆盖率。该值的增大或减小反映的是土地利用开发是处于发展期还是衰退（调整）期。

基于表 2-12 中海河流域上游山区 1980 年、1990 年、1995 年、2000 年四期土地利用数据，参照式(2-7)，得到土地利用程度综合指数及其变化，如图 2-19 和表 2-13 所示。

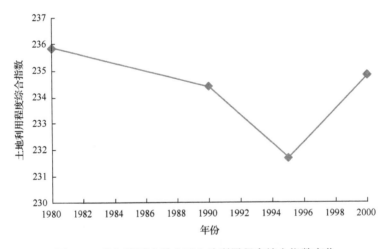

图 2-19   海河流域上游山区土地利用程度综合指数变化

表 2-13   海河流域上游山区土地利用程度综合指数及其变化

	1980 年	1990 年	1995 年	2000 年
土地利用程度综合指数	235.84	234.39	231.67	234.81
变化时段		1980~1990 年	1990~1995 年	1995~2000 年
变化		−1.45	−2.72	3.14

从表 2-13 和图 2-19 中可以看出,研究区海河流域上游山区土地利用程度综合指数在 1980~2000 年为先减小后增加的变化趋势。1980~1990 年间,该指数减少了 1.45,1990~1995 年间,该指数减少了 2.72,而 1995~2000 年该指数增加了 3.14。这表明,在 1980~1995 年间,研究区土地利用处于调整期,而 1995~2000 年间处于发展期。

2.3.3　水利工程建设变化

自 1949 年中华人民共和国成立至今,海河流域的水利建设大体可分为四个阶段。第一阶段为水利整修恢复、初步建设时期(1949~1957 年),主要的水利建设着重于遗留下来的旧的水利设施的修缮,以及河道的整治等;至 1957 年年底,流域入海泄洪能力增加了一倍。第二阶段为大规模建设时期(1958~1963 年),这段时期以兴建水库为主,共有 23 座大型水库、47 座中型水库和一大批小型水库开工兴建。第三阶段为以根治海河为目标的水利建设时期(1964~1978 年),1963 年,海河南系发生了"63·8"大洪水,以此为背景,开始了以防洪除涝为中心目标的治理海河的一系列水利建设措施;从 1966 年开始,流域共疏通河道 31 条,修筑堤坝 2700 多 km,建设大中型闸涵 90 多座,小型建筑 1500 多座,修建桥梁 800 余座,共完成土石方 11 亿 m^3,还修建了 3 座大型水库。第四阶段为 1979 年至今,这一阶段主要为完善防洪体系与开发利用水资源,主要是对各水库的重点治理、加固等工程。海河流域大型水库概况如表 2-14 所示。

表 2-14　海河流域大型水库概况

序号	水库名称	所属河系	所在省市	水库总库容/亿 m^3	规模类型[*]
1	怀柔水库	潮白河	北京	1.44	大 2 型
2	密云水库	潮白河	北京	43.75	大 1 型
3	海子水库	蓟运河支流	北京	1.21	大 2 型
4	官厅水库	永定河	北京	41.60	大 1 型
5	潘家口水库	海河	河北	29.30	大 1 型
6	大黑汀水库	滦河	河北	3.37	大 2 型
7	岳城水库	漳河	河北	13.00	大 1 型
8	龙门水库	大清河	河北	1.27	大 2 型
9	王快水库	大清河	河北	13.89	大 1 型
10	西大洋水库	大清河	河北	11.37	大 1 型
11	大浪淀水库	南运河	河北	1.00	大 2 型
12	庙宫水库	滦河	河北	1.83	大 2 型
13	东武仕水库	子牙河系滏阳河	河北	1.62	大 2 型
14	黄壁庄水库	子牙河	河北	12.10	大 1 型
15	桃林口水库	滦河	河北	8.59	大 2 型
16	朱庄水库	滏阳河	河北	4.16	大 2 型
17	横山岭水库	大清河	河北	2.43	大 2 型

序号	水库名称	所属河系	所在省市	水库总库容/亿 m³	规模类型*
18	岗南水库	滹沱河	河北	15.71	大1型
19	口头水库	大清河系郜河	河北	1.06	大2型
20	陡河水库	陡河	河北	5.15	大2型
21	洋河水库	洋河	河北	3.86	大2型
22	临城水库	子牙河	河北	1.71	大2型
23	友谊水库	永定河水系东洋河	河北	1.16	大2型
24	邱庄水库	还乡河	河北	2.04	大2型
25	云州水库	潮白河水系白河	河北	1.02	大2型
26	安格庄水库	大清河	河北	3.09	大2型
27	小南海水库	安阳河	河南	1.08	大2型
28	太平湾水库	大清河	辽宁	2.75	大2型
29	石门水库	大清河	辽宁	1.02	大2型
30	漳泽水库	浊漳河	山西	4.27	大2型
31	关河水库	浊漳北源	山西	1.40	大2型
32	后湾水库	浊漳西源	山西	1.30	大2型
33	册田水库	桑干河	山西	5.80	大2型

*容量大于 1 亿 m³ 的为大型水库。其中大于 10 亿 m³ 的为大 1 型，小于 10 亿 m³ 的为大 2 型。

第3章 流域气象要素变化分析

气候是影响流域水文过程的重要因子,区域气候的波动(主要指降水和气温)势必会对流域水分循环过程产生重要影响。一方面,气候变化会通过各气候要素在某时间段内的变化,影响水分循环中的各个要素,进而对水资源时空分布特征造成影响;另一方面,气候变化通过改变人类生存环境,间接影响水资源各要素分配。开展流域气候因子变化规律分析,是量化分析气候对流域水文要素影响分析的前提,为此,本章将以流域气候水文数据为基础,开展流域气候因子及水文要素变化规律分析,研究其年际、年内变化趋势,突变特征,为深入探讨流域水文对气候变化的响应研究奠定基础。

3.1 降水变化规律分析

3.1.1 降水年际变化规律及趋势检验

1. 海河流域降水年际变化规律及趋势检验

基于研究区内及周围共计 50 个国家气象站 1957~2000 年共计 44 年的降水量数据,对其进行统计平均进而得到整个研究区的逐年降水量变化,结果如图 3-1 所示。从图 3-1 中可以看出,海河山区降水量的多年平均值为 499.22mm,在研究期间,降水量有下降的趋势,对其进行线性拟合,其方程的斜率为-1.3834,表明整个下降趋势表现为降水量每年约下降 1.3834mm。

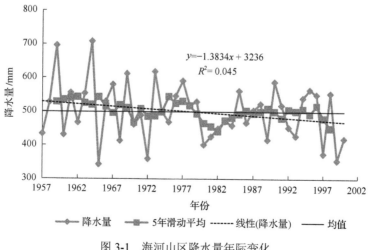

图 3-1 海河山区降水量年际变化

数据序列变异性规律分析结果表明,变异系数 C_v 仅为 0.17,变异系数较小;其中,最大降水量为 708.74mm(1964 年),最小降水量为 342.71mm(1965 年)。

　　由 5 年滑动平均过程线表明，总体有下降趋势，但趋势较为轻微。其在 1973～1975 年及 1982～1986 年等时段内有较为明显的升高趋势，而在 1975～1982 年间则有十分明显的下降趋势。

　　Mann-Kendall 趋势检验的统计量 Z 值为–1.47，这也证明研究区年降水量为下降的趋势，但 $|Z|<1.96$，这表明在研究时期 1957～2000 年间，降水量虽为下降趋势，但下降趋势并不明显。

　　海河山区年降水量 Mann-Kendall 突变检验结果如图 3-2 所示。从图 3-2 中可以看出，在 Mann-Kendall 检验结果中，绝大多数的统计量 UF 值均小于 0，这也表明，研究区在研究时段 1957～2000 年的逐年降水量年际变化为下降的趋势。同时，检验结果中，UF 曲线和 UB 曲线在 1958 年、1963 年、1967 年出现交叉点，且交点位于两临界线之间，这说明研究区径流变化过程在该几年内发生突变，研究区逐年降水量在 1957～1967 年的 10 年时间内频繁发生突变，也从另一方面说明，研究区降水量在这 10 年内波动十分剧烈。

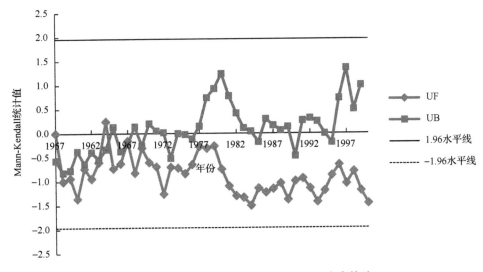

图 3-2　海河山区年降水量 Mann-Kendall 突变检验

2. 半城子流域降水年际变化规律及趋势检验

　　根据半城子流域日降水资料，对 1989～2011 年日降水数据进行整理分析。由图 3-3 可知，半城子流域多年平均降水量为 622.8mm。从降水量年际变化趋势来看，年降水量在 1989～2011 年期间呈现下降趋势，线性方程斜率为–10.154mm/a，且年际间波动幅度较大（CV=0.27）。其中，1994 年降水量最大，为 987.8mm，2002 年降水量最少，仅为 344.4mm。如图 3-4 和表 3-1 所示，结合 Mann-Kendall 年际降水量趋势检验及 Sen 斜率估计可知，$Z=-1.58$，拟合直线斜率 $Q_m=-10.36$，说明年际降水量呈下降趋势，$|Z|<1.96$，说明在研究时段内降水量虽呈减少趋势，但减少趋势并不明显。

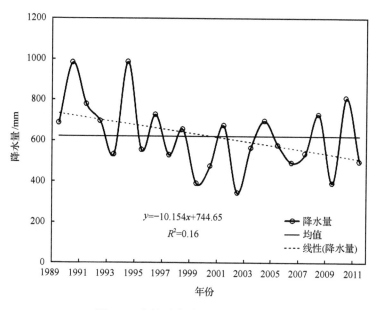

图 3-3　半城子流域降水量年际变化

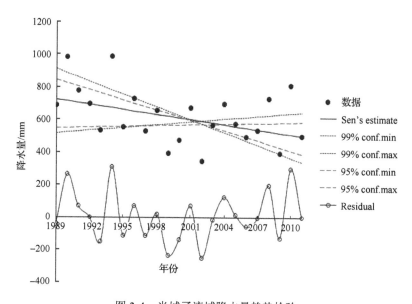

图 3-4　半城子流域降水量趋势检验

表 3-1　半城子流域降水量趋势检验统计

指标	Z	Sig.	Q_m	Q_{min}^{99}	Q_{max}^{99}	Q_{min}^{95}	Q_{max}^{95}	B	B_{min}^{99}	B_{max}^{99}	B_{min}^{95}	B_{max}^{95}
数值	−1.58	†	−10.36	−26.04	5.73	−20.87	1.59	726.5	913.22	519.71	847.91	551.00

†表明无明显趋势存在。

3. 红门川流域降水年际变化规律及趋势检验

根据红门川流域日降水资料，对 1989～2011 年日降水数据进行整理分析。由图 3-5 可知，红门川流域多年平均降水量为 490.5mm。从降水量年际变化趋势来看，年降水量在 1989～2011 年期间呈现轻微下降趋势，线性方程斜率为 –1.7053mm/a，且年际间波动幅度较大（CV=0.26）。其中，1994 年降水量最大，为 758.3mm，1999 年降水量最少，仅为 160.5mm。如图 3-6 和表 3-2 所示，结合 Mann-Kendall 年际降水量趋势检验可知，$Z=$ –0.09，说明年际降水量呈下降趋势，$|Z|<1.96$，说明在研究时段内降水量虽然呈减少趋势，但减少趋势并不明显。结合表 3-2 Sen 斜率估计可知，红门川流域年降水拟合直线斜率 $Q_m=-0.31$，同样说明红门川流域年降水呈减少趋势，但趋势并不明显。

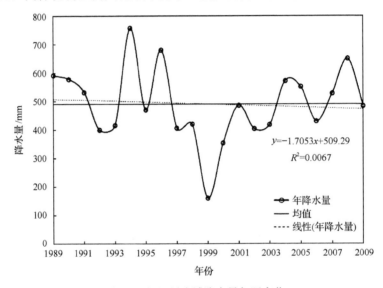

图 3-5　红门川流域降水量年际变化

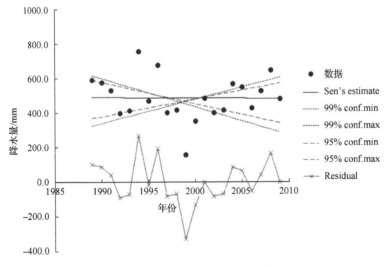

图 3-6　红门川流域降水量趋势检验

表 3-2　红门川流域降水量趋势检验统计

指标	Z	Sig.	Q_m	Q_{min} 99	Q_{max} 99	Q_{min} 95	Q_{max} 95	B	B_{min} 99	B_{max} 99	B_{min} 95	B_{max} 95
数值	−0.09	†	−0.31	−16.34	14.03	−12.46	10.24	490.7	616.8	327.1	591.8	369.4

† 表明无明显趋势存在。

3.1.2　产流性降水变化规律及趋势检验

1. 半城子流域降水年际变化规律及趋势检验

为进一步分析降水对流域产流的影响，依据半城子流域降水资料，统计了流域产流性降水变化趋势(图 3-7)。由图 3-7 可知，产流性降水在 1989～2011 年呈现出减少趋势，且年际间变化差异较大(CV=0.53)，多年平均产流性降水为 282.92mm，平均占流域降水量的 43.16%。其中，年产流性降水最大值出现在 1994 年，为 779.1mm，最少值出现在 2002 年，为 94.7mm，极值出现年份与年降水量极值变化趋势一致。2002 年产流性降水占年降水量比例最少，仅占 27.50%，说明 2002 年日降雨量大于 25.8mm 的降雨天数相对较少。如表 3-3 和图 3-8 所示，结合 Mann-Kendall 年际产流性降水量趋势检验及 Sen 斜率估计可知，Z= −1.48，Q_m= −5.01，说明年产流性降水在研究时段内呈减少趋势，但 $|Z|$<1.96，说明在研究时段内半城子流域产流性降水量减少趋势并不明显。

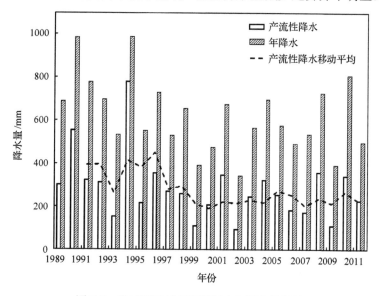

图 3-7　半城子流域产流性降水年际变化规律

表 3-3　半城子流域产流性降水趋势检验统计

指标	Z	Sig.	Q_m	Q_{min} 99	Q_{max} 99	Q_{min} 95	Q_{max} 95	B	B_{min} 99	B_{max} 99	B_{min} 95	B_{max} 95
数值	−1.48		−5.01	−18.38	4.063	−13.26	1.872	315.9	484.66	223.33	410.09	243.06

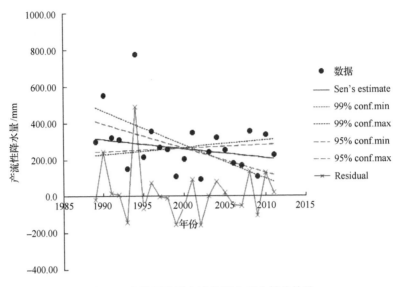

图 3-8　半城子流域产流性降水变化趋势检验

2. 红门川流域降水年际变化规律及趋势检验

依据红门川流域日降水资料，统计了流域产流性降水变化趋势(图 3-9)。由图 3-9 可知，产流性降水在 1989～2009 年间呈现出减少趋势，并且年际间变化差异较大(CV=0.56)，多年平均产流性降水为 223.09mm，平均占流域降水量的 43.37%。其中，年产流性降水最大值出现在 1994 年，为 551.7mm，最少值出现在 1999 年，仅为 32mm。

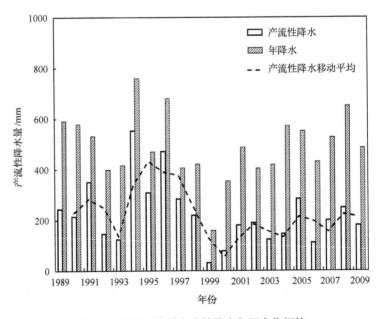

图 3-9　红门川流域产流性降水年际变化规律

1999 年产流性降水占年降水量比例最少，仅占 19.94%，说明 1999 年日降雨量大于
25.8mm 的降雨天数相对较少。如图 3-10 和表 3-4 所示，结合年际产流性降水量 Mann-
Kendall 趋势检验和 Sen 斜率估计可知，$Z = -1.30$，$Q_m = -4.94$，说明红门川流域年产流
性降水在研究时段内呈减少趋势，但 $|Z| < 1.96$，说明在研究时段内产流性降水量减少
趋势并不明显。

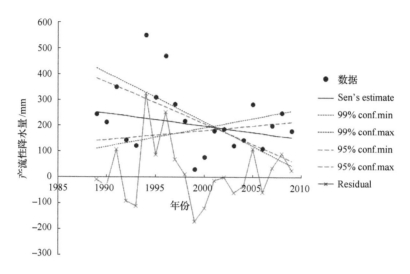

图 3-10　红门川流域产流性降水年际变化趋势检验

表 3-4　红门川流域产流性降水趋势检验统计表

指标	Z	Sig.	Q_m	Q_{min} 99	Q_{max} 99	Q_{min} 95	Q_{max} 95	B	B_{min} 99	B_{max} 99	B_{min} 95	B_{max} 95
数值	−1.30	†	−4.94	−18.96	7.271	−16.05	3.58	252.76	423.16	111.85	384.78	142.01

†表明无明显趋势存在。

3.1.3　降水年内变化分析

1. 半城子流域降水年内变化分析

由图 3-11 可知，半城子流域降水年内分布差异较大，参考降水时段划分相关研究(郝
润全等，2005)，将一年划分为洪水季(6～9 月)和非洪水季(10 月～次年 5 月)进行降水
逐月分类统计，半城子流域洪水季降水量占流域年总降水量的 78.44%，非洪水季占全年
降水量的 21.56%。其中，平均最少月降水量在 1 月出现，仅为 2.32mm，平均最大月降
水量则出现在 7 月，达到 210.43mm，占全年降水量的 32.88%。

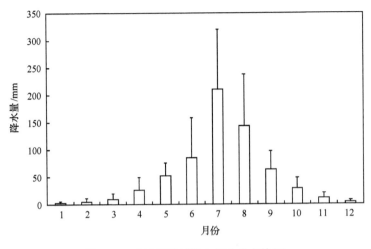

图 3-11　半城子流域降水年内分布特征

2. 红门川流域降水年内变化分析

基于红门川流域多年降水资料，分析了流域降水量年内分布特征，由图 3-12 可知，红门川流域降水年内分布差异性较大，其中，洪水季降水量占流域年总降水量的 90.18%，非洪水季占全年降水量的 9.82%。月平均最少降水量在 1 月出现，仅为 0.53mm，最大月平均降水量则出现在 7 月，达到 167.70mm，占全年降水量的 35.60%。

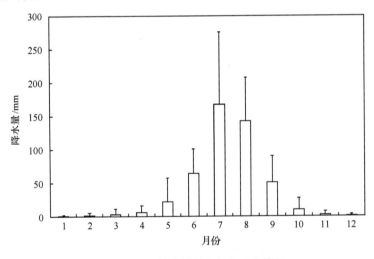

图 3-12　红门川流域降水年内分布特征

3. 海河流域降水年内变化分析

基于研究区内及周围共计 54 个国家气象站 1956～2000 年共计 45 年的月降水量数据，得到研究区各月多年平均径流量，如图 3-13 所示。从图 3-13 中可以看出，海河山区降水在年内的分配十分不均匀，5～9 月的降水总量可占全年降水总量的 77.16%，其中 7 月平均降水量最大，占全年降水总量的 29.56%。

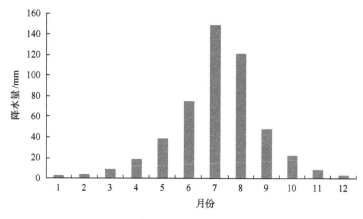

图 3-13　海河山区降水量年内分配

基于式(1-10)～式(1-14)，分别计算海河山区降水年内分配不均匀系数 C_V、集中度 RCD_{year} 和集中期 RCP_{year}，结果表明，研究区降水年内分配不均匀系数为 1.11，年内分配较为不均匀；径流集中度为 0.31，数值并不是很大，这是由于研究区径流并不是仅集中于一个月，而是集中于 7～10 月等几个月份，因此集中度值并不大。集中期 RCP_{year} 的计算结果为 256.299°，基于集中期的定义，1 天约等于 0.9863°，因此计算可得集中期数值为 8.66，即全年径流集中的重心所出现的时间为 8 月中下旬。

3.1.4　降水量周期性变化规律

依据海河山区逐年降水量资料数据，以 1 年、2 年、4 年、6 年、…、34 年、36 年等为时间尺度，对研究区降水量进行 Morlet 小波分析中的连续小波变换，绘制出小波变换系数实部等值线图(图 3-14)，其反映了降水的周期变化特征。小波系数为正时，表示降水量偏多，研究区处于湿季；反之小波系数为负时，表明降水量偏少，研究区处于干季。

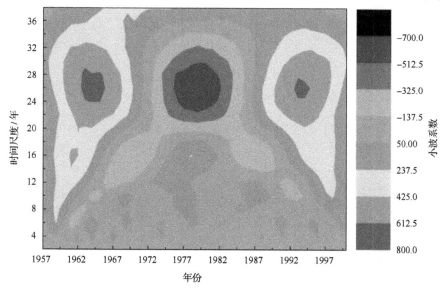

图 3-14　年降水量小波变换系数实部等值线图

　　由图 3-14 中可以看出，变化的中心主要集中在 22～26 年，即在该区域内有规律地出现干湿交替过程，代表了较为明显的主要周期。从尺度 22～26 年来看，研究区 1957～2000 年的年降水量经历湿→干→湿的周期性变化，干湿交替较为明显，分别形成以 1964 年为中心尺度的湿季、以 1978 年为中心尺度的干季、以 1993 年为中心尺度的湿季。

　　为进一步分析研究区年降水周期性变化规律，选取 4 年、16 年和 30 年 3 个尺度，其小波系数变化如图 3-15 所示。

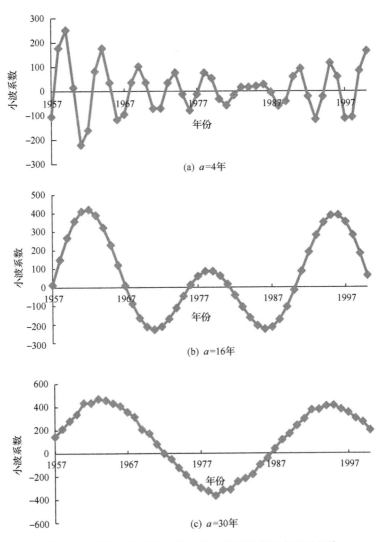

图 3-15　不同时间尺度年降水量小波系数实部变化过程线

　　图 3-15（a）为小波系数在 4 年的时间尺度下的变化过程，小波系数为正值，对应湿季，为负值则对应干季。从图 3-15（a）中可以看出，由于时间尺度较短，小波系数在 1957～2000 年间共发生 18 次干湿交替变化（9 个湿季、9 个干季）。图 3-15（b）为小波系数在 16

年的时间尺度下的变化过程，从图 3-15(b)中可以看出，相比于 a=4 年时，研究区干湿交替变化变缓，共出现 5 次干湿变化(3 个湿季、2 个干季)。图 3-15(c) 为 30 年时间尺度下的小波系数变化过程，从图 3-15(c)中可以看出，相比于时间尺度为 4 年和 8 年的小波变化过程，干湿交替变化又有所变缓，研究期内仅出现 3 次干湿变化(2 个湿季、1 个干季)。结果表明，海河山区年降水量变化存在尺度上的差异性，随着时间尺度的增大，年降水量的变化强度逐渐减弱，其干湿交替变化逐渐变缓。

对海河山区年降水量序列的小波方差进行计算，并绘制出研究区的小波方差图，结果如图 3-16 所示。图 3-16 中反映出，降水数据序列的小波方差随时间尺度变化而变化，在 a=24 年时有明显的峰值，这表明其在 24 年的尺度下信号震荡强烈，该时间尺度可以为主要周期。分析结果表明，海河山区年降水量变化周期为 24 年。

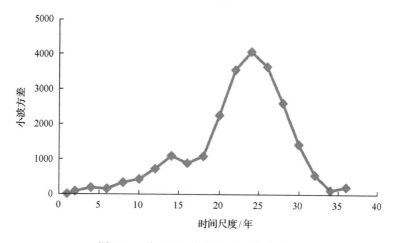

图 3-16　海河山区年降水量小波方差图

3.2　气温变化规律分析

3.2.1　气温年际变化及趋势性检验

气温是气候变化的主要因子，本节以年平均气温为对象，分析气温在研究时段内的变化趋势。由于半城子流域和红门川流域均位于密云区境内，流域气温状况相近，故以密云区国家气象站的气温数据作为研究区的代表数据进行分析。由图 3-17 知，多年平均温度 11.46℃，从年际变化趋势看，平均温度呈增加趋势，变异系数较小，仅为 0.038，说明平均温度年际间波动幅度相对较小。年均温度最大值出现在 2007 年，为 12.37℃，2010 年最小，为 10.66℃。由图 3-17 还可以发现，2005 年后，在全球气候变化影响下，研究区年均温度变化幅度较大，这与极端气候变化密不可分。此外，图 3-18 为检验年均气温年际间变化趋势，如表 3-5 所示，结合 Mann-Kendall 检验及 Sen 斜率估计可知，Z=1.24，Q_m=0.02，说明年平均温度在研究时段内呈增加趋势，但 $|Z|$<1.96，说明研究时段内研究区域平均温度增加趋势并不显著。

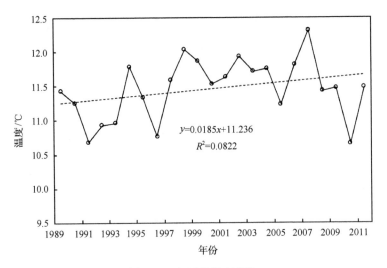

图 3-17　年平均温度变化

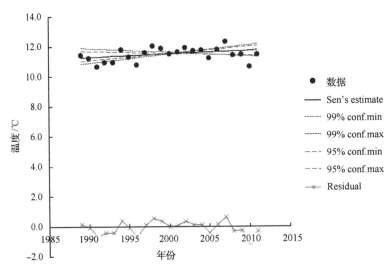

图 3-18　年平均温度变化趋势检验

表 3-5　年平均温度趋势检验统计表

指标	Z	Sig.	Q_m	Q_{min}^{99}	Q_{max}^{99}	Q_{min}^{95}	Q_{max}^{95}	B	B_{min}^{99}	B_{max}^{99}	B_{min}^{95}	B_{max}^{95}
数值	1.24	†	0.02	−0.025	0.061	−0.014	0.047	11.28	11.91	10.86	11.70	11.04

† 表明无明显趋势存在。

3.2.2　气温年内变化规律

图 3-19 呈现了研究区域平均气温年内分布规律，由图 3-19 可知，研究区月平均气

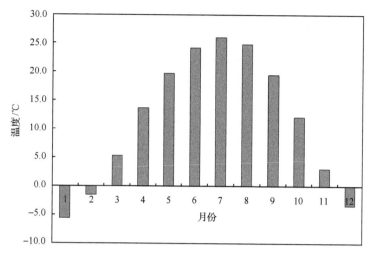

图 3-19　月平均温度年内变化规律

温年内呈现单峰型曲线。其中，最高温度出现在 7～8 月，平均达到 25.06℃，最低温度出现在 12 月～次年 1 月，平均达到–4.53℃，结合研究区月降水量年内分布规律可以发现，研究区域表现为明显的"雨热同期"现象。

3.3　潜在蒸散发量变化规律

3.3.1　潜在蒸散发量年际变化及趋势分析

1. 海河流域潜在蒸散发量年际变化规律及趋势检验

基于研究区内及周围共计 50 个国家气象站 1957～2000 年共计 44 年的潜在蒸散发（Ep）数据，得到研究区的潜在蒸散发量逐年变化过程，结果如图 3-20 所示。从图 3-20中可以看出，海河上游山区多年平均潜在蒸散发量为 946.71mm，在整个研究时段内，研

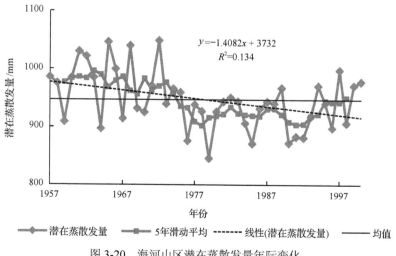

图 3-20　海河山区潜在蒸散发量年际变化

究区潜在蒸散发量呈下降趋势，线性拟合方程的斜率为−1.4082，表明整个下降趋势表现为潜在蒸散发量每年约下降1.4082mm。

对研究区1957~2000年逐年降水量数据进行变异性分析，变异系数C_v约为0.05，变异系数较小；其中，最大潜在蒸散发值为1048.74mm（1972年），最小潜在蒸散发值为845.42mm（1979年）。

对研究区年潜在蒸散发量进行5年滑动平均分析，结果表明其变化趋势总体呈轻微的下降趋势，在1957~1973年间，研究区潜在蒸散发量较为平稳，变化不大；1973~1978年间则有较为明显的下降趋势；1978~1990年变化又变为较为平缓；1990年后则有较为明显的上升趋势；整个变化趋势表现为"平稳—下降—平稳—上升"的趋势。

对研究区逐年潜在蒸散发量进行Mann-Kendall趋势检验结果表明，统计量Z值为−2.38，这说明研究区年降水量为下降的趋势，而$|Z|>1.96$，这表明在研究时段内潜在蒸散发量不仅为下降趋势，且下降趋势明显。

应用Mann-Kendall非参数检验方法，对海河上游山区年潜在蒸散发量的年际变化及突变情况进行分析，结果如图3-21所示。

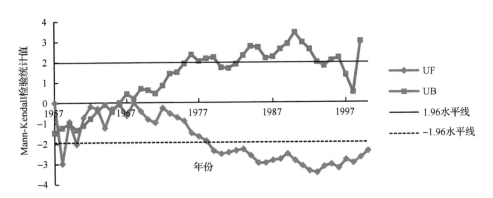

图3-21　海河山区年潜在蒸散发量Mann-Kendall突变检验

从图3-21中可以看出，Mann-Kendall检验结果表明，统计量UF值均小于0，潜在蒸散发量年际变化为下降的趋势。同时，检验结果中，UF曲线和UB曲线在1957~1967年出现多个交叉点，且交点位于两临界线之间，这说明研究区潜在蒸散发量变化过程中在该几年内发生突变，且突变发生较为频繁，同时也说明，研究区潜在蒸散发量在该时段内波动十分剧烈。

2. 半城子流域潜在蒸散发量年际变化规律及趋势检验

由图3-22可以发现，半城子流域多年平均潜在蒸散发量为1351.1mm。对多年平均潜在蒸散发量线性拟合发现，年潜在蒸散发量在1989~2011年间呈增加趋势，结合Mann-Kendall非参数趋势检验及Sen斜率估计（图3-23），$Z=0.61<1.96$，$Q_m=2.95$，说明年潜在蒸散发量年际间增加趋势并不显著（表3-6）。流域最大潜在蒸散发值出现在2007年为1625.8mm，最小出现在2010年，仅为1034.8mm。从1989~2007年研究时间序列

看，年潜在蒸散发量在该研究时段内呈现明显的增加趋势，$Z=3.05>2.56$，增加趋势在99%置信水平上达到显著水平(图 3-24 和表 3-7)。2007 年以后，年潜在蒸散发量呈现快速减少趋势，这与相同时间段内的温度变化趋势一致。

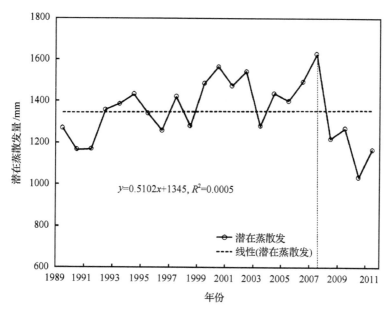

图 3-22 半城子流域潜在蒸散发量年际变化规律

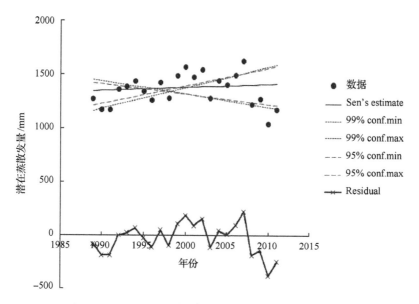

图 3-23 半城子流域潜在蒸散发量年际变化趋势检验

表 3-6　1989～2011 年潜在蒸散发量趋势检验统计

指标	Z	Sig.	Q_m	$\frac{Q_{min}}{99}$	$\frac{Q_{max}}{99}$	$\frac{Q_{min}}{95}$	$\frac{Q_{max}}{95}$	B	$\frac{B_{min}}{99}$	$\frac{B_{max}}{99}$	$\frac{B_{min}}{95}$	$\frac{B_{max}}{95}$
数值	0.61	†	2.95	−12.45	19.31	−9.74	16.50	1349.2	1455.6	1165.9	1424.9	1213.5

† 表明无明显趋势存在。

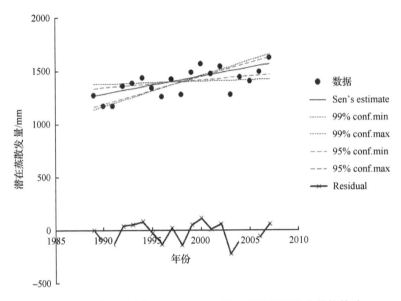

图 3-24　半城子流域 1989～2007 年潜在蒸散发量变化趋势检验

表 3-7　半城子流域 1989～2007 年潜在蒸散发量趋势检验统计表

指标	Z	Sig.	Q_m	$\frac{Q_{min}}{99}$	$\frac{Q_{max}}{99}$	$\frac{Q_{min}}{95}$	$\frac{Q_{max}}{95}$	B	$\frac{B_{min}}{99}$	$\frac{B_{max}}{99}$	$\frac{B_{min}}{95}$	$\frac{B_{max}}{95}$
数值	3.05	**	16.66	2.63	29.10	7.32	26.17	1268.2	1375.5	1137.1	1336.0	1160.9

** 表明趋势在 99% 置信区间达到显著水平。

3. 红门川流域潜在蒸散发量年际变化规律及趋势检验

图 3-25 反映了红门川流域 1989～2009 年间潜在蒸散发量年际变化规律。由图 3-25 可以发现，红门川流域多年平均潜在蒸散发量为 1359.6mm。对多年平均潜在蒸散发量进行线性回归拟合可知，年潜在蒸散发量在研究时段内呈增加趋势，拟合直线斜率到达 7.84；结合 Mann-Kendall 非参数趋势检验及 Sen 斜率估计，$Z=2.08 > 1.96$，$Q_m=7.78$，综合说明红门川流域年潜在蒸散发量年际间增加趋势明显，在 95% 置信水平上达到显著增加趋势 (图 3-26 和表 3-8)。从流域年潜在蒸散发整个时间序列看，最大年潜在蒸散发量出现在 2007 年，为 1539.7mm，最小出现在 1991 年，达到 1179.2mm。

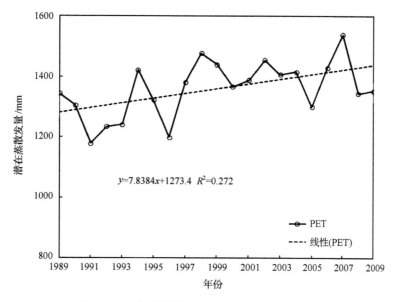

图 3-25　红门川流域潜在蒸散发量年际变化规律

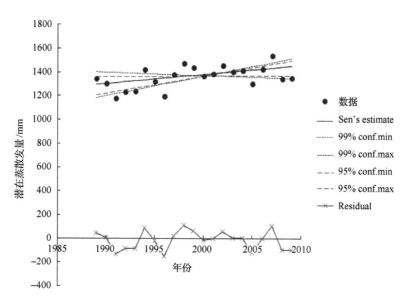

图 3-26　红门川流域潜在蒸散发量年际变化趋势检验

表 3-8　1989～2009 年红门川流域潜在蒸散发量趋势检验统计表

指标	Z	Sig.	Q_m	Q_{min}^{99}	Q_{max}^{99}	Q_{min}^{95}	Q_{max}^{95}	B	B_{min}^{99}	B_{max}^{99}	B_{min}^{95}	B_{max}^{95}
数值	2.08	*	7.78	−2.76	16.59	0.51	14.59	1296.81	1402.52	1184.73	1361.57	1206.71

*表明趋势在 95%置信区间达到显著水平。

3.3.2　潜在蒸散发量周期性变化规律

依据海河流域上游山区逐年潜在蒸散发量资料数据，以 1 年、2 年、4 年、6 年、…、34 年、36 年等为时间尺度，采用 Morlet 小波分析对研究区年潜在蒸散发量进行连续小波变换（图 3-27），小波系数为正时，表示潜在蒸散发量偏大，反之小波系数为负时表明潜在蒸散发量偏小。

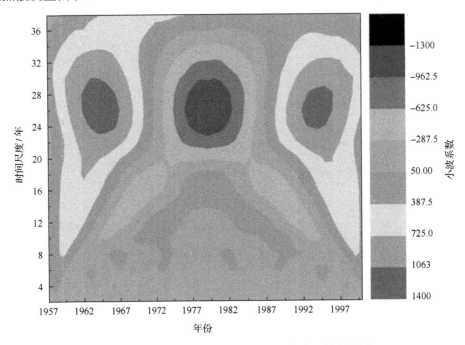

图 3-27　年潜在蒸散发量小波变换系数实部等值线图

由图 3-27 可见，类似于降水量的小波分析结果，潜在蒸散发量小波变化主要集中在 22～26 年，即在该范围内有规律地出现大小交替过程，代表了较为明显的主要周期。从尺度 22～26 年来看，研究区 1957～2000 年的年潜在蒸散发量经历大→小→大的周期性变化，大小交替较为明显，分别形成以 1964 年为中心尺度的潜在蒸散发量较大的时期、以 1978 年为中心尺度的潜在蒸散发量较小的时期，以及以 1993 年为中心尺度的潜在蒸散发量较大的时期。

为进一步分析研究区年潜在蒸散发周期性变化规律，选取 4 年、8 年和 18 年 3 个尺度，得到小波系数变化如图 3-28 所示。

图 3-28(a) 为 4 年时间尺度下的小波系数变化，小波系数为正值，对应潜在蒸散发量较大的时期，为负值则对应潜在蒸散发量较小的时期。在 1957～2000 年间，共发生 17 次潜在蒸散发量大小交替变化，其中有 9 个较大时期和 8 个较小时期。图 3-28(b) 为 8 年时间尺度下的小波系数变化，相比于时间尺度为 4 年的小波变化过程，潜在蒸散发量大小交替变化变缓，研究期内共出现 9 次干湿变化，其中有 5 个较大的时期和 4 个较小的时期。图 3-28(c) 为 18 年时间尺度下的小波系数实部变化过程，相比于时间尺度为

4 年和 8 年的小波变化过程，潜在蒸散发量大小交替变化又有所变缓，研究期内仅出现 3 次大小变化，其中有 2 个较大时期和 1 个较小时期。结果表明，海河流域上游山区年潜在蒸散发量存在多时间尺度变化特征，随着不同的时间尺度其对应的变化周期也有所差异，随着时间尺度的增大，年潜在蒸散发量的变化强度逐渐减弱，其大小交替变化逐渐变缓。

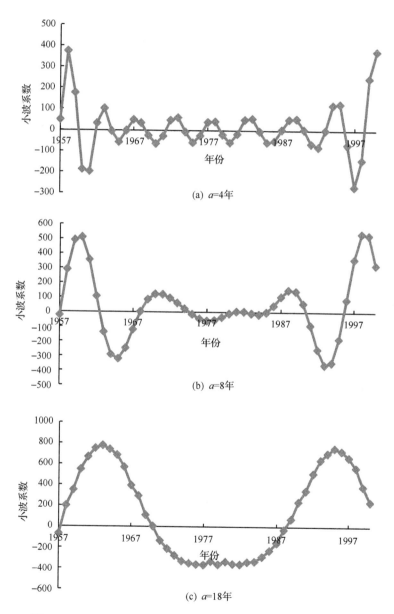

图 3-28　不同时间尺度年潜在蒸散发量小波系数实部变化过程线

绘制海河山区年潜在蒸散发量数据的小波方差图，结果如图 3-29 所示。从图 3-29 中可以看出，小波方差在随时间尺度变化而变化的过程中，在 24 年的时间尺度时有 1

个明显的峰值，表明在该时间尺度下信号震荡强烈，24 年为主要周期。分析结果表明，海河山区年潜在蒸散发量的变化周期为 24 年。

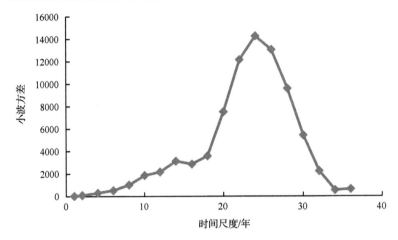

图 3-29　海河流域上游山区年潜在蒸散发量小波方差图

第4章 流域水文要素变化分析

流域水文过程变化是各种环境演变的产物，随着人类活动和气候变化的加剧，径流年际年内分布也将产生相应的变化，给农业生产和水资源管理等带来一系列的影响。流域水文变化在较长的时间尺度内主要受气候变化的影响，而在较短的时间尺度内，如几十年的人类活动的影响可能比气候变化所产生的影响更加明显。本章基于研究区域内各水文站数据，分析得到研究区的各类水文过程的逐年数据，包括区域年径流量、输沙模数、洪水总量、枯水流量、水质等，对各要素的年内、年际变化规律进行 Mann-Kendall 检验和 Molet 小波分析，分析其变化趋势、突变点及周期性变化规律，为分析水文过程变化的影响因素奠定背景。

4.1 径流变化规律分析

4.1.1 径流年际变化规律及趋势分析

1. 半城子流域径流及其组分年际变化

图 4-1 反映了半城子流域 1989～2011 年流域径流年际变化规律，由该图可知，半城子流域年径流呈下降趋势，拟合线斜率达到–9.063，其中，最大年径流量出现在 1994

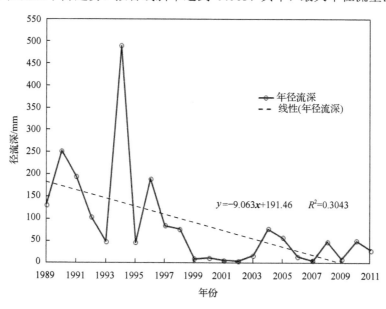

图 4-1　半城子流域 1989～2011 年径流年际变化

年，为 488mm，最大年径流量的出现与 1994 年 7 月密云特大暴雨发生有直接关系。据段新光(2010)统计，1994 年 7 月 12 日 11～13 时，半城子流域降水量达到 205mm，流域前期降水量充足，导致流域下垫面处于水分饱和状态，为流域产汇流创造了条件。最少径流量出现在 2002 年，年径流量仅为 2.22mm。年径流量的巨大差异，与年降水量变化趋势尤其与产流性降水变化趋势一致。结合 Mann-Kendall 非参数趋势检验及 Sen 斜率估计，$Z= -2.96$，$Q_m= -5.84$，说明半城子流域年径流 1989～2011 年间呈减少趋势，与线性直线拟合结果一致(图 4-2)。因$|Z|=2.96>2.576$，故流域年径流减少趋势在 99%置信区间内达到显著水平(表 4-1)。

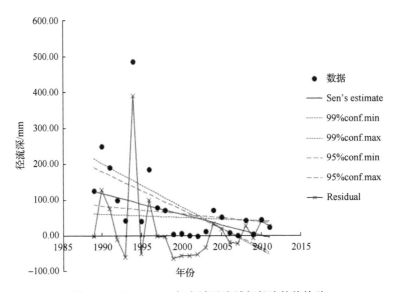

图 4-2　1989～2011 年半城子流域年径流趋势检验

表 4-1　1989～2011 年半城子流域年径流趋势检验统计

指标	Z	Sig.	Q_m	Q_{min}^{99}	Q_{max}^{99}	Q_{min}^{95}	Q_{max}^{95}	B	B_{min}^{99}	B_{max}^{99}	B_{min}^{95}	B_{max}^{95}
数值	−2.96	**	−5.84	−12.05	−0.95	−10.59	−2.23	126.57	216.54	63.79	192.26	88.00

**表明趋势在 99%置信区间达到显著水平。

采用数字滤波法对流域日径流过程进行基流分割并对年基流量进行统计，具体结果见图 4-3。由图 4-3 可知半城子流域多年基流比例为 18%～40%，与北京市水资源公报列举数据较为一致。此外，流域基流多年平均比例为 27.5%，流域基流平均深为 27.13mm，并且年际间变化趋势与流域年径流年际变化趋势较为一致。结合 Mann-Kendall 非参数趋势检验及 Sen 斜率估计可知，$Z= -2.92$，$Q_m= -1.15$，说明基流减少趋势显著(图 4-4 和表 4-2)。

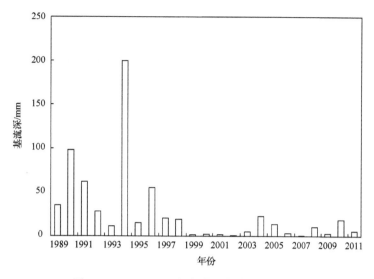

图 4-3　1989～2011 年半城子流域年基流趋势

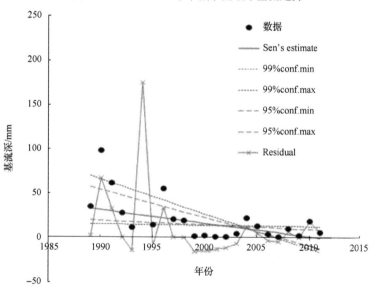

图 4-4　1989～2011 年半城子流域年基流趋势检验

表 4-2　1989～2011 年半城子流域年基流趋势检验统计

指标	Z	Sig.	Q_m	Q_{min}99	Q_{max}99	Q_{min}95	Q_{max}95	B	B_{min}99	B_{max}99	B_{min}95	B_{max}95
数值	-2.92	**	-1.15	-2.46	-0.18	-2.17	-0.49	24.87	44.21	12.62	39.47	18.59

**表示趋势在 99%置信区间达到显著水平。

2. 红门川流域径流及其组分年际变化

图 4-5 反映了红门川流域 1989～2009 年间流域径流年际变化趋势，由该图知，流域年径流呈下降趋势，拟合线斜率达到-9.0316，其中，最大径流量出现在 1994 年，达到 365mm。段新光(2010)研究统计，1994 年 7 月 12 日 11～13 时，红门川流域范围内大

城子雨量站降水量达到 269mm，加之流域前期降水量充足，为流域产汇流创造了条件。最小径流量出现在 2003 年，年径流量仅为 6.28mm。年径流量的巨大差异，与流域产流性降水变化规律相吻合。结合 Mann-Kendall 非参数趋势检验及 Sen 斜率估计可知，$Z=-2.08$，说明红门川流域年径流呈现减少趋势，与线性直线拟合结果一致(图 4-6)。因 $|Z|=-2.08>1.96$，$Q_m=-7.47$，减少趋势在 95%置信区间内达到显著水平(表 4-3)。

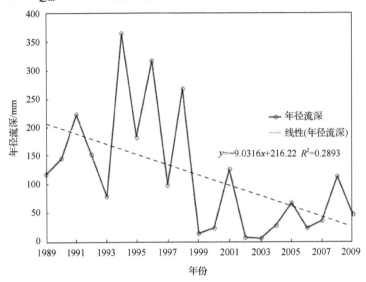

图 4-5　1989～2009 年红门川流域年径流年际变化趋势

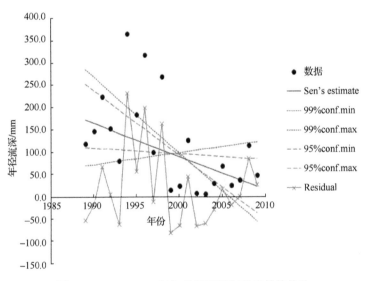

图 4-6　1989～2009 年红门川流域年径流趋势检验

表 4-3　红门川流域年径流趋势检验统计表

指标	Z	Sig.	Q_m	Q_{min} 99	Q_{max} 99	Q_{min} 95	Q_{max} 95	B	B_{min} 99	B_{max} 99	B_{min} 95	B_{max} 95
数值	-2.08	*	-7.47	-17.07	2.65	-14.50	-1.32	171.41	285.16	69.02	252.28	110.05

*表明趋势在 95%置信区间达到显著水平。

根据数字滤波法，对红门川流域日径流资料进行基流分割，结果如图 4-7 所示。由图 4-7 可知，红门川流域多年平均基流深为 26.58mm，约占流域多年平均年径流深的 23%。从基流深年际变化看，基流深年际间变化趋势与流域年径流年际变化趋势较为一致。结合 Mann-Kendall 非参数趋势检验和 Sen 斜率估计可知，$Z=-2.02$，$Q_m=-1.33$，综合说明红门川流域年基流深呈现明显的减少趋势，且减少趋势在 95% 置信区间内达到显著水平（图 4-8 和表 4-4）。

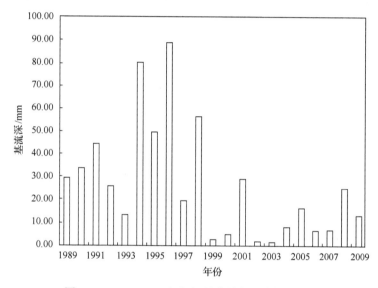

图 4-7　1989～2009 年红门川流域年基流趋势变化

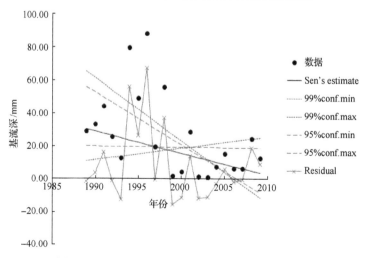

图 4-8　1989～2009 年红门川流域年基流趋势检验

表 4-4　1989～2009 年年基流趋势检验统计表

指标	Z	Sig.	Q_m	Q_{min} 99	Q_{max} 99	Q_{min} 95	Q_{max} 95	B	B_{min} 99	B_{max} 99	B_{min} 95	B_{max} 95
数值	-2.02	*	-1.33	-3.839	0.710	-3.221	-0.054	30.66	65.74	11.31	56.48	20.34

*表明趋势在 95% 置信区间达到显著水平。

3. 海河流域径流及其组分年际变化

基于海河上游山区 66 个流域水文站点 1957～2000 年共计 44 年的逐年径流数据,统计整个研究区的逐年径流变化趋势,结果如图 4-9 所示。从图 4-9 中可以看出,海河上游山区多年平均径流量为 92.96mm,就整个研究期间年际变化趋势来看,研究区径流量呈明显的下降趋势,线性拟合方程的斜率为−1.6835,表明整个下降趋势表现为研究区径流量每年约下降 1.6835mm。

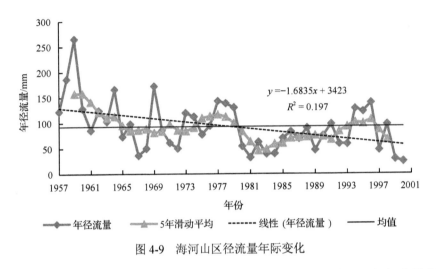

图 4-9　海河山区径流量年际变化

研究区径流量年际变化波动幅度较大,研究时段内海河上游山区年径流数据序列的变异系数 C_v 约为 0.52,变异系数较大。其中,年径流量在 1959 年出现极大值为 265.13mm,在 2000 年出现极小值仅为 24.37mm,最大值与最小值之间相差超过 10 倍。

对研究区逐年径流量进行 5 年滑动平均分析,结果表明,年径流量总体呈下降趋势,但存在较为明显的波动。其在 20 世纪 50 年代、60 年代及 70 年代后期有较为明显的下降趋势,而在 90 年代则有一定的升高趋势。

对研究区逐年径流量进行 Mann-Kendall 趋势检验,结果表明,统计量 Z 值为−2.73,这说明研究区年径流量确实为下降的趋势,而 $|Z| > 1.96$,这表明在研究时段内年径流量不仅为下降趋势,而且下降趋势明显。

对海河上游山区年径流量 Mann-Kendall 进行突变检验分析,结果如图 4-10 所示。

从图 4-10 中可以看出,研究区的年径流量 Mann-Kendall 检验结果表明,统计量 UF 值和 UB 值均超过了显著性水平 0.05 的置信区间临界值($Y=1.96$ 和 $Y=-1.96$),这表明径流变化趋势明显。UF 线均处于 0 线以下,这也说明在研究时段 1957～2000 年间,海河上游山区的年径流量是明显的逐年减少的趋势。同时,统计值 UF 和 UB 2 条曲线在 1980 年出现交叉点,且位于临界线内,表明研究区径流数据序列在 1980 年发生突变。

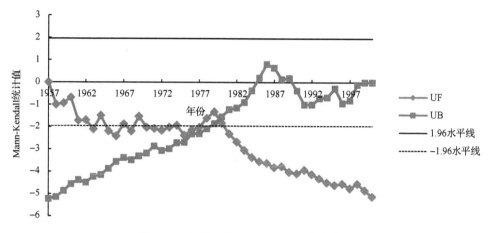

图 4-10 年径流量 Mann-Kendall 突变检验

4.1.2 径流年内变化规律

海河上游山区 66 个研究流域中，有 19 个流域具备连续完整的月径流数据，因此，基于该 19 个流域 1957~2000 年的实测月径流资料，得到其各流域各月多年平均径流量及研究区各月多年平均径流量，如表 4-5 和图 4-11 所示。从图 4-11 中可以看出，海河山区径流在年内月尺度上分配十分不均匀，在 7~10 月分布较为集中，全年 72.14% 的径流分布在这 4 个月，其中以 8 月为最多，其月径流量占全年径流总量的 32.56%。

表 4-5 研究区内各流域径流量年内分配

流域	1 月	2 月	3 月	4 月	5 月	6 月	7 月	8 月	9 月	10 月	11 月	12 月
柏崖厂	10.65	8.80	8.80	7.28	6.74	10.98	48.70	76.63	24.89	16.41	12.28	11.09
承德	1.69	1.73	2.95	2.63	1.70	6.35	28.13	32.72	13.45	7.60	4.56	2.74
大河口	2.03	1.86	3.75	11.88	6.99	6.86	9.34	10.10	7.60	6.94	4.24	2.20
戴营	1.85	1.97	3.06	2.33	1.16	3.65	12.71	21.69	9.51	5.75	3.75	2.47
丰镇	0.28	0.27	1.36	1.39	0.81	1.50	5.08	5.78	2.00	1.31	0.83	0.33
韩家营	0.66	0.71	2.99	2.98	1.27	3.67	12.71	14.99	7.13	3.89	2.38	1.11
宽城	2.31	2.63	3.88	3.32	2.55	4.63	29.46	39.01	14.29	7.33	5.05	3.32
李营	5.11	4.28	5.02	4.54	4.10	7.25	64.23	81.69	28.36	14.88	9.38	6.81
漫水河	3.89	2.81	2.48	2.14	1.98	4.30	19.33	62.55	19.33	10.84	6.86	4.98
三道营	2.30	2.06	2.61	1.99	1.63	3.28	12.91	23.53	10.38	6.46	4.09	2.98
石佛口	1.70	2.17	3.43	1.38	0.91	2.82	28.74	41.70	12.10	5.48	3.71	2.35
水平口	9.29	7.95	9.92	5.82	4.87	6.37	47.71	79.82	28.18	16.33	11.46	9.60
下板城	2.56	2.35	3.26	2.58	1.96	4.58	15.34	23.37	11.64	6.77	4.62	3.29
下堡	2.44	2.40	3.55	3.11	1.96	3.69	7.06	8.61	4.69	4.22	3.22	2.73
响水堡	1.43	1.53	3.59	2.92	2.17	3.20	4.27	6.00	4.19	2.90	2.27	1.60
兴和	0.27	0.30	1.75	2.28	1.54	2.75	6.86	7.13	2.44	1.83	1.07	0.44
张家坟	2.19	2.21	3.18	2.84	2.13	4.30	12.78	19.96	8.15	5.29	3.70	2.57
张家口	0.72	0.85	4.00	2.87	1.04	2.40	6.06	7.97	4.16	3.03	1.87	1.04
平均	2.91	2.56	3.79	3.50	2.50	4.57	20.57	32.94	12.20	7.27	4.85	3.51

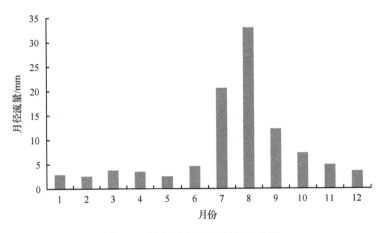

图 4-11　海河山区径流量年内分配

基于式(1-10)～式(1-14)，对海河流域上游山区径流年内分配不均匀系数 C_v、集中度 RCD_{year} 和集中期 RCD_{year} 进行统计，结果表明，年内分配较为不均匀，不均匀系数为 1.11，径流集中度为 0.12，数值并不是很大，这是由于研究区径流并不是仅集中于一个月，而是集中于 5～9 月等几个月份，因此集中度值并不大。集中期 RCD_{year} 的计算结果为 216.53°，基于集中期的定义，1 天约等于 0.9863°，因此研究区集中期约为 7.32 月，即全年径流主要集中在 7 月中旬。

4.1.3　径流周期性变化规律

依据海河流域上游山区 1957～2000 年 44 年的实测径流数据资料，以 1 年、2 年、4 年、6 年、…、20 年、22 年等为时间尺度，对径流数据序列进行 Morlet 小波分析，得到小波系数等值线图如图 4-12 所示。

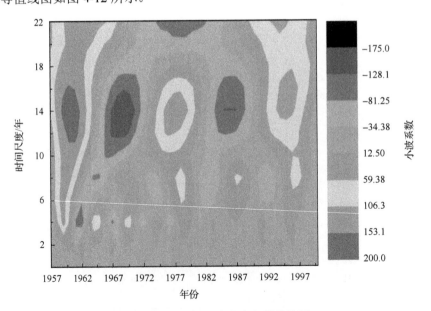

图 4-12　年径流量小波变换实部等值线图

由图 4-12 可见，系数变换主要集中在 12～16 年，丰枯交替频繁，主要周期较为明显。从尺度 12～16 年来看，研究区 1957～2000 年的年径流经历丰→枯→丰→枯→丰的周期性变化。为进一步分析，本研究选取 4 年、8 年和 18 年 3 个尺度，对比不同尺度下的研究区径流小波系数变化过程，结果如图 4-13 所示。

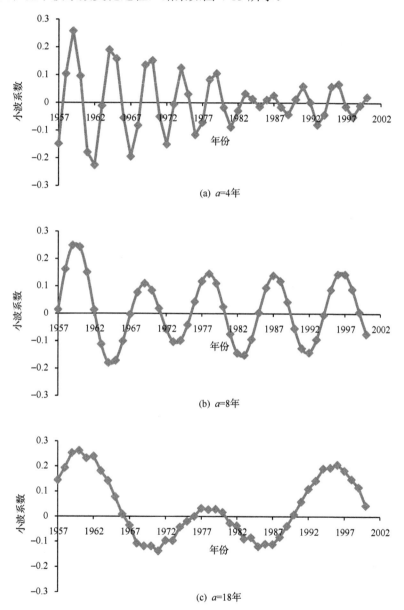

图 4-13　不同时间尺度年径流量小波系数实部变化过程线

图 4-13（a）为 4 年时间尺度的小波系数变化过程，小波系数为正值，对应丰水期，为负值则对应枯水期，从图 4-13（a）中看出，在较短的尺度下，小波系数频繁地正负值交替，代表着研究区丰枯变化剧烈，在研究区 1957～2000 年间，出现 20 次的丰水期和枯水期

的交替，其中有 10 个丰水期和 10 个枯水期。图 4-13(b)为 8 年时间尺度下的小波系数变化，从图 4-13(b)中可以看出，相比于 a=4 年时，该尺度下的径流丰枯交替变化开始变缓，研究期内共出现 10 次丰水期和枯水期的交替，其中有 5 个丰水期和 5 个枯水期。图 4-13(c)为 18 年的时间尺度下的小波系数变化，从图 4-13(c)中可以看出，相比于 a=4 年和 a=8 年，该尺度下的径流丰枯交替现象又有所变缓，研究期内仅出现 5 次丰枯变化，其中有 3 个丰水期和 2 个枯水期。结果表明，海河流域上游山区年径流量存在尺度差异，随着不同的时间尺度，其对应的变化周期也有所差异，随着时间尺度的增大，年径流量的变化强度逐渐减弱，其丰枯交替变化逐渐变缓。

计算海河流域上游山区年径流量序列的小波方差，并绘制小波方差图，从图 4-14 中可以看出，小波方差在时间尺度为 14 年时达到最大值，表明其在该尺度下径流变化强烈，因此 14 年为主要周期。分析结果表明，海河流域上游山区年径流量变化存在尺度差异，其变化周期为 14 年。

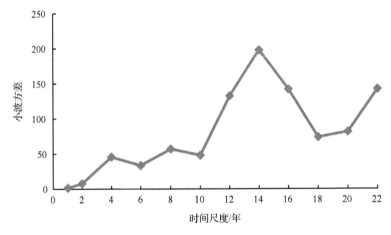

图 4-14 不同时间尺度年径流量小波系数实部变化过程线

4.1.4 径流突变点分析

双累积曲线法是分析水文要素长时间序列变化趋势的常用方法，双累积曲线拐点可以用作预判研究流域水文要素阶段性变化的重要依据(穆兴民等，2010)。考虑到流域径流等水文要素变化是气候和土地利用变化等多重因素共同影响的结果，结合 3.1 小节研究结果，在流域降水量及降水类型(即产流性降水)年际变化趋势不显著情景下，为最大限度排除降水因素对流域径流等要素的影响，本研究采用径流率随时间变化的累积曲线，探讨流域径流年际突变特征。

1. 半城子流域径流突变分析

在流域降水量及降水类型年际变化趋势不显著情景下，采用年径流率(R/P)表征流域径流变化趋势，可在一定程度上排除降水对径流的影响，为此，年径流率累积曲线拐点的出现应与人类活动显著影响流域径流的时间点一致性更为吻合。图 4-15 反映了半城子流域 1989～2011 年间年径流率累积值随时间变化情况。由该图可以发现，半城子流域年径流率拐点出现在 1998 年前后，说明 1998 年前后土地利用变化等人类活动对流域产水量造成了重要影响。结合半城子流域年径流变化趋势分析，1989～1997 年多年平均径流深为 168.90mm，而 1998～2011 年间半城子流域年径流深仅为 27.28mm，对 2 个时间段内年径流深进行独立样本 T 检验，检验结果如表 4-6 和表 4-7 所示。由表 4-7 可知，径流率突变点前后流域径流深在 95%置信水平上达到显著差异水平（t=3.026、df=8.38、p=0.016＜0.05），说明流域径流量在 1998 年前后发生突变，突变后较突变前，径流深减少 83.85%（图 4-15）。据此，将半城子流域年径流深时间序列划分为 2 个阶段，即 1989～1997 年自然阶段、1998～2011 年人类活动显著影响阶段。

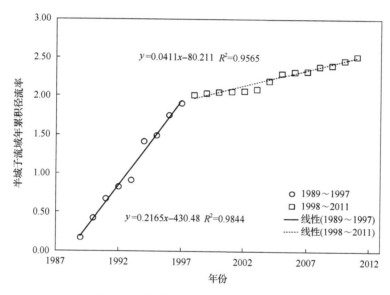

图 4-15　半城子流域年径流率累积曲线

表 4-6　突变前后半城子流域径流深统计值

	分组	N	均值/mm	标准偏差	平均标准误差
径流深	1989～1997 年	9	168.90	138.77	46.26
	1998～2011 年	14	27.28	26.62	7.11

表 4-7　突变前后半城子流域径流深差异 T 检验

		方差齐性检验		平均数 T 检验				
		F	Sig.	t	df	p 值	平均差	标准误差
径流深	假定方差相等	9.560	0.006	3.76	21	0.001	141.62	37.67
	假定方差不等			3.026	8.38	0.016	141.62	46.80

2. 红门川流域径流突变分析

图 4-16 反映了红门川流域 1989～2009 年间的年径流率累积值随时间变化情况。由图 4-16 可以发现，红门川流域年径流率拐点同样出现在 1998 年附近。结合红门川流域年径流变化趋势分析可知，1989～1997 年多年平均径流深为 187.29mm，而 1998～2009 年半城子流域年径流深仅为 64.05mm，相比减少 65.80%。对流域年径流率突变点前后径流深进行独立样本 T 检验(表 4-8 和表 4-9)可知，径流率突变点前后流域径流深在 95% 置信区间内达到显著差异水平(t=3.268、df=19、p=0.004＜0.05)，说明流域径流深在 1998 年发生突变。据此，将红门川流域年径流深时间序列划分为 2 个阶段，即 1989～1997 年自然阶段、1998～2009 年人类活动显著影响阶段。

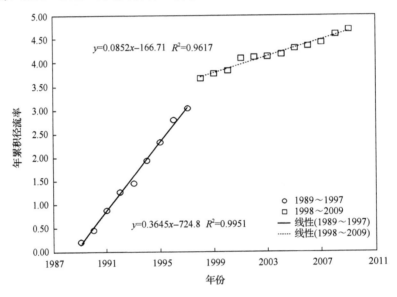

图 4-16　红门川流域年径流率累积曲线

表 4-8　突变前后红门川流域径流深差异统计值

	分组	N	均值/mm	标准偏差	平均标准误差
径流深	1989～1997 年	9	187.29	97.90	32.64
	1998～2011 年	12	64.05	75.24	21.72

表 4-9　突变前后红门川流域径流深差异 T 检验

		方差齐性检验		平均数 T 检验				
		F	Sig.	t	df	p 值	平均差	标准误差
径流深	假定方差相等	0.983	0.334	3.268	19	0.004	123.24	37.71
	假定方差不等			3.143	14.57	0.007	123.24	39.20

4.2　枯洪水变化规律及趋势性检验

4.2.1　洪水总量变化规律及趋势分析

1. 最大 1 日洪水总量

基于海河上游山区 38 个流域水文站点 1971～1991 年共计 20 年的逐年洪水总量 W_1 数据，统计整个研究区的最大 1 日洪水总量（W_1）变化趋势，结果如图 4-17 所示。从图 4-17 中可以看出，海河上游山区 W_1 的多年平均值为 7.945mm，就整个研究期间的年际变化来看，呈明显的下降趋势，线性拟合方程的斜率为–0.46，表明整个下降趋势表现为研究区 W_1 每年约下降 0.46mm。

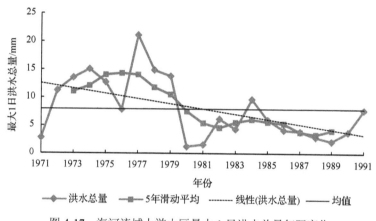

图 4-17　海河流域上游山区最大 1 日洪水总量年际变化

研究区洪水总量年际变化波动幅度较大，研究时段内 W_1 数据序列的变异系数 C_v 约为 0.70，变异系数较大。其中，1977 年研究区 W_1 最大，为 21.10mm；1980 年研究区 W_1 最小，仅为 1.22mm，两者相差超过近 20 倍。

由 5 年滑动平均过程线可以看出，研究区 W_1 总体呈下降趋势，但存在较为明显的波动。其在 1977 年之前有较为明显的上升趋势，而在 1977 年以后则有明显下降的趋势。

对研究区 W_1 数据序列进行 Mann-Kendall 趋势检验，结果表明，统计量 Z 值为–2.31，这说明研究区 W_1 确实为下降的趋势，而 $|Z| > 1.96$，这表明在研究时段内 W_1 不仅为下降趋势，而且下降趋势明显。

应用 Mann-Kendall 非参数检验方法，对海河上游山区 W_1 的年际变化及突变情况进行分析，结果如图 4-18 所示。从图 4-18 中可以看出，研究区的 W_1 的 Mann-Kendall 检验统计量 UF 值绝大多数处于 0 线以下，这也说明在研究时段 1971～1991 年，海河上游山区的 W_1 是明显的逐年减少的趋势。同时，检验结果中，UF 曲线和 UB 曲线在 1979 年出现交叉点，且交点位于两临界线（$Y=1.96$ 和 $Y=-1.96$）之间，这说明研究区洪水总量变化过程在 1979 年发生突变。

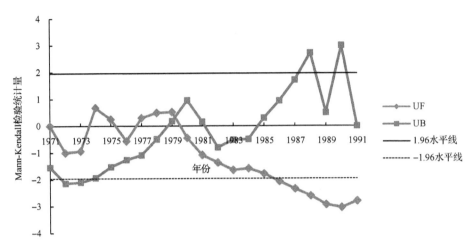

图 4-18　海河山区最大 1 日洪水总量 Mann-Kendall 突变检验

2. 最大 3 日洪水总量

基于海河上游山区 38 个流域水文站点 1971～1991 年共计 20 年的逐年洪水总量数据，统计整个研究区的最大 3 日洪水总量 (W_3) 变化趋势，结果如图 4-19 所示。从图 4-19 中可以看出，海河上游山区 W_3 的多年平均值为 14.983mm，就整个研究期间年际变化趋势来看，W_3 呈明显的下降趋势，线性拟合方程的斜率为–0.8606，表明整个下降趋势表现为研究区 W_3 每年约下降 0.86mm。

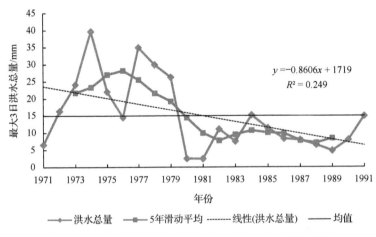

图 4-19　海河流域上游山区最大 3 日洪水总量年际变化

研究区洪水总量年际变化波动幅度较大，研究时段内 W_3 数据序列的变异系数 C_v 约为 0.71，变异系数较大。其中，1974 年研究区 W_3 最大，为 39.67mm；1980 年研究区 W_3 最小，仅为 2.49mm，最大值与最小值之间相差近 20 倍。

由 5 年滑动平均过程线可以看出，与 W_1 变化趋势类似，研究区 W_3 总体呈下降趋势，但存在较为明显的波动。其在 1976 年之前有较为明显的上升趋势，而在 1976 年以后则有明显下降的趋势。

对研究区 W_3 数据序列进行 Mann-Kendall 趋势检验，结果表明，统计量 Z 值为-2.11，这说明研究区 W_3 确实为下降的趋势，而$|Z|>1.96$，这表明在研究时段内 W_3 不仅为下降趋势，而且下降趋势明显。

应用 Mann-Kendall 非参数检验方法，对海河上游山区 W_3 的年际变化及突变情况进行分析，结果如图 4-20 所示。从图 4-20 中可以看出，研究区的 W_3 的 Mann-Kendall 检验统计量 UF 值绝大多数处于 0 线以下，这也说明在研究时段 1971～1991 年间，海河上游山区的 W_3 是明显的逐年减少的趋势。同时，检验结果中，UF 曲线和 UB 曲线在 1979 年出现交叉点，且交点位于两临界线($Y=1.96$ 和 $Y=-1.96$)之间，这说明研究区洪水总量变化过程在 1979 年发生突变。

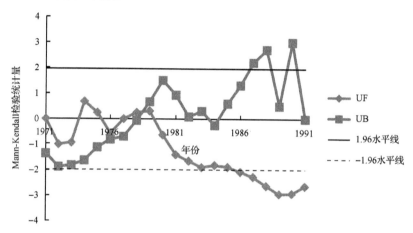

图 4-20　海河山区最大 3 日洪水总量 Mann-Kendall 突变检验

3. 最大 7 日洪水总量

基于海河上游山区 38 个流域水文站点 1971～1991 年共计 20 年的逐年洪水总量数据，统计整个研究区的最大 7 日洪水总量(W_7)变化趋势，结果如图 4-21 所示。从图 4-21 中可以看出，海河上游山区 W_7 的多年平均值为 21.351mm，线性拟合方程的斜率为-1.0529，表明整个下降趋势表现为研究区 W_7 每年约下降 1.0529mm。

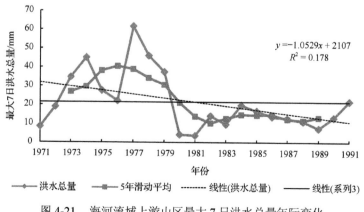

图 4-21　海河流域上游山区最大 7 日洪水总量年际变化

研究区洪水总量年际变化波动幅度较大，研究时段内 W_7 数据序列的变异系数 C_v 约为 0.724，变异系数较大。其中，1977 年研究区 W_7 最大，为 61.60mm；1981 年研究区 W_7 最小，仅为 3.58mm，两者相差近 17 倍。

由 5 年滑动平均过程线可以看出，研究区 W_7 总体呈下降趋势，但存在较为明显的波动。其在 1976 年之前有较为明显的上升趋势，而在 1976～1982 年间则有十分明显下降的趋势，而 1982 年以后则变化较为平缓。

对研究区 W_7 数据序列进行 Mann-Kendall 趋势检验结果表明，统计量 Z 值为−1.72，这说明研究区 W_7 确实为下降的趋势，而 $|Z|<1.96$，这表明在研究时段内 W_7 下降趋势并不明显。

应用 Mann-Kendall 非参数检验方法，对海河上游山区 W_7 的年际变化及突变情况进行分析，结果如图 4-22 所示。从图 4-22 中可以看出，研究区的 W_7 的 Mann-Kendall 检验统计量 UF 值大部分处于 0 线以下，也说明在研究时段 1971～1991 年，海河上游山区的 W_7 为减少的趋势。同时，检验结果中，UF 曲线和 UB 曲线在 1979 年出现交叉点，且交点在显著性置信临界线之间，这说明研究区径流变化过程在 1979 年发生突变。

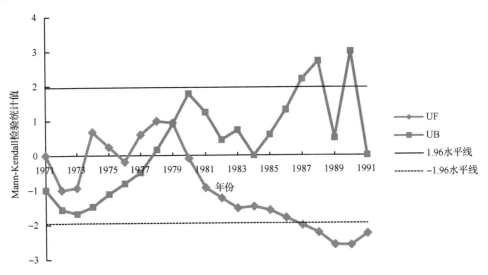

图 4-22　海河山区最大 7 日洪水总量 Mann-Kendall 突变检验

4. 最大 15 日洪水总量

基于海河上游山区 38 个流域水文站点 1971～1991 年共计 20 年的逐年洪水总量数据，统计整个研究区的最大 15 日洪水总量（W_{15}）变化趋势，结果如图 4-23 所示。从图 4-23 中可以看出，海河上游山区 W_{15} 的多年平均值为 31.231mm，线性拟合方程的斜率为−1.4197，表明整个下降趋势表现为研究区 W_{15} 每年约下降 1.4197mm。

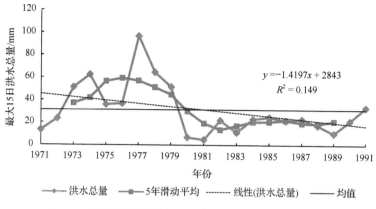

图 4-23　海河流域上游山区最大 15 日洪水总量年际变化

研究区洪水总量年际变化波动幅度较大，研究时段内 W_{15} 洪水总量数据序列的变异系数 C_v 约为 0.73，变异系数较大。其中，1977 年研究区 W_{15} 最大，为 96.69mm；1981 年研究区 W_{15} 最小，仅为 4.69mm，两者之间相差超过 20 倍。

由 5 年滑动平均分析结果可以看出，研究区 W_{15} 总体呈下降趋势，但存在较为明显的波动。与 W_7 变化趋势类似，其在 1976 年之前有较为明显的上升趋势，而在 1976～1982 年间则有十分明显下降的趋势，而 1982 年以后则变化较为平缓。

对研究区 W_{15} 数据序列进行 Mann-Kendall 趋势检验结果表明，统计量 Z 值为–1.59，这说明研究区 W_{15} 确实为下降的趋势，而 $|Z| < 1.96$，这表明在研究时段内 W_{15} 下降趋势并不明显。

应用 Mann-Kendall 非参数检验方法，对海河上游山区 W_{15} 的年际变化及突变情况进行分析，结果如图 4-24 所示。与 W_7 类似，从图 4-24 中可以看出，研究区的 W_{15} 的 Mann-Kendall 检验统计量 UF 值大部分处于 0 线以下，也说明在研究时段 1971～1991 年间，海河上游山区的 W_{15} 为减少的趋势。同时，检验结果中，UF 曲线和 UB 曲线在 1979 年出现交叉点，且交点在显著性置信区间临界线之间，这说明研究区径流变化过程在 1979 年发生突变。

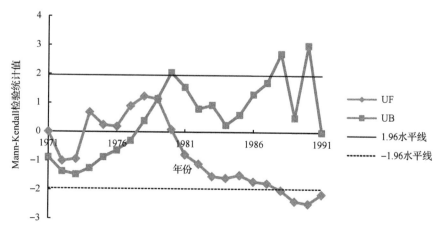

图 4-24　海河山区最大 15 日洪水总量 Mann-Kendall 突变检验

5. 最大 30 日洪水总量

基于海河上游山区 38 个流域水文站点 1971～1991 年共计 20 年的逐年洪水总量数据，统计整个研究区的最大 30 日洪水总量（W_{30}）变化趋势，结果如图 4-25 所示。从图 4-25 中可以看出，海河上游山区 W_{30} 的多年平均值为 43.077mm，线性拟合方程的斜率为 −1.7485，表明整个下降趋势表现为研究区 W_{30} 每年约下降 1.7485mm。

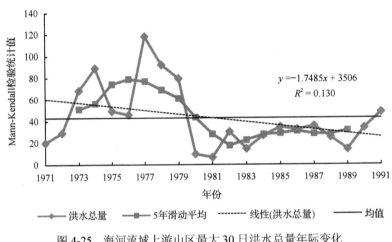

图 4-25　海河流域上游山区最大 30 日洪水总量年际变化

研究区洪水总量年际变化波动幅度较大，研究时段内 W_{30} 数据序列的变异系数 C_v 约为 0.70，变异系数较大。其中，1977 年研究区 W_{30} 最大，为 118.24mm；1981 年研究区 W_{30} 最小，仅为 6.80mm，两者相差近 20 倍。

由 5 年滑动平均分析结果可以看出，研究区 W_{30} 总体呈下降趋势，存在较为明显的波动。与 W_7、W_{15} 变化趋势类似，其在 1976 年之前有较为明显的上升趋势，而在 1976～1982 年间则有十分明显的下降趋势，而 1982 年以后则变化较为平缓。

对研究区 W_{30} 数据序列进行 Mann-Kendall 趋势检验，结果表明，统计量 Z 值为−0.94，这说明研究区 W_{30} 确实为下降的趋势，而 $|Z|<1.96$，这表明在研究时段内 W_{30} 下降趋势并不明显。

应用 Mann-Kendall 非参数检验方法，对海河上游山区 W_{30} 的年际变化及突变情况进行分析，结果如图 4-26 所示。与 W_7、W_{15} 类似，从图 4-26 中可以看出，研究区的 W_{30} 的 Mann-Kendall 检验统计量 UF 值大部分处于 0 线以下，也说明在研究时段 1971～1991 年间，海河上游山区的 W_{30} 为减少的趋势。同时，检验结果中，UF 曲线和 UB 曲线在 1979 年出现交叉点，且交点在显著性置信区间临界线之间，这说明研究区径流变化过程在 1979 年发生突变。

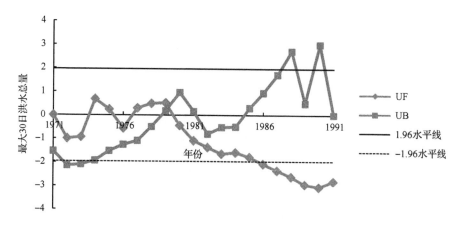

图 4-26　海河山区最大 30 日洪水总量 Mann-Kendall 突变检验

4.2.2　枯水流量变化规律及趋势分析

1. 最小日枯水流量

基于海河上游山区 36 个流域水文站点 1971～1980 年共计 10 年的逐年枯水流量数据,统计整个研究区的最小日枯水流量(Q_1)变化趋势,结果如图 4-27 所示。从图 4-27 中可以看出,海河上游山区最小日枯水流量的多年平均值约为 1.27m³/s。

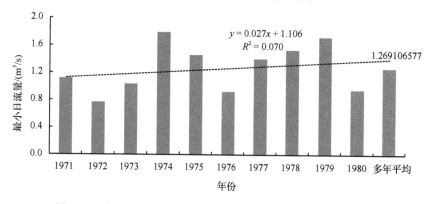

图 4-27　海河山区最小日枯水流量 1971～1980 年年际变化

研究区枯水流量年际变化有一定的波动,研究时段内 Q_1 数据序列的变异系数 C_v 约为 0.2816,变异系数较小。其中,1974 年研究区 Q_1 最大,为 1.79m³/s;1972 年研究区 Q_1 最小,仅为 0.77m³/s。

对研究区 Q_1 数据序列进行 Mann-Kendall 趋势检验,结果表明,统计量 Z 值为 0.8944,这说明研究区 Q_1 确实为上升的趋势,而 $|Z|<1.96$,这表明在研究时段内 Q_1 尽管为上升趋势,但上升趋势并不明显。

2. 最小旬枯水流量

基于海河上游山区 36 个流域水文站点 1971～1980 年共计 10 年的逐年枯水流量数

据，统计整个研究区的最小旬枯水流量(Q_2)变化趋势，结果如图 4-28 所示。从图 4-28 中可以看出，海河上游山区 Q_2 的多年平均值约为 1.78m³/s。

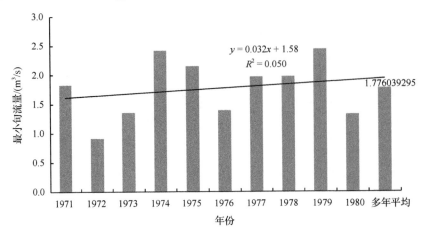

图 4-28　海河山区最小旬枯水流量 1971～1980 年年际变化

研究区枯水流量年际变化有一定的波动，研究时段内 Q_2 数据序列的变异系数 C_v 约为 0.2868，变异系数较小。其中，1979 年研究区 Q_2 最大，为 2.44m³/s；1972 年研究区 Q_2 最小，仅为 0.91m³/s。

对研究区 Q_2 数据序列进行 Mann-Kendall 趋势检验，结果表明，与 Q_1 类似，统计量 Z 值为 0.8927，这说明研究区 Q_2 确实为上升的趋势，而 $|Z| < 1.96$，这表明在研究时段内 Q_2 尽管为上升趋势，但上升趋势并不明显。

3. 最小月枯水流量

基于海河上游山区 36 个流域水文站点 1971～1980 年共计 10 年的逐年枯水流量数据，统计整个研究区的最小月枯水流量(Q_3)变化趋势，结果如图 4-29 所示。从图 4-29 中可以看出，海河上游山区 Q_3 的多年平均值约为 2.32m³/s。

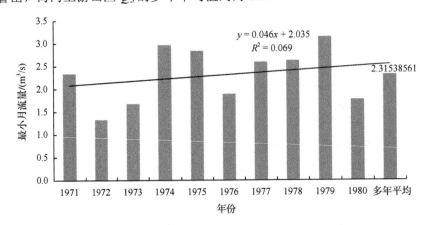

图 4-29　海河山区最小月枯水流量 1971～1980 年年际变化

研究区枯水流量年际变化有一定的波动，研究时段内 Q_3 数据序列的变异系数 C_v 约为 0.2662，变异系数较小。其中，1979 年研究区 Q_3 最大，为 3.15m³/s；1972 年研究区 Q_3 最小，仅为 1.33m³/s。

对研究区 Q_3 数据序列进行 Mann-Kendall 趋势检验结果表明，与 Q_1、Q_2 类似，统计量 Z 值为 1.0733，这说明研究区 Q_3 确实为上升的趋势，而 $|Z| < 1.96$，这表明在研究时段内 Q_3 尽管为上升趋势，但上升趋势并不明显。

4.3　泥沙变化规律及趋势性检验

4.3.1　泥沙年际变化规律及趋势分析

依据海河上游山区共计 67 个水文站点 1957～1991 年共计 35 年的年输沙模数的数据，统计出整个上游山区的逐年输沙模数变化。由图 4-30 可知，海河上游山区多年输沙模数的平均值为 489.65t/km²。从区域输沙模数年际变化趋势来看，海河上游山区输沙模数呈现明显的下降趋势，线性拟合方程的斜率为-12.83，这表明整个下降趋势表现为研究区输沙模数每年约下降 12.83t/km²。

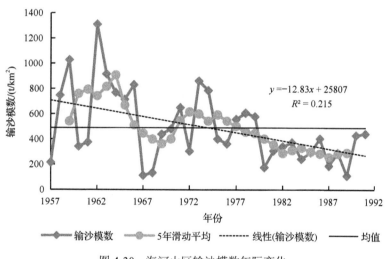

图 4-30　海河山区输沙模数年际变化

区域输沙模数的年际变化波动幅度较大，其变异系数 C_v 约为 0.58。其中，1962 年区域输沙模数最大，为 1310.11t/km²，1989 年区域输沙模数最小，为 112.27t/km²，最大值与最小值之间相差约 12 倍。

年际输沙模数 Mann-Kendall 趋势检验结果表明，统计量 Z 值为-2.49，这说明，区域输沙模数呈下降趋势，而 $|Z| > 1.96$，这表明在研究时段内输沙模数不仅为下降趋势，而且下降趋势明显。

对海河上游山区年输沙量进行 Mann-Kendall 突变点检验，结果如图 4-31 所示。从图 4-31 中可以看出，研究区的年输沙模数的 Mann-Kendall 检验统计量 UF 值和 UB 值均超过了置信水平 0.05 相应的临界值(Y=1.96 和 Y=-1.96)，这表明流域输沙变化趋势明显。

从图 4-31 中可以看出，研究区年输沙模数 Mann-Kendall 检验 UF 曲线绝大部分均处于 0 线以下，仅仅在 1962 年、1963 年、1964 年等几个年份处在 0 线以上，这表明海河上游山区输沙模数在研究时段的绝大多数时间段内处于减少的趋势状态，仅在少数的几个时间点处为上升的趋势。同时，检验结果中，UF 曲线和 UB 曲线在 1967 年出现交叉点，且交点位于两临界线之间，这说明研究区径流变化过程在 1967 年发生突变。

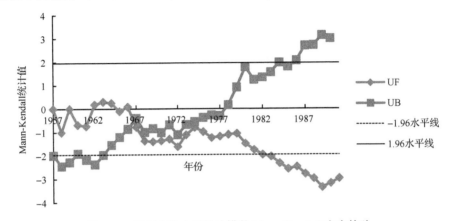

图 4-31　海河上游山区输沙模数 Mann-Kendall 突变检验

4.3.2　泥沙周期性变化规律

以海河流域上游山区 1957~1991 年 35 年的区域输沙模数数据资料为依据，以 1 年、2 年、4 年、6 年、…、16 年、18 年等为时间尺度，采用 Morlet 小波分析对研究区年输沙模数进行连续小波变换，得到小波分布图（图 4-32），小波系数为正时，表示输沙模数偏高；反之小波系数为负时，表明区域输沙模数较低。

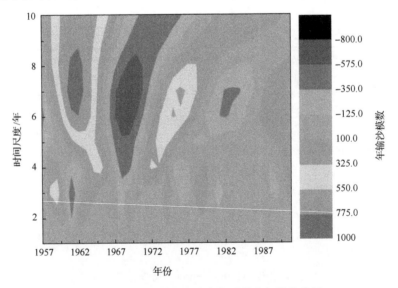

图 4-32　年输沙模数小波变换系数实部等值线图

从图 4-32 中可以看出，变化主要集中在 6～8 年，在该时间尺度上大小变化规律存在较明显的主要周期。在 6～8 年的尺度上，研究区 1957～1991 年的输沙模数经历了大→小→大→小的周期性变化，输沙模数交替变化较为明显，分别形成了以 1962 年为中心尺度的输沙模数较大时期、以 1968 年为中心尺度的输沙模数较小时期、1973 年为中心尺度的输沙模数较大时期、以 1983 年为中心尺度的输沙模数较小时期。

为进一步分析研究区年径流周期性变化规律，选取 4 年、8 年和 16 年 3 个尺度，其各自变化过程如图 4-33 所示。

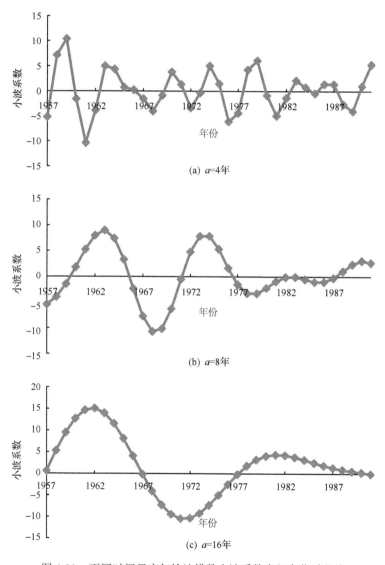

图 4-33　不同时间尺度年输沙模数小波系数实部变化过程线

图 4-33（a）为 4 年时间尺度下的研究区输沙模数小波系数变化，小波系数为正值，对应输沙模数较大，为负值则对应输沙模数较小，从图 4-33（a）中可以看出，由于时间尺度较短，年输沙模数大小交替变化较为频繁，在研究区 1957～1991 年间，共发生 16 次大

小交替，其中有 8 个输沙模数较大时期和 8 个输沙模数较小时期。图 4-33(b) 为 8 年时间尺度下的小波系数变化，从图 4-33(b) 中可以看出，相比于时间尺度为 4 年的小波变化过程，输沙模数大小交替变化变缓，研究期内共出现 6 次大小变化，其中有 3 个输沙模数较大时期和 3 个输沙模数较小时期。图 4-33(c) 为时间尺度 $a=16$ 年的小波系数实部变化过程，从图 4-33(c) 中可以看出，相比于时间尺度为 4 年和 8 年的小波变化过程，输沙模数大小交替变化又有所变缓，研究期内仅出现 3 次大小变化，其中有 2 个输沙模数较大时期和 1 个输沙模数较小时期。结果表明，海河流域上游山区年输沙模数也存在多时间尺度变化特征，不同的时间尺度对应的变化周期也有所差异，时间尺度越来越大，则年输沙模数的变化强度逐渐减弱，其大小交替变化逐渐变缓。

计算海河流域上游山区年输沙模数数据的小波方差，并得到小波方差分布图，结果如图 4-34 所示。从图 4-34 中可以看出，小波方差在时间尺度为 12 年时达到极大值，表明其在该尺度下变化剧烈，因此 12 年为主要周期。分析结果表明，海河流域上游山区年输沙模数存在着多时间尺度特征，其变化周期为 12 年。

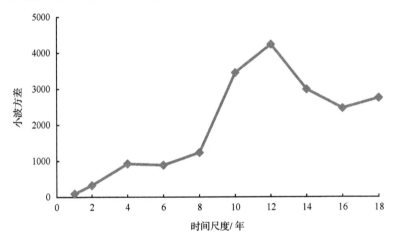

图 4-34 海河流域上游山区年输沙模数小波方差图

第5章 气候变化和人类活动对流域径流的影响

由于温室气体排放增加，全球变暖趋势日趋明显。极端气候条件变化所引发的水资源问题日趋严峻，近年来山区来水量明显减少，山区水源地来水减少问题已给城市和中下游地区的生态环境和社会经济发展带来极大的危害。同时，人类活动引起的区域土地覆被变化已成为全球环境变化的重要组成部分，由其引发的粮食安全、生态环境、水资源等问题已引起政府部门的广泛关注。为此，开展气候变化和人类活动对流域水资源影响分析研究，将对流域水土资源管理具有重大现实意义。本章在第2、3章流域水文要素变化分析及流域土地覆被变化分析基础之上，对流域气候与人类活动的生态水文响应及其敏感性进行分析，得到气候和人类活动对流域径流减少影响的贡献率，研究结果可为该流域的水资源合理利用、规划提供参考依据。

5.1 径流对气候变化的敏感性分析

5.1.1 敏感性分析理论方法

1. 相关理论

水量平衡的基本原理是质量守恒定律，是流域水文学的最基本和最重要的概念，是研究流域内的水文学行为的通用框架。流域内的水量平衡可以表达为

$$P = E_T + Q + D + \Delta S \tag{5-1}$$

式中，P 为降水量；E_T 为流域蒸散发量；Q 为地表径流量；D 为地下水补给量；ΔS 为土壤含水量的变化量。

在水量平衡方程中，降水量是最大的部分，而对于大多数的水文学应用方程，普遍认为降水是独立于植被类型的，其大小与植被类型近似无关。地下水补给是方程中最小的部分。当时间序列足够长（＞10年）时，流域内的土壤含水量的变化量 ΔS 也可以认为是0。所以，基于以上分析，流域水量平衡式(5-1)可以简化为

$$P = E_T + Q \tag{5-2}$$

根据热力学第一定律，能量也符合平衡定律，地表能量平衡方程即

$$R_n = H + LE_T + \Delta S_e \tag{5-3}$$

式中，R_n 为地表净辐射[MJ/(m²·a)]；H 为显热通量[MJ/(m²·a)]，LE_T 为潜热通量[MJ/(m²·a)]；E_T 为蒸散发量(m/a)；L 为液态水的汽化潜热(MJ/m³)；ΔS_e 为土壤中能

量储存的变化值或土壤热通量。

类似于水量平衡方程，当时间序列足够长时，流域内土壤中能量储存的变化值或土壤热通量 ΔS_e 也可以认为是 0，因此，式(5-3)也可以简化为

$$R_n = H + LE_T \tag{5-4}$$

将式(5-4)两边除以 L，则其可变形为

$$\frac{R_n}{L} = \frac{H}{L} + E_T \tag{5-5}$$

根据 Budyko 假设理论(Budyko，1974)，R_n/L 可以用潜在蒸散发量 E_P 来代替，因此式(5-5)可以调整为

$$E_P = E_T + \frac{H}{L} \tag{5-6}$$

Tomer 和 Schilling (2009)建立了一个概念模型，他们采用了两个无量纲的常数来反映水量平衡和能量平衡，用 U 来代表相对剩余能量值，用 W 来代表相对剩余水量值，基于简化了的水量平衡和能量平衡公式，其可分别表示为

$$W = 1 - \frac{E_T}{P} = \frac{Q}{P} ; \quad U = 1 - \frac{E_T}{E_P} = \frac{H/L}{E_P} \tag{5-7}$$

依据 Tomer 和 Schilling (2009)的理论结果，气候变化和流域特征变化能够导致地表能量平衡 U 和水平衡 W 的不同的变化。如果假设对于一个既定的流域，其干燥度指数(E_P/P)是稳定不变的，则可以推出

$$\Delta U / \Delta W = -1 \tag{5-8}$$

式(5-8)反映了气候变化对水文过程的影响假设，简称为 CCUW 假设。

敏感性系数表示气候因子(X)改变单位百分比而引起的径流(Q)改变的比例，其概念可以表达为

$$\varepsilon = \frac{\partial Q/Q}{\partial X/X} \tag{5-9}$$

2. 基于 CCUW 假设的气候敏感性计算公式推导

基于公式(5-7)，可以把 W 看作 P 和 E_T 的函数，而 U 可以看作是 E_P 和 E_T 的函数，即

$$W = w(P, E_T) = 1 - \frac{E_T}{P} ; \quad U = u(E_P, E_T) = 1 - \frac{E_T}{E_P} \tag{5-10}$$

对 W 和 U 求全导，可得

$$dW = w'(P, E_T) = \frac{\partial w}{\partial P}dP + \frac{\partial w}{\partial E_T}dE_T \qquad (5-11)$$

$$dU = u'(E_P, E_T) = \frac{\partial u}{\partial E_P}dE_P + \frac{\partial u}{\partial E_T}dE_T \qquad (5-12)$$

对 W 和 U 求偏导，可得

$$\frac{\partial w}{\partial P} = \frac{E_T}{P^2}, \quad \frac{\partial w}{\partial E_T} = -\frac{1}{P^2}; \quad \frac{\partial u}{\partial E_P} = \frac{E_T}{E_P^2}, \quad \frac{\partial u}{\partial E_T} = -\frac{1}{P^2} \qquad (5-13)$$

联合 CCUW 假设，式(5-8)及式(5-11)、式(5-12)，可得 E_T 变化量的表达式

$$dE_T = \frac{-\dfrac{\partial u}{\partial E_P}dE_P - \dfrac{\partial w}{\partial P}dP}{\dfrac{\partial u}{\partial E_T} + \dfrac{\partial w}{\partial E_T}} \qquad (5-14)$$

对式(5-14)两边同除以 E_T 可得

$$\frac{dE_T}{E_T} = \left[\frac{E_P}{E_T}\frac{-\dfrac{\partial u}{\partial E_P}}{\dfrac{\partial u}{\partial E_T} + \dfrac{\partial w}{\partial E_T}}\right]\frac{dE_P}{E_P} + \left[\frac{P}{E_T}\frac{-\dfrac{\partial w}{\partial P}}{\dfrac{\partial u}{\partial E_T} + \dfrac{\partial w}{\partial E_T}}\right]\frac{dP}{P} \qquad (5-15)$$

结合式(5-13)，式(6-15)可简化为

$$\frac{dE_T}{E_T} = \left[\frac{P}{E_P + P}\right]\frac{dE_P}{E_P} + \left[\frac{E_P}{E_P + P}\right]\frac{dP}{P} \qquad (5-16)$$

基于式(5-16)，得到了流域蒸散发 E_T 对气候变化的敏感性，式(5-16)中方括号中的部分即为敏感性系数，也被称为弹性系数(Schaake and Liu, 1989; Roderick and Farquhar, 2011; Yang and Yang, 2011)。

依据水量平衡公式 $P = E_T + Q$，其求导形式 $dQ = dP - dE_T$ 可转化为

$$\frac{dQ}{Q} = \frac{P}{Q}\frac{dP}{P} - \frac{E_T}{Q}\frac{dE_T}{E_T} = \frac{P}{Q}\frac{dP}{P} - \frac{(P-Q)}{Q}\frac{dE_T}{E_T} \qquad (5-17)$$

将式(5-16)代入式(5-17)，可得

$$\frac{dQ}{Q} = \left[\frac{P}{Q} - \frac{(P-Q)E_P}{Q(E_P + P)}\right]\frac{dP}{P} + \left[-\frac{P(P-Q)}{Q(E_P + P)}\right]\frac{dE_P}{E_P} \qquad (5-18)$$

式(5-18)即反映了流域径流对气候变化的敏感性，式(5-18)中方括号中的部分即为

降水 P 和潜在蒸散发 E_P 的敏感性系数, 即

$$\varepsilon_P = \frac{P}{Q} - \frac{(P-Q)E_P}{Q(E_P + P)} \tag{5-19}$$

$$\varepsilon_{E_P} = -\frac{P(P-Q)}{Q(E_P + P)} \tag{5-20}$$

这也符合其他研究者关于 ε_P 和 ε_{E_P} 的研究结论, 即 $\varepsilon_P + \varepsilon_{E_P} = 1$ (Kuhnel et al, 1991; Peel et al, 2010; Renner and Bernhofer, 2012)。

3. 基于 Budyko 理论的径流对干燥度指数敏感系数的计算

干燥度指数是反映某个地方的气候综合干燥程度的指数, 通常定义为潜在蒸散发量与年降水量的比值, 即

$$\phi = \frac{E_P}{P} \tag{5-21}$$

根据 Budyko 理论, 流域的实际蒸散发量是降水和干燥度指数的函数, 可表达为

$$E_T = P \times f(\phi) \tag{5-22}$$

基于式 (5-2) 和式 (5-22), 流域径流量 Q 可表达为

$$Q = P - Pf(\phi) \tag{5-23}$$

对 Q 求 ϕ 的偏导, 为

$$\frac{\partial Q}{\partial \phi} = \frac{\partial P}{\partial \phi} \times \left[1 - f(\phi)\right] - Pf'(\phi) \tag{5-24}$$

基于式 (5-21), ϕ 是降水 P 与潜在蒸散发量 E_P 的函数, 因此, 求 P 对 ϕ 的偏导可为

$$\frac{\partial P}{\partial \phi} = \frac{-E_P}{\phi^2} = \frac{-P^2}{E_P} \tag{5-25}$$

结合式 (5-24) 和式 (5-25), 流域径流 Q 对干燥度 ϕ 的偏导可表达为

$$\frac{\partial Q}{\partial \phi} = -\frac{P^2}{E_P} \times \left[1 - f(\phi)\right] - Pf'(\phi) \tag{5-26}$$

结合式 (5-9) 与式 (5-25), 可得流域径流 Q 对流域干燥度指数 ϕ 的敏感性系数计算公式为

$$\varepsilon_\phi = -\frac{P}{Q}\left[1 - f(\phi)\right] - \frac{E_P}{Q}f'(\phi) \tag{5-27}$$

在 $f(\phi)$ 的众多表达式中，本研究采用 Zhang 等(2001)的研究结论：

$$f(\phi) = (1+\omega\phi)/(1+\omega\phi+1/\phi) \tag{5-28}$$

5.1.2 径流对降水的敏感性分析

1. 海河流域径流对降水的敏感性分析

基于海河流域上游山区 66 个流域样本的多年平均数据，以所有研究流域为研究对象，绘制流域多年平均降水量与径流量之间的散点图，得到两者之间的相关关系如图 5-1 所示。从图 5-1 中可以看出，两者之间存在良好的线性正相关关系，流域径流量随降水量的增加而呈明显的线性增长趋势。

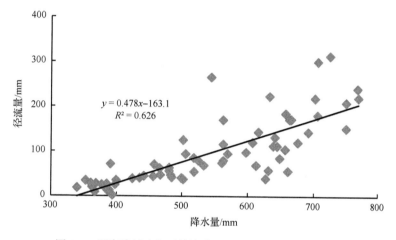

图 5-1 研究流域多年平均降水量与径流量之间相关关系

基于式(5-19)及各流域的多年平均降水量、径流量及潜在蒸散发量等数据，对各流域径流对降水的敏感性系数进行计算，结果如表 5-1 所示。

表 5-1 各研究流域径流对降水的敏感性系数 ε_P

序号	流域名	ε_P	序号	流域名	ε_P	序号	流域名	ε_P
1	大青沟	5.43	13	马村	2.34	25	漫水河	3.51
2	大河口	2.32	14	阳泉	2.96	26	石佛口	3.02
3	南土岭	6.29	15	平泉	3.31	27	杨家营	1.99
4	丰镇	4.27	16	石门	1.36	28	李家选	2.11
5	青白口	3.67	17	刘家坪	1.82	29	富贵庄	2.11
6	围场	4.25	18	北张店	2.46	30	峪河口	2.85
7	边墙山	3.90	19	石栈道	2.92	31	口头	1.88
8	豆罗桥	4.13	20	王岸	2.88	32	峪门口	1.54
9	芦庄	2.84	21	唐山	2.21	33	泥河	2.71
10	王家会	3.13	22	赵家港	6.52	34	水平口	2.08
11	会里	4.06	23	李营	1.70	35	蓝旗营	1.93
12	寺坪	2.06	24	榛子镇	2.46	36	罗庄子	2.06

续表

序号	流域名	ε_P	序号	流域名	ε_P	序号	流域名	ε_P
37	蔡家庄	3.39	47	土门子	2.82	57	西朱庄	5.49
38	冷口	2.16	48	桃林口	2.57	58	孤山	9.03
39	崖口	1.54	49	大阁	3.48	59	观音堂	5.58
40	沟台子	3.84	50	戴营	4.01	60	固定桥	9.48
41	波罗诺	3.92	51	下会	5.30	61	钱家沙洼	4.33
42	下河南	5.12	52	下堡	4.47	62	兴和	5.17
43	韩家营	4.78	53	三道营	3.15	63	柴沟堡(东)	6.48
44	承德	2.73	54	张家坟	4.83	64	柴沟堡(南)	4.09
45	下板城	3.19	55	三河	2.53	65	张家口	4.76
46	宽城	2.86	56	罗庄	3.42	66	响水堡	4.86

对所有流域的 ε_P 值进行频数分析,结果如图 5-2 所示,其表明,海河流域上游山区各流域径流对降水的敏感性系数 ε_P 大多分布在 1.0～5.5 之间,区域平均值为 3.51,这意味着,流域径流对降水的敏感性为,降水量每增加 10%,流域径流量将增加 35.1%。

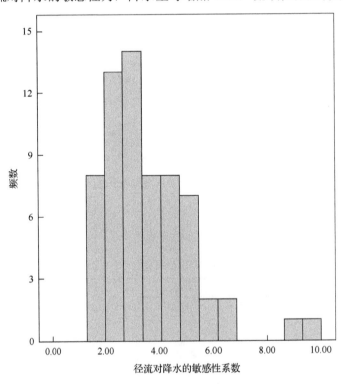

图 5-2　各研究流域 ε_P 频数分析

ε_P 是干燥度指数 ϕ 和径流系数的倒数 (P/Q) 的函数,而其双变量相关性分析结果(表 5-2)表明,尽管 ε_P 与两个因子均在 0.01 水平上显著,但与 P/Q 的 Pearson 相关性系数 $(r=0.992)$ 明显高于与干燥度指数 ϕ 的 Pearson 相关性系数 $(r=0.520)$,这表明,P/Q 是影响径流对降水敏感性的决定性系数。

第5章 气候变化和人类活动对流域径流的影响 **· 111 ·**

表 5-2 ε_P 与干燥度指数及 P/Q 的相关性

	干燥度指数	P/Q
Pearson 相关系数	0.520[**]	0.992[**]
显著性	0.000	0.000

**在 0.01 水平上显著。

图 5-3 反映了敏感性系数 ε_P 与径流系数 (Q/P) 的相关关系，结果表明，ε_P 与 Q/P 之间存在十分显著的非线性负相关关系，拟合方程形式为 $y=0.8565x^{-0.667}(R^2=0.9747)$，这表明，径流系数越小的地区，其流域径流对降水的敏感性系数越高。图 5-4 反映了敏感性系数 ε_P 与干燥度指数 ϕ 的相关分析，结果表明，ε_P 与 ϕ 之间存在显著的正相关关系，拟合方程为 $Y=2.2663x-0.8413(R^2=0.3773)$，这表明，干燥度指数越高的地区，其流域径流对降水的敏感性系数越高。因此，这些结果表明，越干旱的地区，降水越少，干燥度指数越高，流域径流对降水越敏感。

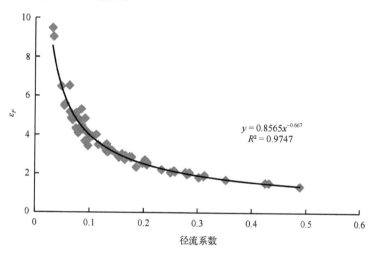

图 5-3 敏感性系数 ε_P 与径流系数 (Q/P) 的相关关系

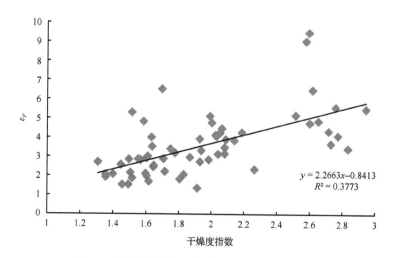

图 5-4 敏感性系数 ε_P 与干燥度指数的相关关系

　　为验证本研究结果的准确性，以滦河流域为例，对本研究的结果与其他研究者的研究结果进行对比。Wang 等(2013)在滦河流域进行了研究，其研究结果表明，滦河流域径流量对降水量的敏感性系数 ε_P 为 1.81。在本研究的所有样本流域中，共有 9 个样本流域位于滦河流域范围内，对这 9 个流域的 ε_P 进行平均，其结果为 2.074，与 Wang 等(2013)的研究结果相似，这说明本研究的结论较为准确。

　　2. 半城子流域径流对降水的敏感性分析

　　图 5-5 显示了不同 w 情境下(w 从 0.5 到 2.8)半城子流域径流对降水的敏感性。通过图 5-5 发现，半城子流域干燥指数范围为 1.18～4.48，随着干燥性指数(E_P/P)的增加，径流对降水的敏感性指数 ε_P 呈现出明显的减小趋势，与此同时，当在同一干燥性指数(E_P/P)下，随着 w 指数的增加，流域径流敏感性呈现明显的减小趋势，说明在此区域气候条件下，以草地或耕地为主的流域较植被相对丰富的森林流域径流对降水的敏感性更强，即在同一降水条件下，草地流域较森林流域更易产生径流。此外，当 $E_P/P<3.0$ 时，敏感性系数 ε_{E_P} 随着干燥性指数 E_P/P 的增加而急剧减少，说明湿润区较干旱区或者半干旱区而言，径流与降水关系更为密切，这主要是因为，湿润区雨水较为丰富，土壤含水量多处于饱和状态，导致该区域径流的产生对降水更为敏感，更易产生地表径流。

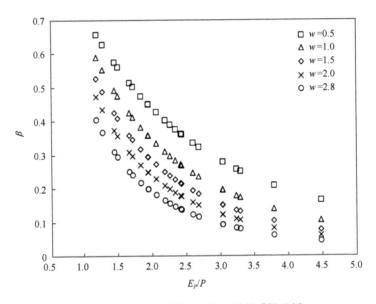

图 5-5　半城子流域径流对降水的敏感性分析

　　表 5-3 反映了不同年份不同场景下径流对降水的敏感性系数值。由表 5-3 可知，研究区径流对降水的敏感性系数 ε_P 均值范围为 0.18～0.40。平均值为 0.29。由此，可以认为半城子流域降水每增加 1%，可以引起该流域径流增加 0.29%。

表 5-3　半城子流域不同 w 值下 ε_P 变换趋势表

年份	ε_P				
	w=0.5	w=1.0	w=1.5	w=2.0	w=2.8
1989	0.47	0.38	0.32	0.27	0.22
1990	0.66	0.59	0.53	0.47	0.41
1991	0.56	0.48	0.41	0.36	0.29
1992	0.45	0.36	0.29	0.25	0.20
1993	0.34	0.25	0.19	0.16	0.12
1994	0.58	0.49	0.43	0.37	0.31
1995	0.36	0.27	0.22	0.18	0.14
1996	0.50	0.41	0.35	0.30	0.24
1997	0.32	0.24	0.19	0.15	0.12
1998	0.45	0.36	0.29	0.25	0.20
1999	0.21	0.14	0.11	0.08	0.06
2000	0.25	0.18	0.13	0.11	0.08
2001	0.40	0.31	0.25	0.21	0.17
2002	0.17	0.11	0.08	0.06	0.05
2003	0.39	0.30	0.24	0.20	0.16
2004	0.43	0.33	0.27	0.23	0.18
2005	0.36	0.27	0.21	0.18	0.14
2006	0.28	0.20	0.15	0.12	0.10
2007	0.28	0.20	0.15	0.12	0.09
2008	0.51	0.42	0.36	0.31	0.25
2009	0.26	0.18	0.14	0.11	0.08
2010	0.63	0.55	0.49	0.43	0.37
2011	0.38	0.28	0.23	0.19	0.15
平均值	0.40	0.32	0.26	0.22	0.18
标准差	0.13	0.13	0.12	0.11	0.10

3. 红门川流域径流对降水的敏感性分析

图 5-6 显示了不同 w 情境下(w 从 0.5 到 2.8)红门川流域径流对降水的敏感性。由图 5-6 可知，红门川流域干燥指数范围为 1.76~3.85，和半城子流域类似，研究区域内随着干燥指数(E_P/P)的增加，径流对降水的敏感性指数 β 呈现出明显的减小趋势，与此同时，在同一干燥指数(E_P/P)下，随着 w 指数的增加，流域径流敏感性呈现明显的减小趋势，说明在此区域气候条件下，以草地或耕地为主的流域较植被相对丰富的森林流域径流对降水的敏感性更强，即在同一降水条件下，草地流域较森林流域更易产生径流。此外，由图 5-6 同样可以发现，当 E_P/P<2.8 时，敏感性系数 β 随着干燥性指数 E_P/P 的增加而急剧减少，说明湿润区较干旱区或者半干旱区而言，径流与降水关系更为密切。

结合表 5-4，多年间研究区径流对降水的敏感性系数 β 取值范围为 0.01~0.49，平均值为 0.21。由此，可以认为红门川流域降水每增加 1%，可以引起该流域径流平均增加 0.21%。

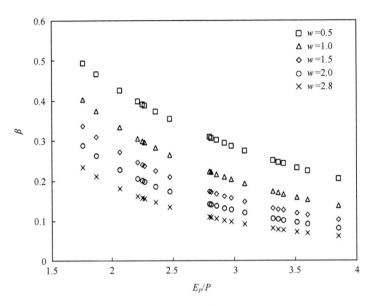

图 5-6　红门川流域径流对降水的敏感性分析

表 5-4　红门川流域不同 w 值下 ε_P 变换趋势表

年份	ε_P				
	w=0.5	w=1.0	w=1.5	w=2.0	w=2.8
1989	0.39	0.30	0.24	0.20	0.16
1990	0.39	0.30	0.24	0.20	0.16
1991	0.40	0.31	0.25	0.21	0.16
1992	0.27	0.19	0.15	0.12	0.09
1993	0.29	0.20	0.16	0.13	0.10
1994	0.47	0.37	0.31	0.26	0.21
1995	0.31	0.22	0.17	0.14	0.11
1996	0.49	0.40	0.34	0.29	0.23
1997	0.24	0.17	0.13	0.10	0.08
1998	0.23	0.16	0.12	0.10	0.07
1999	0.06	0.03	0.02	0.02	0.01
2000	0.21	0.14	0.10	0.08	0.06
2001	0.30	0.22	0.17	0.14	0.11
2002	0.23	0.15	0.12	0.09	0.07
2003	0.25	0.17	0.13	0.10	0.08
2004	0.35	0.26	0.21	0.17	0.14
2005	0.37	0.28	0.22	0.19	0.15
2006	0.25	0.17	0.13	0.11	0.08
2007	0.29	0.21	0.16	0.13	0.10
2008	0.43	0.33	0.27	0.23	0.18
2009	0.31	0.22	0.17	0.14	0.11
平均值	0.31	0.23	0.18	0.15	0.12
标准差	0.10	0.09	0.07	0.06	0.05

5.1.3　径流对潜在蒸散发的敏感性分析

1. 海河流域径流对潜在蒸散发变化的敏感性分析

基于海河流域上游山区 66 个流域样本的数据,对各流域径流对潜在蒸散发量的敏感性系数 ε_{E_P} 进行计算,结果如表 5-5 所示。

表 5-5　各研究流域径流对潜在蒸散发量的敏感系数 ε_{E_P}

序号	流域名	ε_{E_P}	序号	流域名	ε_{E_P}	序号	流域名	ε_{E_P}
1	大青沟	−4.43	23	李营	−0.70	45	下板城	−2.19
2	大河口	−1.32	24	榛子镇	−1.46	46	宽城	−1.86
3	南土岭	−5.29	25	漫水河	−2.51	47	土门子	−1.82
4	丰镇	−3.27	26	石佛口	−2.02	48	桃林口	−1.57
5	青白口	−2.67	27	杨家营	−0.99	49	大阁	−2.48
6	围场	−3.25	28	李家选	−1.11	50	戴营	−3.01
7	边墙山	−2.90	29	富贵庄	−1.11	51	下会	−4.30
8	豆罗桥	−3.13	30	峪河口	−1.85	52	下堡	−3.47
9	芦庄	−1.84	31	口头	−0.88	53	三道营	−2.15
10	王家会	−2.13	32	峪门口	−0.54	54	张家坟	−3.83
11	会里	−3.06	33	泥河	−1.71	55	三河	−1.53
12	寺坪	−1.06	34	水平口	−1.08	56	罗庄	−2.42
13	马村	−1.34	35	蓝旗营	−0.93	57	西朱庄	−4.49
14	阳泉	−1.96	36	罗庄子	−1.06	58	孤山	−8.03
15	平泉	−2.31	37	蔡家庄	−2.39	59	观音堂	−4.58
16	石门	−0.36	38	冷口	−1.16	60	固定桥	−8.48
17	刘家坪	−0.82	39	崖口	−0.54	61	钱家沙洼	−3.33
18	北张店	−1.46	40	沟台子	−2.84	62	兴和	−4.17
19	石栈道	−1.92	41	波罗诺	−2.92	63	柴沟堡(东)	−5.48
20	王岸	−1.88	42	下河南	−4.12	64	柴沟堡(南)	−3.09
21	唐山	−1.21	43	韩家营	−3.78	65	张家口	−3.76
22	赵家港	−5.52	44	承德	−1.73	66	响水堡	−3.86

对所有流域的 ε_{E_P} 值进行频数分析,结果如图 5-7 所示,其表明,海河流域上游山区各流域径流对潜在蒸散发的敏感性系数 ε_{E_P} 大多分布在−4.3～0 之间,区域其平均值为 −2.51,这意味着,流域径流对潜在蒸散发的敏感性为,潜在蒸散发量每增加 10%,流域径流量减少 25.1%。

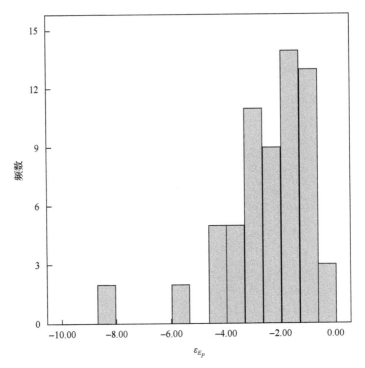

图 5-7　各研究流域 ε_{E_P} 频数分析

基于式 (5-20)，与 ε_P 类似，ε_{E_P} 也是干燥度指数 ϕ 和径流系数的倒数 (P/Q) 的函数，而其双变量相关性分析结果 (表 5-6) 表明，尽管 ε_{E_P} 与 2 个因子均在 0.01 水平上显著，但与 P/Q 的 Pearson 相关性系数 ($r=0.981$) 明显高于与干燥度指数 ϕ 的 Pearson 相关性系数 ($r=0.614$)，这表明，径流系数的倒数 (P/Q) 是影响径流对潜在蒸散发敏感性的决定性系数。

表 5-6　ε_{E_P} 与干燥度指数及 P/Q 的相关性

	干燥度指数	P/Q
Pearson 相关系数	0.614[**]	0.981[**]
显著性	0.000	0.000

**在 0.01 水平上显著。

图 5-8 反映了流域径流对蒸散发的敏感性系数 ε_{E_P} 的绝对值 ($\left| \varepsilon_{E_P} \right|$) 与径流系数 ($Q/P$) 的相关分析，结果表明，$\left| \varepsilon_{E_P} \right|$ 与 Q/P 之间存在十分显著的非线性负相关关系，拟合方程形式为 $y=0.2726x^{-1.024}$ ($R^2=0.9634$)，这表明，径流系数越小的地区，其流域径流对潜在蒸散发的敏感性系数的绝对值越高。图 5-9 反映了流域径流对蒸散发的敏感性系数 ε_{E_P} 的绝对值 ($\left| \varepsilon_{E_P} \right|$) 与干燥度指数 ϕ 的相关分析，结果表明，$\left| \varepsilon_{E_P} \right|$ 与 ϕ 之间存在显著的正相关关系，拟合方程为 $y=2.2663x-1.8413$ ($R^2=0.3773$)，这表明，干燥度指数越高的地区，其流域径流对潜在蒸散发的敏感性系数的绝对值越高。因此，这些结果表明，越干旱的地区，降水越少，干燥度指数越高，流域径流对潜在蒸散发越敏感。

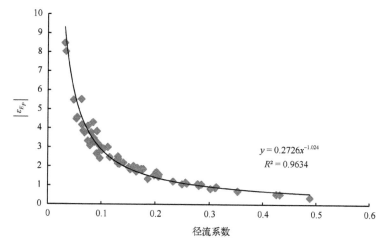

图 5-8 敏感性系数 $\left|\varepsilon_{E_p}\right|$ 与径流系数 (Q/P) 的相关关系

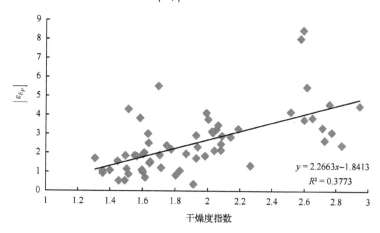

图 5-9 敏感性系数 $\left|\varepsilon_{E_p}\right|$ 与干燥度指数 ϕ 的相关关系

2. 半城子流域径流对潜在蒸散发变化的敏感性分析

图 5-10 显示了不同 w 情境下 $(w$ 从 0.5 到 2.8) 半城子流域径流对潜在蒸散发的敏感性。通过图 5-10 可知，当干燥指数 $(E_P/P)<3$ 时，随着干燥指数 (E_P/P) 的增大，研究区径流对潜在蒸散发的敏感性指数 γ 呈现出明显的减小趋势；当干燥指数 $(E_P/P)>3$ 时，随着干燥指数 (E_P/P) 增大，研究区径流对潜在蒸散发的敏感性指数 γ 同样呈现减小趋势，但减小趋势相对缓慢；当在同一干燥指数 (E_P/P) 下，随着 w 指数的增加，流域径流变化对潜在蒸散发变化的敏感性在减小，说明在同一燥指数下，草地流域与森林流域径流形成对气候变化更为敏感，这与 Li 等 (2010) 得出的结论一致。

表 5-7 反映了不同年份不同场景流域径流对流域潜在蒸散发变化的敏感性系数值。由表 5-7 可知，研究区径流对潜在蒸散发的敏感性系数 γ 平均值取值范围为 $-0.06\sim-0.11$。平均值为 -0.09，且潜在蒸散发与流域径流之间呈现负相关关系。根据表 5-7，计算求得半城子流域年潜在蒸散发每增加 1%，则半城子流域年径流相应减少 0.09%。

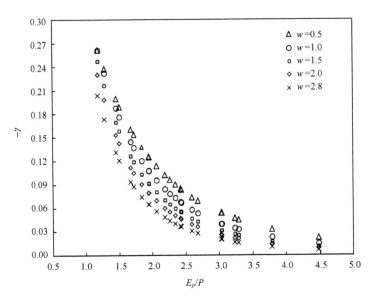

图 5-10 半城子流域径流对潜在蒸散发的敏感性分析

表 5-7 半城子流域不同 w 值下 γ 变换趋势表

年份	$-\gamma$				
	$w=0.5$	$w=1.0$	$w=1.5$	$w=2.0$	$w=2.8$
1989	0.14	0.12	0.10	0.09	0.07
1990	0.26	0.26	0.25	0.23	0.20
1991	0.19	0.18	0.16	0.14	0.12
1992	0.13	0.11	0.09	0.08	0.06
1993	0.07	0.06	0.05	0.04	0.03
1994	0.20	0.19	0.17	0.15	0.13
1995	0.08	0.07	0.06	0.05	0.04
1996	0.15	0.14	0.12	0.11	0.09
1997	0.07	0.05	0.04	0.04	0.03
1998	0.13	0.11	0.09	0.08	0.06
1999	0.03	0.02	0.02	0.01	0.01
2000	0.05	0.03	0.03	0.02	0.02
2001	0.10	0.08	0.07	0.06	0.05
2002	0.02	0.02	0.01	0.01	0.01
2003	0.10	0.08	0.07	0.06	0.04
2004	0.11	0.10	0.08	0.07	0.06
2005	0.08	0.07	0.05	0.05	0.04
2006	0.05	0.04	0.03	0.03	0.02
2007	0.05	0.04	0.03	0.03	0.02
2008	0.16	0.14	0.13	0.11	0.09
2009	0.05	0.03	0.03	0.02	0.02
2010	0.24	0.23	0.22	0.20	0.17
2011	0.09	0.07	0.06	0.05	0.04
平均值	0.11	0.10	0.09	0.08	0.06
标准差	0.065	0.067	0.064	0.059	0.051

3. 红门川流域径流对潜在蒸散发变化的敏感性分析

图 5-11 显示了不同 w 情境下 (w 从 0.5 到 2.8) 红门川流域径流对潜在蒸散发的敏感性。通过图 5-11 可知，随着干旱程度的增加，不同植被流域径流对潜在蒸散发的敏感性在减弱；且当在同一干燥指数 (E_P/P) 下，随着植被指数 w 的增加，γ 指数呈现明显的减少趋势，说明在同一干燥指数下，草地流域径流对流域潜在蒸散发的敏感性更加强烈；这与半城子流域得出的结论一致。

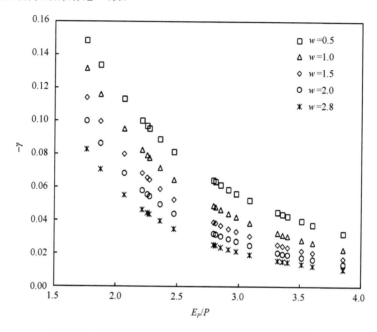

图 5-11　红门川流域径流对潜在蒸散发的敏感性分析

表 5-8 反映了不同年份不同场景下红门川流域径流对流域潜在蒸散发变化的敏感性系数值。由表 5-8 可以发现，红门川流域径流对潜在蒸散发的敏感性系数 γ 取值范围为 $-0.001\sim-0.15$，平均值为-0.05，且潜在蒸散发与流域径流之间呈现负相关关系。根据表 5-8，计算求得红门川流域年潜在蒸散发每增加 1%，年径流相应减少 0.05%。

表 5-8　不同 w 值下 γ 变换趋势表

年份	$-\gamma$				
	w=0.5	w=1.0	w=1.5	w=2.0	w=2.8
1989	0.10	0.08	0.06	0.05	0.04
1990	0.10	0.08	0.07	0.06	0.04
1991	0.10	0.08	0.07	0.06	0.05
1992	0.05	0.04	0.03	0.02	0.02
1993	0.06	0.04	0.03	0.03	0.02
1994	0.13	0.12	0.10	0.09	0.07
1995	0.06	0.05	0.04	0.03	0.02

续表

年份	$-\gamma$				
	$w=0.5$	$w=1.0$	$w=1.5$	$w=2.0$	$w=2.8$
1996	0.15	0.13	0.11	0.10	0.08
1997	0.04	0.03	0.02	0.02	0.01
1998	0.04	0.03	0.02	0.02	0.01
1999	0.004	0.002	0.002	0.001	0.001
2000	0.03	0.02	0.02	0.01	0.01
2001	0.06	0.05	0.04	0.03	0.02
2002	0.04	0.03	0.02	0.02	0.01
2003	0.04	0.03	0.02	0.02	0.02
2004	0.08	0.06	0.05	0.04	0.04
2005	0.09	0.07	0.06	0.05	0.04
2006	0.04	0.03	0.03	0.02	0.02
2007	0.06	0.04	0.04	0.03	0.02
2008	0.11	0.10	0.08	0.07	0.06
2009	0.06	0.05	0.04	0.03	0.03
平均值	0.069	0.055	0.045	0.038	0.030
标准差	0.04	0.03	0.03	0.03	0.02

5.1.4　径流对干燥度的敏感性分析

以海河流域上游山区 66 个样本流域为研究对象，图 5-12 反映了流域径流与流域干燥度指数之间的相关性，结果表明，流域径流量 Q 与流域干燥度指数 ϕ 之间存在明显的非线性负相关关系，其拟合方程为 $y=545.91x^{-3.175}$，拟合方程的决定系数 R^2 并不高，为 0.7199，这主要是由于流域径流对气候变化的响应受其他众多因素的影响，如流域形态特征、土壤水分含量、植被覆盖等。

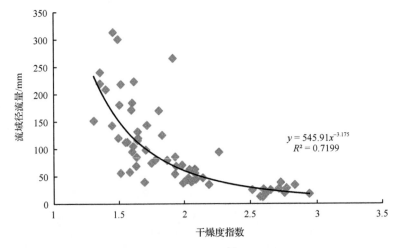

$$y = 545.91x^{-3.175}$$
$$R^2 = 0.7199$$

图 5-12　流域多年平均径流量与流域干燥度指数之间的相关关系

　　干燥度指数是降水量与潜在蒸散发量的函数，有效地反映了影响流域径流的水量限制与能量限制之间的相互作用，能够作为评价气候变化对流域径流影响的一个代表性的因子(Liu et al., 2013)。基于海河流域上游山区 66 个流域样本的数据，对各流域径流对干燥度指数的敏感性系数进行计算，结果如表 5-9 所示。

表 5-9　各研究流域径流对干燥度指数的敏感系数 ε_ϕ

序号	流域名	ε_ϕ	序号	流域名	ε_ϕ	序号	流域名	ε_ϕ
1	大青沟	−7.57	23	李营	−1.68	45	下板城	−2.54
2	大河口	−1.78	24	榛子镇	−2.24	46	宽城	−2.42
3	南土岭	−6.69	25	漫水河	−2.71	47	土门子	−2.39
4	丰镇	−3.59	26	石佛口	−2.44	48	桃林口	−2.27
5	青白口	−2.28	27	杨家营	−1.80	49	大阁	−2.57
6	围场	−3.40	28	李家选	−1.91	50	戴营	−3.10
7	边墙山	−3.08	29	富贵庄	−1.86	51	下会	−3.99
8	豆罗桥	−2.93	30	峪河口	−2.48	52	下堡	−3.14
9	芦庄	−2.27	31	口头	−1.81	53	三道营	−2.39
10	王家会	−2.34	32	峪门口	−1.60	54	张家坟	−3.65
11	会里	−2.93	33	泥河	−2.52	55	三河	−2.18
12	寺坪	−2.05	34	水平口	−1.95	56	罗庄	−2.25
13	马村	−1.73	35	蓝旗营	−1.91	57	西朱庄	−3.16
14	阳泉	−2.28	36	罗庄子	−1.92	58	孤山	−5.13
15	平泉	−2.31	37	蔡家庄	−2.79	59	观音堂	−3.30
16	石门	−1.42	38	冷口	−1.99	60	固定桥	−5.33
17	刘家坪	−1.64	39	崖口	−1.53	61	钱家沙洼	−2.73
18	北张店	−2.30	40	沟台子	−2.75	62	兴和	−3.25
19	石栈道	−2.63	41	波罗诺	−2.90	63	柴沟堡(东)	−3.84
20	王岸	−2.41	42	下河南	−3.55	64	柴沟堡(南)	−2.59
21	唐山	−1.87	43	韩家营	−3.35	65	张家口	−3.00
22	赵家港	−4.19	44	承德	−2.20	66	响水堡	−3.02

　　对所有流域的 ε_ϕ 值进行频数分析，结果如图 5-13 所示，其表明，海河流域上游山区各流域径流对干燥度指数的敏感性系数 ε_ϕ 大多分布在−4～−1.7 之间，区域平均值为−2.75，这意味着，流域径流对干燥度指数的敏感性为，潜在蒸散发量每增加 10%，流域径流量减少 27.5%。

　　图 5-14 反映了流域径流对干燥度指数的敏感性系数 ε_ϕ 的绝对值($|\varepsilon_\phi|$)与径流系数(Q/P)的相关分析，结果表明，$|\varepsilon_\phi|$ 与 Q/P 之间也存在十分显著的非线性负相关关系，拟合方程形式为 $y=1.0262x^{-0.456}$(R^2=0.8787)，这表明，径流系数越小的地区，其流域径流对干燥度指数的敏感性系数的绝对值越高。图 5-15 反映了流域径流对干燥度指数的敏感

性系数 ε_ϕ 的绝对值($|\varepsilon_\phi|$)与干燥度指数 ϕ 的相关分析，结果表明，$|\varepsilon_\phi|$ 与 ϕ 之间存在显著的正相关关系，拟合方程为 $y=1.0399x+0.692$ $(R^2=0.1809)$，这表明，干燥度指数越高的地区，其流域径流对干燥度指数的敏感性系数的绝对值越高。因此，这些结果表明，越干旱的地区，降水越少，干燥度指数越高，流域径流对干燥度指数越敏感。

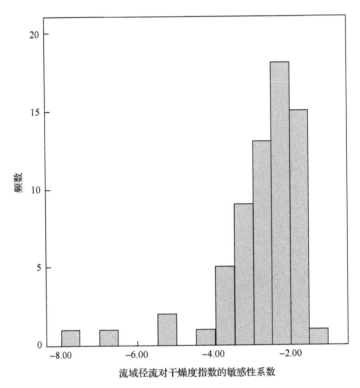

图 5-13　各研究流域 ε_ϕ 频数分析

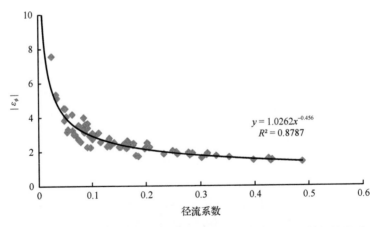

图 5-14　敏感性系数 ε_ϕ 的绝对值($|\varepsilon_\phi|$)与径流系数(Q/P)的相关关系

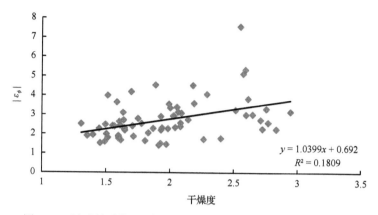

图 5-15　敏感性系数 ε_ϕ 的绝对值($|\varepsilon_\phi|$)与干燥度指数的相关关系

5.2　气候变化和人类活动对流域径流的影响

5.2.1　流域径流变化

对于某一流域的年径流量数据序列，通过趋势分析，可按照其变化趋势划分为基准期和变化期两个时段，其多年平均径流量的变化可由以下公式计算而得：

$$\Delta Q = \overline{Q}_2^{\text{obs}} - \overline{Q}_1^{\text{obs}} \tag{5-29}$$

式中，ΔQ 为流域多年平均径流的总变化量；$\overline{Q}_1^{\text{obs}}$ 为基准期多年平均径流量；$\overline{Q}_2^{\text{obs}}$ 为变化期多年平均径流量。

国内外众多学者均表明，流域径流量变化可以看作由气候变化和人类活动变化引起的两部分组成，即

$$\Delta Q = \Delta Q_{\text{climate}} + \Delta Q_{\text{human}} \tag{5-30}$$

式中，$\Delta Q_{\text{climate}}$ 为气候变化导致的径流变化量；ΔQ_{human} 为人类活动引起的径流变化量。

由第 4 章研究内容中对流域径流年际变化趋势的分析可知，海河流域上游山区流域年径流量在 1980 年发生突变，因此可以以 1980 年为界将研究时段 1957~2000 年划分为基准期（1957~1979 年）和变化期（1980~2000 年）。

海河上游山区区域逐年平均径流量变化趋势如图 5-16 所示，从图 5-16 中可以看出，流域变化期径流量与基准期相比有明显的下降趋势，分析结果表明，研究区基准期（1957~1979 年）的多年平均径流量为 115.12mm，变化期（1980~2000 年）的多年平均径流量为 69.94mm，因此，变化期与基准期相比，径流总变化量 ΔQ 减少了 45.18mm。

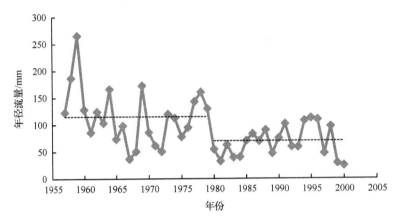

图 5-16　流域多年平均径流量不同时期对比

5.2.2　气候变化对流域径流的影响

1. 相关理论方法

在气候变化与水文循环的相互作用过程中，蒸散发是将水量平衡与能量平衡联系起来的纽带，Budyko(1974)认为流域多年平均蒸散发是由大气对陆面的水分供给(降水)和蒸发能力(净辐射或潜在蒸散发量)决定的，蒸散发量是两者之间的函数，可简单地表达为

$$\frac{E_T}{P} = f(E_P / P) = f(\phi) \tag{5-31}$$

式中，E_T 为流域实际蒸散发量(mm)；P 为降水量(mm)；E_P 为流域潜在蒸散发量；ϕ 为干燥度指数，$\phi = E_P / P$。

Milly 和 Dunne (2002)基于 Budyko 假设理论及式(5-31)，提出了计算气候变化引起的径流变化量的方法：

$$\Delta Q_{\text{climate}} = \beta \Delta P + \gamma \Delta E_P \tag{5-32}$$

$$\beta = 1 - f(\phi) + \phi f'(\phi) \tag{5-33}$$

$$\gamma = -f'(\phi) \tag{5-34}$$

式中，ΔP 和 ΔE_P 分别为降水和潜在蒸散发的变化量；β 和 γ 分别为流域径流对降水和潜在蒸散发的敏感系数值。

Zhang 等(2001)对世界范围内的 250 个流域进行研究，对式(5-31)中的函数 f 进行了具体化，提出了一个简单的双参数模型：

$$\frac{E_T}{P} = \frac{1 + \omega \dfrac{E_P}{P}}{1 + \omega \dfrac{E_P}{P} + \left(\dfrac{E_P}{P}\right)^{-1}} = f(\phi) = \frac{1 + \omega \phi}{1 + \omega \phi + \phi^{-1}} \tag{5-35}$$

式中，ω 为植被可利用水系数(plant-available water coefficient)，是与植被、土壤等下垫面性质相关的一个综合参数，反映了不同植被类型对土壤水的可利用程度。Zhang 等(2001) 在文章中提出了 ω 的建议值，即林地为 2.0，草地与耕地为 0.5。

应用该模型，则 β 和 γ 的计算公式可为

$$\beta = \frac{1 + 2\phi + 3\omega\phi^2}{(1 + \phi + \omega\phi^2)^2} \qquad (5\text{-}36)$$

$$\gamma = -\frac{1 + 2\omega\phi}{(1 + \phi + \omega\phi^2)^2} \qquad (5\text{-}37)$$

2. 气候变化对流域径流的影响量计算

1) 降水量与潜在蒸散发量的变化

基于海河流域内及周围约 50 个国家气象站的逐年降水量数据，平均得到该区同观测期(1957～2000 年)内的逐年降水量数据，图 5-17 与图 5-18 分别反映了流域降水量与潜在蒸散发量在基准期与变化期的对比。

分析结果表明，在研究时段(1957～2000 年)内平均降水量，有明显的减少趋势，基准期(1957～1979 年)年平均降水量为 518.88mm，变化期(1980～2000)年平均降水量为 477.68mm，由此可知，降水量的变化量 ΔP 减少了 41.20mm；而研究区潜在蒸散发量的变化趋势表明，在整个研究时段内，研究区潜在蒸散发量并没有明显的变化，基准期(1957～1979 年)年平均潜在蒸散发量为 913.74mm，变化期(1980～2000 年)年平均潜在蒸散发量为 909.64mm，其变化并不明显，ΔE_P 可忽略不计。

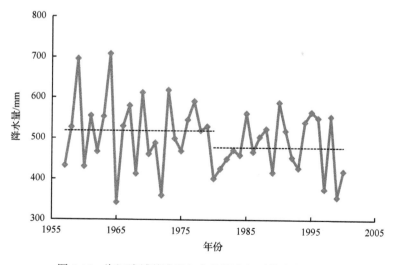

图 5-17　海河流域基准期与变化期多年平均降水量对比

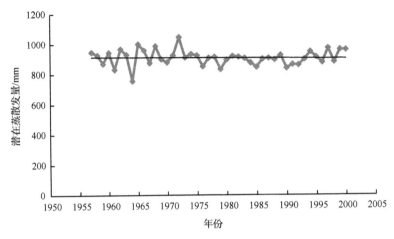

图 5-18　海河流域基准期与变化期多年平均潜在蒸散发量对比

2) ω 的推算

在 Zhang 模型中,式(5-35)所表征的相关关系主要是由植被可利用水系数 ω 决定的, ω 越大,蒸散发量越大。它反映了不同植物在根系利用土壤水分进行蒸发过程中的不同与偏差,不同植物类型,其 ω 的值也不同。

Zhang 等(2001)指出,对于不同的植物类型来说, ω 的变化范围在 0.5~2.0 之间,其中,森林的 ω 最适宜值为 2.0,而草本植物与农作物的最适宜值为 0.5,裸地的 ω 值一般要小于 0.5;Sun 等(2004)以美国 38 个中尺度流域为研究对象,校核了适合美国地区模型应用的 ω 值,将森林的 ω 值调整为 2.8,草地的 ω 值调整为 2.0,城市用地的 ω 设定为 0.0;郑江坤(2010)以潮白河流域为研究对象,也计算出了适宜其研究区的各植被类型的 ω 值,其研究结果表明,林地、耕地与草地的 ω 值分别为 2.8、1.5 和 1.5。这些研究表明,在不同研究区,各土地利用类型的 ω 值存在一定的差异。

由于研究区域土地利用类型复杂,并不是单一的土地利用类型,因此很难根据 Zhang 等(2001)推荐的 ω 值来进行应用。本研究依据研究区域 66 个样本流域的多年平均降水量值 P 和多年平均径流值 Q,依据长时间序列的流域水量平衡公式 $P = Q + E_T$,可计算出各流域的实际蒸散发量 E_T。基于各流域多年平均潜在蒸散发量 E_P,可反推出各流域相应的 ω 值,其结果如表 5-10 所示。对所有样本流域的 ω 值进行平均作为研究区域的 ω 值,计算得其约为 1.4。

3) 气候变化对流域径流影响量的计算

基于研究区各流域的干燥度指数值,平均得到研究区的干燥度指数值 ϕ,依据上述研究中对研究区 ω 值的计算,将其代入式(5-36)中,通过计算,得到海河流域上游山区流域径流对降水的敏感系数值 β 约为 0.3383。

对海河上游山区研究时段(1957~2000 年)内的降水与潜在蒸散发的趋势分析表明,与基准期(1957~1979 年)相比,变化期(1980~2000 年)的降水量 ΔP 减少了 41.20mm,而潜在蒸散发量 ΔE_P 则变化很小,可以忽略。因此,可简化为 $\Delta Q_{\text{climate}} = \beta \Delta P$,经计算可得，$\Delta Q_{\text{climate}}$ 为 13.94mm，即气候变化导致的径流变化量为 13.94mm。

表 5-10　各研究流域植被利用水系数 ω

序号	流域名	ω	序号	流域名	ω	序号	流域名	ω
1	大青沟	2.86	23	李营	0.48	45	下板城	1.36
2	大河口	0.36	24	榛子镇	0.82	46	宽城	1.33
3	南土岭	2.45	25	漫水河	1.86	47	土门子	1.26
4	丰镇	1.72	26	石佛口	1.41	48	桃林口	1.14
5	青白口	0.97	27	杨家营	0.37	49	大阁	1.28
6	围场	1.86	28	李家选	0.50	50	戴营	2.36
7	边墙山	1.57	29	富贵庄	0.50	51	下会	1.96
8	豆罗桥	1.81	30	峪河口	1.40	52	下堡	2.01
9	芦庄	0.89	31	口头	0.31	53	三道营	1.05
10	王家会	1.06	32	峪门口	2.35	54	张家坟	2.32
11	会里	1.76	33	泥河	1.54	55	三河	0.89
12	寺坪	0.35	34	水平口	0.61	56	罗庄	0.80
13	马村	0.41	35	蓝旗营	0.46	57	西朱庄	1.70
14	阳泉	1.08	36	罗庄子	0.63	58	孤山	1.82
15	平泉	1.29	37	蔡家庄	1.58	59	观音堂	1.90
16	石门	2.18	38	冷口	0.62	60	固定桥	1.45
17	刘家坪	0.16	39	崖口	1.78	61	钱家沙洼	1.31
18	北张店	0.82	40	沟台子	1.48	62	兴和	1.92
19	石栈道	1.32	41	波罗诺	1.78	63	柴沟堡(东)	2.52
20	王岸	1.16	42	下河南	2.60	64	柴沟堡(南)	1.16
21	唐山	0.54	43	韩家营	2.33	65	张家口	1.62
22	赵家港	2.76	44	承德	0.84	66	响水堡	1.63

5.2.3　人类活动对流域径流的影响

基于海河上游山区 66 个流域水文站的逐年径流值，对其求平均，得到研究区 1957～2000 年共 44 年的区域逐年径流数据；基于区域内及周围约 50 个国家气象站的逐年降水量数据，平均得到该区同观测期(1957～2000 年)内的逐年降水量数据。对降水和径流 2 个序列变量进行双累积曲线分析，结果如图 5-19 所示。

从图 5-19 中可以看出，累积降水量与累积径流量之间的相关关系以 1979 年为界分为明显的两个阶段，其拟合直线的斜率在 1979 年发生明显的变化，这表明，人类活动在该时段开始对流域径流有明显的影响，其偏离点与原拟合直线的延长线的距离表示了人类活动干扰的程度，因此以 1979 年为界，将研究时段划分为基准期(1957～1979 年)和变化期(1980～2000 年)。

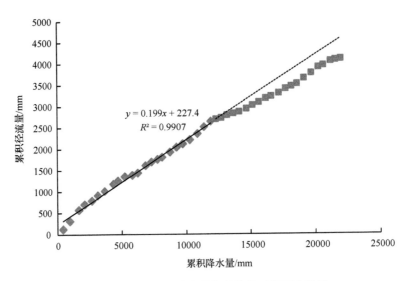

图 5-19　海河山区降水量与径流量双累积曲线图

从图 5-19 中可以看出，基准期累积降水量 $\sum P$ 与累积径流量 $\sum Q$ 之间的拟合直线回归方程为 $\sum Q = 0.199\sum P + 227.49$，方程决定系数 R^2 为 0.9907，观测年数 N 为 44 年，统计检验达到了 0.001 置信水平。

将变化期的累积降水量代入拟合方程中，得到模拟累积径流量，并反推变化期模拟逐年径流量 Q'，图 5-20 反映了变化期逐年实测径流量与模拟径流量的对比，结果表明，变化期 (1980~2000 年) 实测年平均径流量为 67.05mm，模拟年平均径流量为 97.92mm，由此可知，人类活动导致的径流变化量 ΔQ_{human} 为 30.87mm。

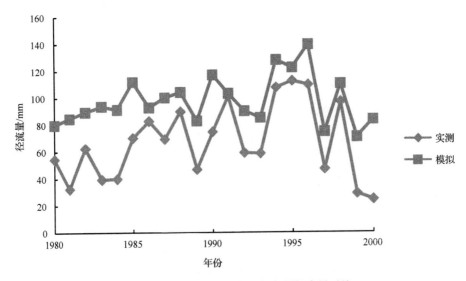

图 5-20　研究区模拟径流量与实测径流量对比

5.2.4　不同土地利用类型对流域径流的影响

1. 多年平均水量平衡模型

多年平均水量平衡模型由孙阁教授于 2005 年构建，该模型假定中尺度流域，流域年径流量(Y)为流域输入项降水量(P)与流域输出项实际年蒸散发(AET)的差值，公式可表达为

$$Y=P-\text{AET}+\Delta S \tag{5-38}$$

式中，降水量 P 为流域降水量多年平均值(mm)；ΔS 为流域土壤蓄水量的变化，根据相关研究，当研究时间序列大于 10 年时，$\Delta S \approx 0$；实际年蒸散发计算主要采用 Zhang (2001) 提出的流域实际平均年蒸散发计算公式，该计算方法已在全球不同气候区 250 个流域进行了水文数据验证，具体公式为

$$\frac{\text{AET}}{P}=\frac{1+\omega\dfrac{\text{PET}}{P}}{1+\omega\dfrac{\text{PET}}{P}+\dfrac{P}{\text{PET}}} \tag{5-39}$$

式中，PET 为潜在年蒸散发量(mm)；ω 为与土地覆被、土壤等下垫面性质相关的参数，可表征不同植被类型对土壤水的可利用程度。Zhang 根据全球 250 个流域水文及土地利用资料确定耕地 ω 为 0.5，而林地 ω 为 2.0，城市建设用地 ω 为 0。本研究针对半城子流域和红门川流域，参考本研究团内前期研究成果(赵阳和余新晓，2013；郑江坤，2013)，耕地、林地、草地 ω 值分别为 1.5、2.8、1.5，而建设用地和水域用水系数 ω 为 0。

针对多种土地利用类型组成的流域，流域实际年均蒸散发计算公式表达为

$$\text{AET}=\sum_{i=1}^{n}(\text{AET}_i \times f_i) \tag{5-40}$$

式中，f_i 为不同土地覆被类型(包括林地、草地、耕地、水域等)所占面积比例。

2. 不同土地利用类型变化对流域径流的影响分析

计算不同土地利用类型变化对流域径流的影响是当前生态水文界关心的热点问题，林地作为半城子流域和红门川流域最重要的土地利用方式，占流域总面积的 87% 以上，如何从土地利用变化中分离出林地面积变化对流域产水量的影响对深刻了解华北土石山区林水关系有重要指导意义。本节在前面基础之上，就森林植被对地表径流的影响展开研究。根据多年平均水量平衡模型计算不同植被类型皆伐后流域径流变化，具体方法为将林地用水系数 ω 值从 2.8 调整为 0，模拟流域森林皆伐后的流域还原径流深，计算结果见表 5-11。

由表 5-11 可知，半城子流域不同时间段内森林皆伐减少径流效果不同。首先，1995～1999 年时间段内减流效果最为明显，平均达到 83.21%。一方面与相同时段内流域森林面

积的大幅增加有关，根据半城子流域土地利用变化分析结果可知，1995 年较 1990 年流
域森林面积增加 76.87hm²，增长幅度 1.22%，为研究时段各期土地利用类型增幅最高；
另一方面与森林结构变化密切相关，根据野外调查，流域内分布的主要树种——侧柏营
造时间集中在 20 世纪 80 年代中期，油松林则集中营造在 20 世纪 60 年代中后期，按照
林龄组划分标准，侧柏林应为中龄林阶段，而油松则应处于近熟林或成熟林阶段，而此
阶段的侧柏油松林水源涵养功能相对其他阶段较强，故该时段森林对流域产水量的影响
较大。其次为 2000～2004 年时间段，森林减少径流百分比达到 80.10%。减流效果最小
的时间段出现在 2005～2011 年时间段内，森林减流效果为 74.31%，这一方面与本时段
内林龄结构有关，该时段林龄下的林分水源涵养功能相对较低，另一方面与近年来人类
活动干扰强度增大密切相关，道路等线性工程的实施对流域径流造成重要影响，此外，
降水减少及极端降水的增多均会对森林水文效应的发挥造成影响。综合半城子流域不同
阶段森林减少径流量可以发现，流域森林植被多年减流贡献率达到 79.12%。

表 5-11　森林皆伐对流域径流的影响

流域	时间段/年	实测径流深/mm	皆伐后径流深/mm	皆伐后增加径流深/mm	森林减少径流百分比/%
半城子域	1989～1994	201.24	402.20	317.21	78.87
	1995～1999	78.82	211.08	175.64	83.21
	2000～2004	20.93	142.66	114.27	80.10
	2005～2011	28.06	163.63	121.60	74.31
平均值	—	82.26	229.89	182.18	79.12
红门川流域	1989～1994	180.89	289.45	108.56	37.51
	1995～1999	176.64	252.03	75.39	29.91
	2000～2004	38.80	116.06	77.26	66.57
	2005～2009	58.34	161.18	102.84	63.80
平均值	—	113.67	204.68	91.01	44.46

　　红门川流域森林减少径流百分比例与半城子流域情况有所区别。由表 5-11 可知，该
流域不同时段，森林皆伐后，平均增加径流深达到 91.01mm，不同时段内森林减少径流
平均百分比仅为 44.46%。其中，流域森林减少径流百分比最大时间段出现在 2000 年以
后，而 1989～2000 年森林减少径流百分比则相对较小。根据野外调查，流域森林覆被面
积在研究时段内虽然呈现减少趋势，20 年间累积减少 172.21hm²，但主要表现为灌木林
地的大量减少，针叶林及混交林面积的大量增加。据统计，1990～2010 年，红门川流域
灌木林地减少 1027.12hm²，针叶林和混交林则分别增加 312.3hm² 和 697.93hm²。尤其是
1995 年后混交林等林分类型面积大幅增加，随着林龄、林冠面积的增大及林内枯枝落叶
层储量的不断增多，流域森林植被涵养水源功能不断提高，导致 2005 年以后流域森林减
少径流平均百分比有所增加，进而导致流域产水量有所减少。

　　参照林地皆伐原理，分别将耕地与草地 ω 值从 1.5 改为 0，其他土地利用类型 ω 值
不变，计算耕地与草地分离后的径流深，并结合表 5-11 共同探讨林地、耕地和草地等土

地利用类型对流域产水量的影响。鉴于建设用地 ω 值为 0，水域面积在两个流域各年份所占面积比例小，对流域产生量影响较弱，故本研究并未对这两种土地利用的影响进行统计分析，并利用耕地、草地和林地分离后的径流深和实际径流深的差值导出每种土地利用类型对径流深的影响。然后加权计算出耕地、草地和林地在土地利用对径流变化的影响中所占比例。耕地、草地和林地分离后的流域径流深及其各自贡献率见表 5-12。

表 5-12　流域主要土地覆被类型分离后径流深度变化

流域	年份	径流实测值/mm	耕地		草地		林地	
			皆伐后径流深/mm	贡献率/%	皆伐后径流深/mm	贡献率/%	皆伐后径流深/mm	贡献率/%
半城子流域	1989~1994	201.24	216.47	6.42	222.31	8.88	402.24	84.70
	1995~1999	78.82	92.38	8.39	94.13	9.47	211.58	82.14
	2000~2004	20.93	34.96	9.00	41.14	12.96	142.66	78.05
	2005~2011	28.06	42.08	8.30	47.35	11.42	163.63	80.28
平均值	—	82.26	96.47	8.03	101.23	10.68	230.03	81.29
红门川流域	1989~1994	180.89	191.18	7.37	201.68	14.89	289.45	77.74
	1995~1999	176.64	186.84	9.62	197.08	19.28	252.03	71.10
	2000~2004	38.80	48.96	9.44	59.04	18.80	116.06	71.76
	2005~2009	59.34	69.64	7.77	79.70	15.37	161.18	76.86
平均值	—	113.92	124.16	8.55	134.38	17.08	204.68	74.37

由表 5-12 知，半城子和红门川流域林地对径流的影响最大，所占比例平均达到 77.83%。其中半城子流域研究时段内林地面积变化对流域径流变化的影响贡献率平均达到 81.29%，草地面积变化对流域径流变化的影响贡献率平均达到 10.68%，耕地对流域年径流变化影响贡献率则仅为 8.03%；红门川流域研究时段内林地面积变化对流域径流变化的影响贡献率平均达到 74.37%，草地面积变化对流域径流变化的影响贡献率平均达到 17.08%，耕地对流域年径流变化影响贡献率则仅为 8.55%。

5.3　流域径流变化驱动力差异分析

5.3.1　气候变化影响差异分析

半城子流域气候变化对流域径流减少的影响贡献率为 80.24%，而红门川流域仅为 43%。气候年际波动对两个研究流域径流的影响表现出一定的差异性，其中，气候变化对半城子流域径流减少的影响较红门川流域更为明显，一方面与半城子流域降水减少趋势更为明显有关，半城子流域降水量年际变化拟合线性方程斜率为 –10.15mm/a，Mann-Kendall 趋势检验值 Z 为 –1.56，而红门川流域降水量年际变化拟合线性方程斜率为 –1.71mm/a，Mann-Kendall 趋势检验值 Z 仅为 –0.09，说明半城子流域降水减少趋势较红门川流域更为显著。

从流域产流性降水年际变化统计结果看，半城子流域产流性降水多年间平均占流域降水量的 43.16%，Mann-Kendall 年际产流性降水量趋势检验值 $Z=-1.48$，而红门川流域产流性降水多年间平均占流域降水量的 43.37%，Mann-Kendall 趋势检验 $Z=-1.30$，说明虽然红门川流域年产流性降水占降水比例较半城子流域更大，产流性降水作为径流产生的主要驱动因素，半城子流域产流性降水下降趋势相对更为明显，在一定程度上说明半城子流域降水等气候要素变化对流域径流变化的影响更为明显。

此外，通过径流对气候变化敏感性分析可知，半城子流域径流对降水和潜在蒸散发变化敏感性更强。其中，半城子流域降水每增加 1%，可以引起该流域径流增加 0.29%，而红门川流域仅为 0.21%，相比减少 28.57%；半城子流域年潜在蒸散发每增加 1%，则半城子流域年径流相应减少 0.09%，而红门川流域仅为 0.05%。综合说明降水及温度波动变化对半城子流域径流产生造成的影响更大。

5.3.2　土地利用变化影响差异分析

基于分离评判原理的水文分析法计算土地利用变化对径流的影响表明，半城子流域土地利用变化对流域径流减少的贡献率仅为 19.76%，而红门川流域土地利用变化对流域产水量的影响贡献率占到 57%。以土地利用变化为代表的人类活动对 2 个流域径流影响存在较大差异，考虑与 2 个研究流域土地覆被变化特征及人类活动强度大小密切相关。

林地作为 2 个研究流域主要的景观基质，其年际变化特征差异会对 2 个流域径流变化产生重要影响。由前面可知，2 个流域森林覆被率均呈增加趋势，其中，半城子流域森林覆被率研究时段内增加 1.72%，红门川流域森林覆被率研究时段内增加 1.35%，但由 5.2.2 和 5.2.3 小节可知，红门川流域森林生物量和单位面积森林生物量年际间增加趋势均较半城子流域增加趋势更为显著，从森林生物量增加利于增加林冠截流角度而言，红门川流域森林年际变化对流域径流形成的间接影响可能更大，这也是造成森林等土地利用变化对红门川流域径流减少影响更大的原因所在。

就人口消耗水资源角度而言，半城子流域行政面积较小，区域范围内人口数量较少，据密云县统计年鉴可知，1990 年半城子流域范围内所涉及的半城子、史庄子等 6 个主要村庄常住人口为 4623 人，2000 年则减少为 3675 人，10 年间常住人口减少 20.50%，而红门川流域 1990 年所涉及的大城子等 17 个村庄人口总计 12057 人，2000 年人口有所减少，为 10681 人，10 年间减少 11.41%。以北京 1990～2000 年人均日用水量增加 30%计算，半城子流域 2000 年人口水资源消耗量则仅比 1990 年增长 3.34%，而红门川流域 2000 年人口水资源消耗量则比 1990 年增长 15.16%，在一定程度上说明了红门川流域人类活动对流域产水量的影响更大。

5.4　流域洪水总量影响因素分析

5.4.1　海河流域上游山区各类洪水总量

海河流域上游山区的 66 个研究流域中，有 38 个流域有较长历时的洪水总量数据，基于各流域 W_1、W_3、W_7、W_{15} 和 W_{30} 逐年数据，各流域多年平均洪水总量及序列历时如表 5-13 所示。

表 5-13　研究区各流域洪水总量(mm)及序列年限

序号	流域名	W_1	W_3	W_7	W_{15}	W_{30}	序列年份
1	青白口	0.60	2.57	5.04	8.23	11.31	1973～1991
2	围场	1.91	5.47	7.30	10.88	16.25	1971～1991
3	边墙山	3.40	6.45	8.44	17.54	16.36	1971～1991
4	平泉	3.92	8.71	13.13	21.46	22.35	1971～1991
5	唐山	4.31	12.02	18.54	31.12	48.07	1971～1991
6	赵家港	1.17	1.64	2.43	3.28	5.16	1980～1985
7	李营	10.50	32.45	45.37	65.47	93.67	1971～1991
8	榛子镇	0.18	17.65	20.03	30.53	44.48	1971～1981
9	石佛口	3.88	17.22	24.33	37.15	52.52	1971～1991
10	杨家营	0.34	24.91	34.61	54.20	75.72	1971～1981
11	富贵庄	18.78	40.39	61.73	92.81	116.02	1976～1981
12	口头	5.99	24.70	35.69	51.17	68.73	1971～1991
13	峪门口	15.03	95.34	126.30	162.45	214.64	1971～1981
14	水平口	5.36	28.16	43.14	61.12	87.17	1971～1991
15	蓝旗营	12.41	42.22	58.65	80.67	110.06	1971～1991
16	罗庄子	16.07	40.89	56.17	83.83	113.87	1974～1991
17	冷口	12.51	33.57	45.69	66.18	91.52	1971～1991
18	沟台子	0.91	2.24	3.74	5.91	9.28	1971～1991
19	波罗诺	1.61	6.32	9.03	13.61	19.36	1971～1991
20	下河南	1.50	4.39	5.94	8.43	12.73	1971～1991
21	韩家营	1.22	4.60	6.52	9.60	14.27	1971～1991
22	承德	2.80	9.44	14.83	21.62	32.82	1971～1991
23	下板城	3.22	8.03	11.74	19.37	28.04	1971～1991
24	宽城	3.93	12.89	19.69	28.83	42.46	1974～1991
25	土门子	5.71	13.86	21.20	31.44	43.74	1971～1991
26	桃林口	7.72	23.09	32.71	47.09	64.02	1971～1991
27	大阁	1.32	3.86	6.23	9.75	12.99	1971～1991
28	戴营	3.13	8.11	12.04	17.21	23.37	1971～1991
29	下会	2.23	4.96	7.79	11.17	15.79	1976～1991
30	下堡	0.88	2.08	3.50	5.46	8.01	1971～1991
31	三道营	1.44	6.13	10.53	16.24	23.77	1971～1991
32	张家坟	1.91	5.36	8.69	13.23	18.57	1971～1991
33	三河	2.80	9.51	14.83	23.41	33.87	1972～1991
34	钱家沙洼	0.51	1.05	1.81	2.88	4.46	1971～1991
35	柴沟堡(东)	0.96	3.09	4.91	6.61	8.91	1971～1991
36	柴沟堡(南)	0.76	3.12	4.17	5.97	8.37	1971～1991
37	张家口	1.28	2.74	3.80	5.50	7.72	1971～1991
38	响水堡	0.42	1.48	2.22	3.38	5.09	1971～1991

5.4.2　各类影响因子对流域洪水总量的影响

1. 流域形态因子对洪水总量的影响

1) 相关性分析

分别选取流域面积(A)、流域周长(Peri)、圆比率系数(C，由 $4\pi A/\mathrm{Peri}^2$ 计算而得)、河流总长度(SL)、河网密度(DD)等指数来反映流域形态因子。采用多元线性回归分析方法计算流域 W_1、W_3、W_7、W_{15} 和 W_{30} 与上述形态因子的相关性，结果如表 5-14 所示。

表 5-14　各洪水总量与流域形态因子之间的相关性

	W_1	W_3	W_7	W_{15}	W_{30}	A	Peri	C	SL	DD
W_1	1									
W_3	0.828**	1								
W_7	0.848**	0.997**	1							
W_{15}	0.870**	0.991**	0.996**	1						
W_{30}	0.859**	0.989**	0.994**	0.998**	1					
A	−0.329*	−0.362*	−0.366*	−0.391*	−0.392*	1				
Peri	−0.401*	−0.458**	−0.46**	−0.487**	−0.484**	0.958**	1			
C	0.452**	0.495**	0.498**	0.499**	0.482**	−0.291*	−0.427**	1		
SL	−0.411*	−0.477**	−0.48**	−0.509**	−0.506**	0.875**	0.946**	−0.391**	1	
DD	0.164	0.306	0.291	0.304	0.303	−0.511**	−0.598**	−0.139	−0.592**	1

*在 0.05 水平上显著；**在 0.01 水平上显著。

从表 5-14 中可以看出，流域 W_1、W_3、W_7、W_{15} 和 W_{30} 与流域形态因子表现出一致的相关性。五种洪水总量均与 A 呈明显的负相关关系，在 0.05 水平上显著；与 Peri 也呈明显的负相关关系，除 W_1 在 0.05 水平上显著外，其余均在 0.01 水平上显著；与 C 呈明显的正相关关系，均在 0.01 水平上显著；与 SL 呈明显的负相关关系，W_1 与 SL 在 0.05 水平上显著，而 W_3、W_7、W_{15} 和 W_{30} 与 SL 均在 0.01 水平上显著；5 种洪水总量均与 DD 显著性不明显。

相关性分析结果表明，A 越大、Peri 越长、SL 越长，越不利于流域径流的汇集，洪水总量越小。流域圆比率系数 C 是 $4\pi A$ 和 Peri^2 的比值，C 值越接近 1，说明流域的性状越接近于圆形，越有利于径流的汇集，W 越大；C 值越小，流域性状越狭长，流域径流越平缓，洪水总量越小。而本研究的相关性也表明流域洪水总量与 C 值呈显著的正相关关系，C 值越大，流域洪水总量越大。

2) 线性回归分析

基于各类洪水总量与各流域特征因子，利用 SPSS18 软件对以上数据进行多元线性回归，对得到的拟合方程进行标准化，得到标准化线性拟合方程为

$$W_1 = -0.056A + 0.241\mathrm{Peri} + 0.401C - 0.393\mathrm{SL} + 0.083\mathrm{DD}, \quad R^2 = 0.278, \quad n = 38 \qquad (5\text{-}41)$$

$$W_3 = -0.594A + 1.275\mathrm{Peri} + 0.7C - 0.569\mathrm{SL} + 0.527\mathrm{DD}, \quad R^2 = 0.410, \quad n = 38 \qquad (5\text{-}42)$$

$$W_7 = -0.575A + 1.251\text{Peri} + 0.681C - 0.604\text{SL} + 0.482\text{DD}, \quad R^2 = 0.404, \quad n = 38 \quad (5\text{-}43)$$

$$W_{15} = -0.421A + 1.004\text{Peri} + 0.617C - 0.603\text{SL} + 0.410\text{DD}, \quad R^2 = 0.415, \quad n = 38 \quad (5\text{-}44)$$

$$W_{30} = -0.431A + 1.001\text{Peri} + 0.594C - 0.606\text{SL} + 0.396\text{DD}, \quad R^2 = 0.397, \quad n = 38 \quad (5\text{-}45)$$

由标准回归系数可得不同流域形态因子对各类洪水总量的贡献率，如表 5-15 所示。

表 5-15　不同流域形态因子对各类洪水总量的贡献率(%)

	W_1	W_3	W_7	W_{15}	W_{30}
A	4.77	16.21	16.00	13.78	14.23
Peri	20.53	34.79	34.82	32.86	33.06
C	34.16	19.10	18.95	20.20	19.62
SL	33.48	15.53	16.81	19.74	20.01
DD	7.07	14.38	13.41	13.42	13.08

从表 5-15 中可以看出，在 5 个流域形态因子中，对 W_1 影响的贡献率较大的为流域圆比率系数 C 和河流长度 SL，可达 33%～35%；对 W_3、W_7、W_{15} 和 W_{30} 影响的贡献率较大的均为流域周长 Peri，贡献率可达 32%～35%。

2. 流域地形因子对洪水总量的影响

1) 相关性分析

分别选取流域平均坡度(S)、流域最小高程($H_{\min}$)、流域最大高程($H_{\max}$)、高程差(HD，由公式 $H_{\min} - H_{\max}$ 计算而得)、流域平均高程(H_{mean})、高程积[HI，由 $(H_{\text{mean}} - H_{\min})/(H_{\max} - H_{\min})$ 计算而得]、高差比[RR，由公式 $(H_{\text{mean}} - H_{\min})/A$ 计算而得]等指数来反映流域地形因子。采用多元线性回归分析方法计算流域 W_1、W_3、W_7、W_{15} 和 W_{30} 与上述地形因子的相关性，结果如表 5-16 所示。

表 5-16　各洪水总量与流域地形因子之间的相关性

	W_1	W_3	W_7	W_{15}	W_{30}	S	$H_{\max}$	$H_{\min}$	HD	H_{mean}	HI	RR
W_1	1											
W_3	0.828**	1										
W_7	0.848**	0.997**	1									
W_{15}	0.870**	0.991**	0.996**	1								
W_{30}	0.859**	0.989**	0.994**	0.998**	1							
S	0.071	0.084	0.078	0.049	0.045	1						
$H_{\max}$	−0.338**	−0.398**	−0.403**	−0.440**	−0.446**	0.474**	1					
$H_{\min}$	−0.418**	−0.479**	−0.496**	−0.520**	−0.539**	−0.055	0.653**	1				
HD	−0.200	−0.243	−0.240	−0.274	−0.271	0.674**	0.739**	−0.028	1			
H_{mean}	−0.471**	−0.528**	−0.542**	−0.578**	−0.591**	0.251**	0.892**	0.887**	0.388**	1		
HI	−0.575**	−0.589**	−0.611**	−0.653**	−0.660**	0.247**	0.375**	0.333**	0.198	0.554**	1	
RR	0.516**	0.779**	0.764**	0.756**	0.748**	0.508**	−0.173	−0.188	−0.062	−0.194	−0.094	1

*在 0.05 水平上显著；**在 0.01 水平上显著。

从表 5-16 中可以看出，W_1、W_3、W_7、W_{15} 和 W_{30} 与流域地形因子表现出一致的相关性。相关性分析结果表明，5 类洪水总量与 S 呈正相关关系，但相关性不好，相关系数较小；与 H_{max} 呈明显的负相关关系，在 0.01 水平上显著；与 H_{min} 呈明显的负相关关系，均在 0.01 水平上显著；与 HD 呈负相关关系，但相关性不好，相关系数较小；与 H_{mean} 呈明显的负相关关系，在 0.01 水平上显著；与 HI 呈明显的负相关关系，在 0.01 水平上显著；与 RR 呈明显的正相关关系，在 0.01 水平上显著。分析结果表明，在高程较小但高差比较大的流域，越利于流域径流的汇集，其流域洪水总量越大。

2）线性回归分析

对各类流域洪水总量与 7 个流域地形因子进行线性回归分析，得到标准化线性回归方程为

$$W_1= 0.195S+0.301H_{min}+0.112HD-0.651H_{mean}-0.27HI+0.185RR，R^2=0.423，n=38 \quad (5\text{-}46)$$

$$W_3= -0.183S+0.046H_{min}+0.256HD-0.268H_{mean}-0.121HI+0.763RR，R^2=0.686，n=38 \quad (5\text{-}47)$$

$$W_7= -0.164S+0.012H_{min}+0.233HD-0.236H_{mean}-0.162HI+0.691RR，R^2=0.680，n=38 \quad (5\text{-}48)$$

$$W_{15}= -0.118S-0.099H_{min}+0.092HD-0.064H_{mean}-0.257HI+0.624RR，R^2=0.697，n=38 \quad (5\text{-}49)$$

$$W_{30}= -0.116S-0.061H_{min}+0.142HD-0.164H_{mean}-0.239HI+0.607RR，R^2=0.698，n=38 \quad (5\text{-}50)$$

线性回归结果表明，H_{max} 没有被纳入方程中，被排除。通过各回归方程的标准化系数计算而得各地形因子影响的贡献率如表 5-17 所示。

表 5-17　不同流域地形因子对各类洪水总量的贡献率（%）

	W_1	W_3	W_7	W_{15}	W_{30}
S	11.38	11.18	10.95	9.41	8.73
H_{min}	17.56	2.81	0.80	7.89	4.59
HD	6.53	15.64	15.55	7.34	10.68
H_{mean}	37.98	16.37	15.75	5.10	12.34
HI	15.75	7.39	10.81	20.49	17.98
RR	10.79	46.61	46.13	49.76	45.67

从表 5-17 中可以看出，在进入回归方程的 6 个地形因子中，对 W_1 影响的贡献率较大的为 H_{mean}，贡献率可达 37.98%；而对 W_3、W_7、W_{15} 和 W_{30} 洪水总量影响的贡献率较大的均为流域高差比 RR，贡献率可达 45%～50%。

3. 降水因子对洪水总量的影响

1）相关性分析

本研究选取流域多年平均降水量（MAP）、降水集中指数（PCI）和修正的 Fournier 指数（MF）等指数来反映流域降水因子，W_1、W_3、W_7、W_{15} 和 W_{30} 与上述降水因子的相关性

分析结果如表 5-18 所示。

表 5-18　各洪水总量与流域降水因子之间的相关性

	W_1	W_3	W_7	W_{15}	W_{30}	MAP	PCI	MF
W_1	1							
W_3	0.828**	1						
W_7	0.848**	0.997**	1					
W_{15}	0.870**	0.991**	0.996**	1				
W_{30}	0.859**	0.989**	0.994**	0.998**	1			
MAP	0.655**	0.660**	0.677**	0.703**	0.720**	1		
PCI	0.040	0.038	0.048	0.070	0.069	−0.217	1	
MF	0.494**	0.497**	0.517**	0.554**	0.567**	0.615**	0.618**	1

**在 0.01 水平上显著。

从表 5-18 中可以看出,5 类洪水总量与 MAP 呈明显的正相关关系,在 0.01 水平上显著;与 PCI 呈正相关关系,但相关性不好,相关系数较小;与 MF 呈明显的正相关关系,在 0.01 水平上显著。

MF 反映了年降水量在各月的分配情况,相关性分析结果表明,降水量越丰富、年降水量在各月的分配越集中的流域,其洪水总量越大。

2) 线性回归分析

对各类流域 W 与 3 个流域降水因子进行线性回归分析,得到标准化线性回归方程为

$$W_1=1.047\text{MAP}+0.482\text{PCI}-0.539\text{MF}, \quad R^2=0.439, \quad n=38 \tag{5-51}$$

$$W_3=0.981\text{MAP}+0.407\text{PCI}-0.439\text{MF}, \quad R^2=0.445, \quad n=38 \tag{5-52}$$

$$W_7=0.936\text{MAP}+0.354\text{PCI}-0.353\text{MF}, \quad R^2=0.468, \quad n=38 \tag{5-53}$$

$$W_{15}=0.874\text{MAP}+0.286\text{PCI}-0.229\text{MF}, \quad R^2=0.508, \quad n=38 \tag{5-54}$$

$$W_{30}=0.788\text{MAP}+0.179\text{PCI}-0.083\text{MF}, \quad R^2=0.533, \quad n=38 \tag{5-55}$$

通过各回归方程的标准化系数计算而得各降水因子影响的贡献率如表 5-19 所示。

表 5-19　不同流域降水因子对各类洪水总量的贡献率

	W_1	W_3	W_7	W_{15}	W_{30}
MAP	50.63%	53.69%	56.97%	62.92%	75.05%
PCI	23.31%	22.28%	21.55%	20.59%	17.05%
MF	26.06%	24.03%	21.49%	16.49%	7.90%

从表 5-19 中可以看出,在 3 个流域降水因子中,对各洪水总量影响的贡献率较大的均为多年平均降水量 MAP,其贡献率可达 50%~75%。

4. 土地利用对洪水总量的影响

1) 相关性分析

研究区海河上游山区主要有 6 类土地利用类型, 即林地、草地、耕地、未利用土地、城市建设用地及水域, 基于 6 种土地利用类型的覆被率 (f_{forest}、f_{grass}、f_{crop}、f_{bare}、f_{urban}、f_{water}), W_1、W_3、W_7、W_{15} 和 W_{30} 与上述土地利用因子的相关性分析结果如表 5-20 所示。

表 5-20　各洪水总量与流域土地利用因子之间的相关性

	W_1	W_3	W_7	W_{15}	W_{30}	f_{forest}	f_{grass}	f_{crop}	f_{bare}	f_{urban}	f_{water}
W_1	1										
W_3	0.828**	1									
W_7	0.848**	0.997**	1								
W_{15}	0.870**	0.991**	0.996**	1							
W_{30}	0.859**	0.989**	0.994**	0.998**	1						
f_{forest}	−0.295	−0.273	−0.281	−0.271	−0.276	1					
f_{grass}	−0.192	−0.222	−0.237	−0.259	−0.264	−0.386**	1				
f_{crop}	−0.216	−0.187	−0.188	−0.169	−0.175	−0.805**	−0.218	1			
f_{bare}	−0.214	−0.203	−0.212	−0.217	−0.218	−0.256**	−0.053	0.208	1		
f_{urban}	0.052	0.002	0.006	0.038	0.059	−0.516**	−0.367**	0.710**	0.168	1	
f_{water}	−0.053	−0.180	−0.160	0.138	−0.149	−0.154**	−0.275*	0.322**	−0.100	0.355**	1

*在 0.05 水平上显著；**在 0.01 水平上显著。

从表 5-20 中可以看出, 土地利用因子与洪水总量的相关性较差, 各类土地利用类型的覆盖率与洪水总量的相关性均未达到 0.05 水平上的显著。林地、草地、耕地与未利用土地的覆盖率与各类洪水总量均呈负相关关系, 城市建设用地覆盖率与洪水总量呈一定的正相关关系。这表明, 森林植被越丰富、覆被率越高的流域, W 越小；城市建设用地覆盖率越高, 洪水总量越高。

2) 线性回归分析

对各类流域洪水总量与 6 个流域土地利用因子进行线性回归分析, 得到标准化线性回归方程为

$$W_1 = -14.269 f_{forest} - 7.415 f_{grass} - 12.109 f_{crop} - 1.654 f_{bare} - 2.461 f_{urban} - 0.56 f_{water}, \quad R^2 = 0.342, \quad n = 38 \tag{5-56}$$

$$W_3 = -21.723 f_{forest} - 11.168 f_{grass} - 18.293 f_{crop} - 2.438 f_{bare} - 3.701 f_{urban} - 0.973 f_{water}, \quad R^2 = 0.642, \quad n = 38 \tag{5-57}$$

$$W_7 = -20.97 f_{forest} - 10.802 f_{grass} - 17.679 f_{crop} - 2.37 f_{bare} - 3.558 f_{urban} - 0.93 f_{water}, \quad R^2 = 0.619, \quad n = 38 \tag{5-58}$$

$$W_{15}=-19.714f_{\text{forest}}-10.182f_{\text{grass}}-16.64f_{\text{crop}}-2.258f_{\text{bare}}-3.303f_{\text{urban}}-0.878f_{\text{water}}, \quad R^2=0.582, \quad n=38 \tag{5-59}$$

$$W_{30}=-19.158f_{\text{forest}}-9.886f_{\text{grass}}-16.23f_{\text{crop}}-2.208f_{\text{bare}}-3.129f_{\text{urban}}-0.878f_{\text{water}}, \quad R^2=0.586, \quad n=38 \tag{5-60}$$

通过各回归方程的标准化系数计算而得各降水因子影响的贡献率如表 5-21 所示。

表 5-21　不同流域土地利用因子对各类洪水总量的贡献率

	W_1	W_3	W_7	W_{15}	W_{30}
f_{forest}	37.09%	37.26%	37.24%	37.21%	37.21%
f_{grass}	19.28%	19.16%	19.18%	19.22%	19.20%
f_{crop}	31.48%	31.38%	31.40%	31.41%	31.52%
f_{bare}	4.30%	4.18%	4.21%	4.26%	4.29%
f_{urban}	6.40%	6.35%	6.32%	6.24%	6.08%
f_{water}	1.46%	1.67%	1.65%	1.66%	1.71%

从表 5-20 中可以看出，在 6 个流域土地利用因子中，对各洪水总量影响的贡献率大小排序均为：$f_{\text{forest}}>f_{\text{crop}}>f_{\text{grass}}>f_{\text{urban}}>f_{\text{bare}}>f_{\text{water}}$，其中前三种植被类型覆盖率的贡献率要远大于其他三种类型。三种植被类型中，森林覆盖的贡献率最大，为 37% 左右；耕地覆盖的贡献率次之，为 31% 左右；草地覆盖的贡献率最小，为 19% 左右。

5.4.3　流域洪水总量影响因素多元统计分析

1. 流域洪水总量多元回归模型

基于海河上游山区 38 个流域的 W_1、W_3、W_7、W_{15} 和 W_{30} 洪水总量数据，以及流域形态因子、地形因子、降水因子、土地利用因子 4 类共计 20 个影响因素数据，对该两组数据进行多元线性统计分析，得到各洪水总量的拟合线性方程。

1）最大 1 日洪水总量

$$W_1 = F_{\text{morphology}} + F_{\text{topography}} + F_{\text{precipitation}} + F_{\text{land-use}} + 159.285 \tag{5-61}$$

式中，$F_{\text{morphology}}$、$F_{\text{topography}}$、$F_{\text{precipitation}}$、$F_{\text{land-use}}$ 分别为形态、地形、降水和土地利用对 W_1 影响的部分，其表达式分别为

$$F_{\text{morphology}} = 4.98\times10^{-4}A - 0.013\text{Peri} + 7.503C + 0.031\text{SL} + 1.188\text{DD} \tag{5-62}$$

$$F_{\text{topography}} = 0.814S + 0.010H_{\text{min}} - 0.002\text{HD} - 0.004H_{\text{mean}} - 15.152\text{HI} - 0.343\text{RR} \tag{5-63}$$

$$F_{\text{precipitation}} = 0.042\text{MAP} + 0.415\text{PCI} - 0.069\text{MF} \tag{5-64}$$

$$F_{\text{land-use}} = -178.985f_{\text{forest}} - 178.043f_{\text{grass}} - 177.144f_{\text{crop}} - 169.188f_{\text{bare}}$$
$$- 201.243f_{\text{urban}} - 100.483f_{\text{water}}, \quad R^2 = 0.705, \quad n = 38 \tag{5-65}$$

2) 最大 3 日洪水总量

类似 W_1 的拟合方程，对最大 3 日洪水总量 W_3 的拟合方程可表达为

$$W_3 = F_{\text{morphology}} + F_{\text{topography}} + F_{\text{precipitation}} + F_{\text{land-use}} + 177.569 \tag{5-66}$$

式中，

$$F_{\text{morphology}} = -0.002A + 0.034\text{Peri} + 42.817C + 0.124\text{SL} - 160.761\text{DD} \tag{5-67}$$

$$F_{\text{topography}} = 1.413S + 0.074H_{\text{min}} + 0.011\text{HD} - 0.075H_{\text{mean}} + 68.848\text{HI} + 11.819\text{RR} \tag{5-68}$$

$$F_{\text{precipitation}} = 0.033\text{MAP} - 1.674\text{PCI} + 0.194\text{MF} \tag{5-69}$$

$$F_{\text{land-use}} = -223.106 f_{\text{forest}} - 211.545 f_{\text{grass}} - 185.559 f_{\text{crop}} - 250.772 f_{\text{bare}}$$
$$- 248.726 f_{\text{urban}} - 406.201 f_{\text{water}}, \quad R^2 = 0.932, \quad n = 38 \tag{5-70}$$

3) 最大 7 日洪水总量

对最大 7 日洪水总量 W_7 的拟合方程可表达为

$$W_7 = F_{\text{morphology}} + F_{\text{topography}} + F_{\text{precipitation}} + F_{\text{land-use}} + 236.496 \tag{5-71}$$

式中，

$$F_{\text{morphology}} = -0.003A + 0.045\text{Peri} + 57.704C + 0.138\text{SL} - 217.485\text{DD} \tag{5-72}$$

$$F_{\text{topography}} = 0.622S + 0.091H_{\text{min}} + 0.015\text{HD} - 0.092H_{\text{mean}} + 81.99\text{HI} + 15.42\text{RR} \tag{5-73}$$

$$F_{\text{precipitation}} = 0.036\text{MAP} - 2.524\text{PCI} + 0.326\text{MF} \tag{5-74}$$

$$F_{\text{land-use}} = -285.053 f_{\text{forest}} - 276.565 f_{\text{grass}} - 237.951 f_{\text{crop}} - 324.059 f_{\text{bare}}$$
$$- 333.025 f_{\text{urban}} - 475.303 f_{\text{water}}, \quad R^2 = 0.919, \quad n = 38 \tag{5-75}$$

4) 最大 15 日洪水总量

对最大 15 日洪水总量 W_{15} 的拟合方程可表达为

$$W_{15} = F_{\text{morphology}} + F_{\text{topography}} + F_{\text{precipitation}} + F_{\text{land-use}} + 329.074 \tag{5-76}$$

式中，

$$F_{\text{morphology}} = -0.003A + 0.043\text{Peri} + 74.652C + 0.187\text{SL} - 243.381\text{DD} \tag{5-77}$$

$$F_{\text{topography}} = 1.027S + 0.093H_{\text{min}} + 0.007\text{HD} - 0.087H_{\text{mean}} + 48.776\text{HI} + 18.182\text{RR} \tag{5-78}$$

$$F_{\text{precipitation}} = 0.064\text{MAP} - 3.123\text{PCI} + 0.426\text{MF} \tag{5-79}$$

$$F_{\text{land-use}} = -380.002 f_{\text{forest}} - 372.410 f_{\text{grass}} - 324.847 f_{\text{crop}} - 426.279 f_{\text{bare}}$$
$$- 441.996 f_{\text{urban}} - 579.795 f_{\text{water}}, \quad R^2 = 0.919, \quad n = 38 \tag{5-80}$$

5) 最大 30 日洪水总量

对最大 30 日洪水总量 W_{30} 的拟合方程可表达为

$$W_{30} = F_{\text{morphology}} + F_{\text{topography}} + F_{\text{precipitation}} + F_{\text{land-use}} + 181.317 \tag{5-81}$$

式中，

$$F_{\text{morphology}} = -0.004A + 0.063\text{Peri} + 98.413C + 0.281\text{SL} - 357.329\text{DD} \tag{5-82}$$

$$F_{\text{topography}} = 1.785S + 0.144H_{\min} + 0.016\text{HD} - 0.135H_{\text{mean}}$$
$$+ 96.831\text{HI} + 25.795\text{RR} \tag{5-83}$$

$$F_{\text{precipitation}} = 0.065\text{MAP} - 5.298\text{PCI} + 0.739\text{MF} \tag{5-84}$$

$$F_{\text{land-use}} = -246.721 f_{\text{forest}} - 234.607 f_{\text{grass}} - 177.485 f_{\text{crop}} - 347.096 f_{\text{bare}}$$
$$- 232.066 f_{\text{urban}} - 701.431 f_{\text{water}}, \quad R^2 = 0.918, \quad n = 38 \tag{5-85}$$

2. 模型验证分析

参照 3.6 节的分析，本节研究依然采用平均绝对误差(mean absolute error, MAE)、模型效率(model efficiency，ME)、相对均方根误差(relative root mean square error, RRMSE) 3 个参数值来反映模型的模拟效果。

基于上述研究得出的多元统计模型，对研究区 38 个流域的 W_1、W_3、W_7、W_{15} 和 W_{30} 进行模拟，其 3 类模型模拟参数值结果如表 5-22 所示。

表 5-22　各类洪水总量模型模拟效果

	W_1	W_3	W_7	W_{15}	W_{30}
MAE	0.49	0.85	1.64	2.48	3.16
ME	0.79	0.92	0.90	0.93	0.94
RRMSE	0.51	0.35	0.37	0.32	0.32

从表 5-22 中可以看出，5 类洪水总量模拟的绝对误差值 MAE 分别为 0.49、0.85、1.64、2.48、3.16，经计算，该误差值占洪水总量平均值的百分比分别为 12.23%、6.64%、8.84%、8.98%、8.29%，误差较小；模型效率值 ME 分别为 0.79、0.92、0.90、0.93、0.94，W_3、W_7、W_{15}、W_{30} 的模拟效率值均在 0.9 以上，与 1 十分接近；相对均方差值 RRMSE 分别为 0.51、0.35、0.37、0.32、0.32，其值也较小。这些都表明，对 W_1、W_3、W_7、W_{15} 和 W_{30} 这 5 类洪水总量的多元统计模型的模拟结果较好。

就该 5 类 W 的模拟结果间的比较来说，从表 5-22 中可以看出，W_1 与其他 4 类 W 的模拟结果有较大的差异，其 MAE 值仅为 0.49，远小于其他 4 类的 0.85～3.16；ME 值仅为 0.79，远小于其他 4 类的 0.90～0.94；RRMSE 值为 0.51，也远大于其他 4 类的 0.32～0.37；这都表明，对 W_1 的多元统计模型效果要差于其他 4 类洪水总量的统计模型。

图 5-21 表述了研究区 38 个研究流域的各类洪水总量类型的模拟值和实测值的散点图，从各图中可以看出，W_1、W_3、W_7、W_{15}、W_{30} 模拟值与实测值均分布在 $y=x$ 直线附近，这也表明模型模拟结果较好。就 5 种洪水总量类型来看，从图 5-21 中可以看出，W_1 的模拟值与实测值的散点在 $y=x$ 直线附近分布较为分散，其模拟结果要略差于其他 4 类洪水总量类型。

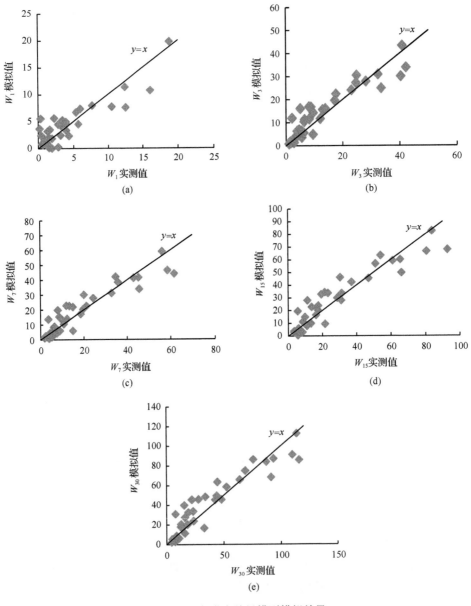

图 5-21　各洪水总量模型模拟结果

3. 各影响因子贡献率分析

1）最大 1 日洪水总量

对研究区 38 个研究流域的最大 1 日洪水总量 W_1 与诸多影响因子进行线性拟合，对拟合系数进行标准化后得到标准化线性拟合方程为

$$W_1 = F'_{\text{morphology}} + F'_{\text{topography}} + F'_{\text{precipitation}} + F'_{\text{land-use}} \tag{5-86}$$

式中，$F'_{\text{morphology}}$、$F'_{\text{topography}}$、$F'_{\text{precipitation}}$、$F'_{\text{land-use}}$ 分别为形态、地形、降水和土地利用对 W 的影响的标准化，其表达式分别为

$$F'_{\text{morphology}} = 0.295A - 0.49\text{Peri} + 0.157C + 0.358\text{SL} + 0.013\text{DD} \tag{5-87}$$

$$F'_{\text{topography}} = 0.211S + 0.598H_{\text{min}} - 0.18\text{HD} - 0.36H_{\text{mean}} - 0.283\text{HI} - 0.1\text{RR} \tag{5-88}$$

$$F'_{\text{precipitation}} = 1.066\text{MAP} + 0.35\text{PCI} - 0.456\text{MF} \tag{5-89}$$

$$F'_{\text{land-use}} = -7.77f_{\text{forest}} - 3.939f_{\text{grass}} - 6.428f_{\text{crop}} - 0.774f_{\text{bare}} \\ -1.588f_{\text{urban}} - 0.195f_{\text{water}}, \quad R^2 = 0.705, \quad n = 38 \tag{5-90}$$

基于模型的标准化系数，得到各影响因素对流域 W_1 的影响程度贡献率如表 5-23 所示。

表 5-23　各影响因子对流域最大 1 日洪水总量的贡献率

形态因子		地形		降水因子		土地利用	
因子	贡献率/%	因子	贡献率/%	因子	贡献率/%	因子	贡献率/%
A	1.15	S	0.82	MAP	4.16	f_{forest}	30.34
Peri	1.91	H_{min}	2.33	PCI	1.37	f_{grass}	15.38
C	0.61	HD	0.70	MF	1.78	f_{crop}	25.10
SL	1.40	H_{mean}	1.41			f_{bare}	3.02
DD	0.05	HI	1.10			f_{urban}	6.20
		RR	0.39			f_{water}	0.76
总和	5.13	总和	6.76	总和	7.31	总和	80.80

从表 5-23 中可以看出，流域形态因子、地形因子、降水因子这 3 类因素的贡献率较为接近，分别为 5.13%、6.76%、7.31%；而土地利用因子影响的贡献率要远大于其他 3 类影响因子，其贡献率可达 80.80%。

形态因子中，A、Peri、SL 等因子的影响较大，而 DD 的贡献率仅为 0.05%，各因子的贡献率大小排序为 Peri＞SL＞A＞C＞DD；在地形因子中，流域高程因子的影响最大，其中最小高程 H_{min} 的贡献率可达 2.33%，而最小的流域高差比 RR 仅为 0.39%，各因子影响贡献率排序为 H_{min}＞H_{mean}＞HI＞S＞HD＞RR；降水因子中，多年平均降水量 MAP 贡献率最大，可达 4.16%，而其他 2 个因子贡献率仅 1.37% 和 1.78%；土地利用因子中，

三种植被类型的贡献率最大,其中,森林覆盖率 f_{forest} 的贡献率为 30.34%,草地覆盖率 f_{grass} 的贡献率为 15.38%,耕地覆盖率 f_{crop} 的贡献率为 25.10%,而其他 3 种土地利用类型的贡献率则要小得多,裸地覆盖率 f_{bare} 的贡献率为 3.02%,城市建设用地覆盖率 f_{urban} 的贡献率为 6.20%,水域覆盖率 f_{water} 的贡献率仅为 0.76%。

2)最大 3 日洪水总量

同理,对研究区 38 个研究流域的最大 3 日洪水总量 W_3 与诸多影响因子进行线性拟合,对拟合系数进行标准化后得到标准化线性拟合方程为

$$W_3 = F'_{morphology} + F'_{topography} + F'_{precipitation} + F'_{land\text{-}use} \tag{5-91}$$

式中, $F'_{morphology}$ 、 $F'_{topography}$ 、 $F'_{precipitation}$ 、 $F'_{land\text{-}use}$ 分别为形态、地形、降水和土地利用对 W_3 的影响的标准化,其表达式分别为

$$F'_{morphology} = -0.347A + 0.345Peri + 0.239C + 0.378SL - 0.481DD \tag{5-92}$$

$$F'_{topography} = 0.098S + 1.16H_{min} + 0.294HD - 1.843H_{mean} - 0.343HI - 0.917RR \tag{5-93}$$

$$F'_{precipitation} = 0.217MAP - 0.375PCI + 0.341MF \tag{5-94}$$

$$F'_{land\text{-}use} = -2.577f_{forest} - 1.246f_{grass} - 1.792f_{crop} - 0.305f_{bare} \\ - 0.522f_{urban} - 0.21f_{water}, \quad R^2 = 0.932, \quad n = 38 \tag{5-95}$$

基于模型的标准化系数,得到各影响因素对流域最大 3 日洪水总量 W_3 的影响程度贡献率如表 5-24 所示。

表 5-24　各影响因子对流域最大 3 日洪水总量的贡献率

形态因子		地形		降水因子		土地利用	
因子	贡献率/%	因子	贡献率/%	因子	贡献率/%	因子	贡献率/%
A	2.47	S	0.70	MAP	1.55	f_{forest}	18.37
Peri	2.46	H_{min}	8.27	PCI	2.67	f_{grass}	8.88
C	1.70	HD	2.10	MF	2.43	f_{crop}	12.77
SL	2.69	H_{mean}	13.14			f_{bare}	2.17
DD	3.43	HI	2.44			f_{urban}	3.72
		RR	6.54			f_{water}	1.50
总和	12.76	总和	33.18	总和	6.65	总和	47.41

从表 5-24 中可以看出,在形态、地形、降水、土地利用 4 类影响因素中,对最大 3 日洪水总量 W_3 影响较大的是地形和土地利用因子,分别为 33.18% 和 47.41%;其次为形态因子,其贡献率为 12.76%;降水因子的影响最小,其贡献率为 6.65%。

形态因子中, A 、Peri、SL、DD 等因子的影响较大,贡献率最大的为河网密度 DD,其贡献率可达 3.43%,贡献率最小的为流域圆比率系数 C ,其贡献率仅为 1.70%,各因子的贡献率大小排序为 DD>SL>A>Peri>C ;在地形因子中,流域高程因子的影响最大,

其中平均高程 H_{mean} 的贡献率可达 13.14%，而最小的流域平均坡度 S 仅为 0.70%，各因子影响贡献率排序为 $H_{\text{mean}} > H_{\text{min}} > \text{RR} > \text{HI} > \text{HD} > S$；降水因子中，多年平均降水量 MAP 贡献率最小，仅 1.55%，而其他 2 个因子贡献率为 2.67% 和 2.43%；土地利用因子中，3 种植被类型的贡献率最大，其中，森林覆盖率 f_{forest} 的贡献率为 18.37%，草地覆盖率 f_{grass} 的贡献率为 8.88%，耕地覆盖率 f_{crop} 的贡献率为 12.77%，而其他 3 种土地利用类型的贡献率则要小得多，裸地覆盖率 f_{bare} 的贡献率为 2.17%，城市建设用地覆盖率 f_{urban} 的贡献率为 3.72%，水域覆盖率 f_{water} 的贡献率仅为 1.50%。

3）最大 7 日洪水总量

对最大 7 日洪水总量 W_7 与诸多影响因子进行线性拟合，对拟合系数进行标准化后得到标准化线性拟合方程为

$$W_7 = F'_{\text{morphology}} + F'_{\text{topography}} + F'_{\text{precipitation}} + F'_{\text{land-use}} \tag{5-96}$$

式中，$F'_{\text{morphology}}$、$F'_{\text{topography}}$、$F'_{\text{precipitation}}$、$F'_{\text{land-use}}$ 分别为形态、地形、降水和土地利用对 W_7 的影响的标准化，其表达式分别为

$$F'_{\text{morphology}} = -0.337A + 0.343\text{Peri} + 0.237C + 0.309\text{SL} - 0.480\text{DD} \tag{5-97}$$

$$F'_{\text{topography}} = 0.032S + 1.045H_{\text{min}} + 0.032\text{HD} - 1.656H_{\text{mean}} - 0.301\text{HI} - 0.883\text{RR} \tag{5-98}$$

$$F'_{\text{precipitation}} = 0.175\text{MAP} - 0.418\text{PCI} + 0.423\text{MF} \tag{5-99}$$

$$\begin{aligned} F'_{\text{land-use}} = &-2.43f_{\text{forest}} - 1.202f_{\text{grass}} - 1.696f_{\text{crop}} - 0.291f_{\text{bare}} \\ &- 0.516f_{\text{urban}} - 0.181f_{\text{water}}, \quad R^2 = 0.919, \quad n = 38 \end{aligned} \tag{5-100}$$

基于模型的标准化系数，得到各影响因素对流域最大 7 日洪水总量 W_7 的影响程度贡献率如表 5-25 所示。

表 5-25　各影响因子对流域最大 7 日洪水总量的贡献率

形态因子		地形		降水因子		土地利用	
因子	贡献率/%	因子	贡献率/%	因子	贡献率/%	因子	贡献率/%
A	2.59	S	0.25	MAP	1.35	f_{forest}	18.71
Peri	2.64	H_{min}	8.05	PCI	3.22	f_{grass}	9.26
C	1.82	HD	0.25	MF	3.26	f_{crop}	13.06
SL	2.38	H_{mean}	12.75			f_{bare}	2.24
DD	3.70	HI	2.32			f_{urban}	3.97
		RR	6.80			f_{water}	1.39
总和	13.14	总和	30.41	总和	7.82	总和	48.63

从表 5-25 中可以看出，在形态、地形、降水、土地利用 4 类影响因素中，对最大 7 日洪水总量 W_7 影响较大的是地形和土地利用因子，分别为 30.41% 和 48.63%；其次为形态因子，其贡献率为 13.14%；降水因子的影响最小，其贡献率为 7.82%。

形态因子中，A、Peri、SL、DD 等因子的影响较大，贡献率最大的为河网密度 DD，其贡献率可达 3.70%，贡献率最小的为流域圆比率系数 C，其贡献率仅为 1.82%，各因子的贡献率大小排序为 DD>Peri>A>SL>C；在地形因子中，流域高程因子的影响最大，其中平均高程 H_{mean} 的贡献率可达 12.75%，而最小的流域平均坡度 S 和高程差仅为 0.25%，各因子影响贡献率排序为 H_{mean}>H_{min}>RR>HI>HD=S；降水因子中，多年平均降水量 MAP 贡献率最小，仅 1.35%，而其他 2 个因子贡献率为 3.22% 和 3.26%；土地利用因子中，3 种植被类型的贡献率最大，其中，森林覆盖率 f_{forest} 的贡献率为 18.71%，草地覆盖率 f_{grass} 的贡献率为 9.26%，耕地覆盖率 f_{crop} 的贡献率为 13.06%，而其他 3 种土地利用类型的贡献率则要小得多，裸地覆盖率 f_{bare} 的贡献率为 2.24%，城市建设用地覆盖率 f_{urban} 的贡献率为 3.97%，水域覆盖率 f_{water} 的贡献率仅为 1.39%。

4）最大 15 日洪水总量

对最大 15 日洪水总量 W_{15} 与诸多影响因子进行线性拟合，对拟合系数进行标准化后得到标准化线性拟合方程为

$$W_{15} = F'_{morphology} + F'_{topography} + F'_{precipitation} + F'_{land\text{-}use} \tag{5-101}$$

式中，$F'_{morphology}$、$F'_{topography}$、$F'_{precipitation}$、$F'_{land\text{-}use}$ 分别为形态、地形、降水和土地利用对 W_{15} 的影响的标准化，其表达式分别为

$$F'_{morphology} = -0.257A + 0.242\text{Peri} + 0.227C + 0.311\text{SL} - 0.397\text{DD} \tag{5-102}$$

$$F'_{topography} = 0.039S + 0.793H_{min} + 0.108\text{HD} - 1.162H_{mean} - 0.133\text{HI} - 0.77\text{RR} \tag{5-103}$$

$$F'_{precipitation} = 0.232\text{MAP} - 0.382\text{PCI} + 0.408\text{MF} \tag{5-104}$$

$$F'_{land\text{-}use} = -2.397f_{forest} - 1.197f_{grass} - 1.713f_{crop} - 0.283f_{bare} \\ - 0.507f_{urban} - 0.164f_{water}, \quad R^2 = 0.919, \quad n = 38 \tag{5-105}$$

基于模型的标准化系数，得到各影响因素对流域最大 15 日洪水总量 W_{15} 的影响程度贡献率如表 5-26 所示。

表 5-26　各影响因子对流域最大 15 日洪水总量的贡献率

形态因子		地形		降水因子		土地利用	
因子	贡献率/%	因子	贡献率/%	因子	贡献率/%	因子	贡献率/%
A	2.19	S	0.33	MAP	1.98	f_{forest}	20.45
Peri	2.06	H_{min}	6.77	PCI	3.26	f_{grass}	10.21
C	1.94	HD	0.92	MF	3.48	f_{crop}	14.61
SL	2.65	H_{mean}	9.91			f_{bare}	2.41
DD	3.39	HI	1.13			f_{urban}	4.33
		RR	6.57			f_{water}	1.40
总和	12.23	总和	25.64	总和	8.72	总和	53.41

从表 5-26 中可以看出，在形态、地形、降水、土地利用 4 类影响因素中，对最大 15 日洪水总量 W_{15} 影响较大的是地形和土地利用因子，分别为 25.64%和 53.41%；其次为形态因子，其贡献率为 12.23%；降水因子的影响最小，其贡献率为 8.72%。

形态因子中，A、Peri、SL、DD 等因子的影响较大，贡献率最大的为河网密度 DD，其贡献率可达 3.39%，贡献率最小的为流域圆比率系数 C，其贡献率仅为 1.94%，各因子的贡献率大小排序为 DD>SL>A>Peri>C；在地形因子中，流域高程因子的影响最大，其中平均高程 H_{mean} 的贡献率可达 9.91%，而最小的流域平均坡度 S 仅为 0.33%，各因子影响贡献率排序为 H_{mean}>H_{min}>RR>HI>HD>S；降水因子中，多年平均降水量 MAP 贡献率最小，仅 1.98%，而其他 2 个因子贡献率为 3.26%和 3.48%；土地利用因子中，3 种植被类型的贡献率最大，其中，森林覆盖率 f_{forest} 的贡献率为 20.45%，草地覆盖率 f_{grass} 的贡献率为 10.21%，耕地覆盖率 f_{crop} 的贡献率为 14.61%，而其他 3 种土地利用类型的贡献率则要小得多，裸地覆盖率 f_{bare} 的贡献率为 2.41%，城市建设用地覆盖率 f_{urban} 的贡献率为 4.33%，水域覆盖率 f_{water} 的贡献率仅为 1.40%。

5）最大 30 日洪水总量

对最大 30 日洪水总量 W_{30} 与诸多影响因子进行线性拟合，对拟合系数进行标准化后得到标准化线性拟合方程为

$$W_{30} = F'_{morphology} + F'_{topography} + F'_{precipitation} + F'_{land\text{-}use} \tag{5-106}$$

式中，$F'_{morphology}$、$F'_{topography}$、$F'_{precipitation}$、$F'_{land\text{-}use}$ 分别为形态、地形、降水和土地利用对 W_{30} 的影响的标准化，其表达式分别为

$$F'_{morphology} = -0.29A + 0.265\text{Peri} + 0.225C + 0.35\text{SL} - 0.438\text{DD} \tag{5-107}$$

$$F'_{topography} = 0.05S + 0.92H_{min} + 0.182\text{HD} - 1.357H_{mean} + 0.197\text{HI} + 0.82\text{RR} \tag{5-108}$$

$$F'_{precipitation} = 0.177\text{MAP} - 0.487\text{PCI} + 0.532\text{MF} \tag{5-109}$$

$$\begin{aligned} F'_{land\text{-}use} = &-1.168f_{forest} - 0.566f_{grass} - 0.702f_{crop} - 0.173f_{bare} \\ &- 0.2f_{urban} - 0.148f_{water}, \quad R^2 = 0.918, \quad n = 38 \end{aligned} \tag{5-110}$$

基于模型的标准化系数，得到各影响因素对流域最大 30 日洪水总量 W_{30} 的影响程度贡献率如表 5-27 所示。

从表 5-27 中可以看出，在形态、地形、降水、土地利用 4 类影响因素中，对最大 30 日洪水总量 W_{30} 影响较大的是地形和土地利用因子，分别为 38.13%和 31.98%；其次为形态因子，其贡献率为 16.96%；降水因子的影响最小，其贡献率为 12.93%。

形态因子中，A、Peri、SL、DD 等因子的影响较大，贡献率最大的为河网密度 DD，其贡献率可达 4.74%，贡献率最小的为流域圆比率系数 C，其贡献率仅为 2.43%，各因子的贡献率大小排序为 DD>SL>A>Peri>C；在地形因子中，流域高程因子的影响最大，其中平均高程 H_{mean} 的贡献率可达 14.68%，而最小的流域平均坡度 S 仅为 0.54%，各因

子影响贡献率排序为 $H_{mean} > H_{min} > RR > HI > HD > S$；降水因子中，多年平均降水量 MAP 贡献率最小，仅 1.91%，而其他 2 个因子贡献率为 5.27% 和 5.75%；土地利用因子中，3 种植被类型的贡献率最大，其中，森林覆盖率 f_{forest} 的贡献率为 12.63%，草地覆盖率 f_{grass} 的贡献率为 6.12%，耕地覆盖率 f_{crop} 的贡献率为 7.59%，而其他 3 种土地利用类型的贡献率则要小得多，裸地覆盖率 f_{bare} 的贡献率为 1.87%，城市建设用地覆盖率 f_{urban} 的贡献率为 2.16%，水域覆盖率 f_{water} 的贡献率仅为 1.60%。

表 5-27　各影响因子对流域最大 30 日洪水总量的贡献率

形态因子		地形		降水因子		土地利用	
因子	贡献率/%	因子	贡献率/%	因子	贡献率/%	因子	贡献率/%
A	3.14	S	0.54	MAP	1.91	f_{forest}	12.63
Peri	2.87	H_{min}	9.95	PCI	5.27	f_{grass}	6.12
C	2.43	HD	1.97	MF	5.75	f_{crop}	7.59
SL	3.79	H_{mean}	14.68			f_{bare}	1.87
DD	4.74	HI	2.13			f_{urban}	2.16
		RR	8.87			f_{water}	1.60
总和	16.96	总和	38.13	总和	12.93	总和	31.98

5.5　流域枯水流量影响因素分析

5.5.1　海河流域上游山区各类枯水流量

海河流域上游山区的 66 个研究流域中，有 36 个流域有较长历时的枯水流量数据，基于各流域最小日流量 (Q_1)、最小旬流量 (Q_2) 和最小月流量 (Q_3) 的逐年数据，各流域多年平均枯水流量及序列历时如表 5-28 所示。

表 5-28　研究区各流域枯水流量 (m³/s) 及序列年限

序号	流域名	Q_1	Q_2	Q_3	序列年限
1	围场	0.0149	0.0288	0.0546	1971~1980
2	边墙山	0.0160	0.0407	0.0656	1971~1980
3	平泉	0.0774	0.1439	0.2270	1971~1980
4	唐山	0.4380	0.8366	1.1000	1976~1980
5	李营	0.4480	0.5100	0.6590	1971~1980
6	榛子镇	0.0256	0.0363	0.0561	1971~1980
7	石佛口	0.0000	0.0110	0.0419	1971~1980
8	杨家营	0.0023	0.0120	0.0202	1971~1980
9	富贵庄	0.0000	0.0252	0.0512	1976~1980
10	口头	0.1330	0.1890	0.2430	1971~1980

续表

序号	流域名	Q_1	Q_2	Q_3	序列年限
11	峪门口	0.0747	0.1010	0.1270	1971～1980
12	水平口	0.9690	1.1620	1.3380	1971～1980
13	蓝旗营	0.3720	0.4110	0.4770	1971～1980
14	罗庄子	0.0000	0.0000	0.0000	1976～1980
15	冷口	0.1750	0.2230	0.2770	1971～1980
16	沟台子	0.2015	0.2442	0.3516	1971～1980
17	波罗诺	0.3420	0.5100	0.6130	1971～1980
18	下河南	0.0735	0.1923	0.2980	1971～1980
19	韩家营	0.8980	1.1450	1.4110	1971～1980
20	承德	0.3330	0.6060	1.0080	1971～1980
21	下板城	0.4040	0.6040	0.8400	1971～1980
22	宽城	0.6700	0.9429	1.2971	1974～1991
23	土门子	2.1690	2.8480	3.3000	1971～1980
24	桃林口	2.5810	4.2440	5.0370	1971～1980
25	大阁	0.9580	1.2390	1.4550	1971～1980
26	戴营	0.7060	0.9870	1.5130	1971～1980
27	下会	1.0500	1.8200	2.6375	1977～1980
28	下堡	1.5120	2.3660	2.7880	1971～1980
29	三道营	0.2350	0.3430	0.4900	1971～1980
30	张家坟	3.4410	4.7870	6.0360	1971～1980
31	三河	0.3244	0.8889	1.3011	1972～1980
32	钱家沙洼	0.1329	0.5252	1.2200	1971～1980
33	柴沟堡(东)	0.0020	0.0070	0.1146	1971～1980
34	柴沟堡(南)	0.1400	0.3060	0.6340	1971～1980
35	张家口	0.0050	0.1083	0.3859	1971～1980
36	响水堡	1.1790	3.2970	5.5430	1971～1980

5.5.2 各类影响因子对流域枯水流量的影响

1. 流域形态因子对枯水流量的影响

1) 相关性分析

类似于前面对洪水总量的分析，本节对枯水流量的分析依然选取 A、Peri、C(由 $4\pi A/\text{Peri}^2$ 计算而得)、SL、DD 等指数来反映流域形态因子。采用多元线性回归分析方法计算流域 Q_1、Q_2、Q_3 与上述形态因子的相关性，结果如表 5-29 所示。

表 5-29 各枯水流量与流域形态因子之间的相关性

	Q_1	Q_2	Q_3	A	Peri	C	SL	DD
Q_1	1							
Q_2	0.966**	1						
Q_3	0.914**	0.984**	1					
A	0.587**	0.726**	0.818**	1				
Peri	0.610**	0.716**	0.791**	0.956**	1			
C	−0.22	−0.239	−0.263	−0.325	−0.473**	1		
SL	0.510**	0.612**	0.679**	0.886**	0.958**	−0.45**	1	
DD	−0.469**	−0.506**	−0.536**	−0.602**	−0.695**	0.040	−0.693**	1

**在 0.01 水平上显著。

从表 5-29 中可以看出，流域 Q_1、Q_2、Q_3 与流域形态因子表现出一致的相关性。3 种枯水流量均与 A 和 Peri 均呈明显的正相关关系，在 0.01 水平上显著，说明 A 越大、Peri 越长，流域枯水流量越大；与流域形状圆比率系数 C 呈一定的负相关关系，但相关性并不显著；与 SL 呈明显的正相关关系，相关性在 0.01 水平上显著，说明 SL 越长，其枯水流量越大；与 DD 呈明显的负相关关系，相关性在 0.01 水平上显著，DD 越大，流域枯水流量越小，这可能是由于 DD 越大，流域径流越分散，越不利于径流的汇集。

2）线性回归分析

基于各类枯水流量与各流域特征因子，利用 SPSS18 软件对以上数据进行多元线性回归，对得到的拟合方程进行标准化，得到标准化线性拟合方程为

$$Q_1 = -0.763A + 2.603\text{Peri} + 0.247C - 1.142\text{SL} + 0.077\text{DD}, \quad R^2 = 0.467, \quad n = 36 \qquad (5\text{-}111)$$

$$Q_2 = -0.052A + 1.709\text{Peri} + 0.149C - 0.895\text{SL} + 0.022\text{DD}, \quad R^2 = 0.590, \quad n = 36 \qquad (5\text{-}112)$$

$$Q_3 = -0.259A + 1.418\text{Peri} + 0.108C - 0.853\text{SL} + 0.009\text{DD}, \quad R^2 = 0.720, \quad n = 36 \qquad (5\text{-}113)$$

由标准回归系数可得不同流域形态因子对各类枯水流量的贡献率，如表 5-30 所示。

表 5-30 不同流域形态因子对各类枯水流量的贡献率

	Q_1	Q_2	Q_3
A	15.79%	1.84%	9.78%
Peri	53.87%	60.45%	53.57%
C	5.11%	5.27%	4.08%
SL	23.63%	31.66%	32.23%
DD	1.59%	0.78%	0.34%

从表 5-30 中可以看出，对枯水流量影响的贡献率最大的形态因子为 Peri，其对 3 种枯水流量的贡献率均在 50%以上；其次为 SL，其对 Q_1、Q_2、Q_3 的贡献率分别为 23.63%、

31.66%和32.23%；这2个因子的贡献率可占形态因子贡献率的80%以上，是主要的影响因子。A 对3种枯水流量影响的贡献率存在一定的差异，其对 Q_1 的贡献率可达15.79%，而对 Q_2 的贡献率仅为1.84%；C 与 DD 的贡献率则较小。

　　2. 流域地形因子对枯水流量的影响

　　1）相关性分析

　　分别选取 S、H_{min}、H_{max}、HD、H_{mean}、HI、RR 等指数来反映流域地形因子。采用多元线性回归分析方法计算 Q_1、Q_2、Q_3 与上述地形因子的相关性，结果如表5-31所示。

表5-31　各枯水流量与流域地形因子之间的相关性

	Q_1	Q_2	Q_3	S	H_{max}	H_{min}	HD	H_{mean}	HI	RR
Q_1	1									
Q_2	0.966**	1								
Q_3	0.914**	0.984**	1							
S	0.176	0.143	0.140	1						
H_{max}	0.327	0.362*	0.411*	0.606**	1					
H_{min}	−0.168	−0.142	−0.100	0.229	0.685**	1				
HD	0.537**	0.566**	0.604**	0.655**	0.890**	0.277	1			
H_{mean}	0.117	0.153	0.207	0.438**	0.911**	0.893**	0.643**	1		
HI	0.090	0.116	0.157	0.307	0.656**	0.704**	0.425**	0.840**	1	
RR	−0.351*	−0.389*	−0.415*	0.175	−0.463**	−0.378*	−0.374*	−0.502**	−0.489**	1

*在0.05水平上显著；**在0.01水平上显著。

　　从表5-31中可以看出，Q_1、Q_2、Q_3 与流域地形因子的相关性并不是很好，3类枯水流量与流域平均坡度 S 呈一定的正相关关系，但相关性较差，并没有达到0.05水平上显著；与流域最大高程 H_{max} 呈一定的正相关性，但相关性存在一定的差异，Q_1 与流域最大高程 H_{max} 的相关性较差，没有达到0.05水平上显著，而 Q_2、Q_3 与流域最大高程 H_{max} 的相关性较好，在0.05水平上达到了显著；3类枯水流量与流域最小高程 H_{min} 存在一定的负相关关系，但相关性均不好，均没有达到0.05水平上的显著；与流域高程差 HD 均表现出明显的正相关关系，3类枯水流量与高程差 HD 的相关性均在0.01水平上显著，表明高程差 HD 越大的流域，其枯水流量越大；其与流域平均高程 H_{mean} 和流域高程积 HI 均表现出一定的正相关关系，但相关性均不好，均未达到0.05水平上的显著；而与流域高差比 RR 则呈明显的负相关关系，相关性在0.05水平上达到显著。

　　2）线性回归分析

　　基于各类枯水流量与各流域地形因子，利用 SPSS18 软件对以上数据进行多元线性回归，对得到的拟合方程进行标准化，得到标准化线性拟合方程为

$$Q_1 = -0.11S - 0.099H_{min} + 0.824HD - 0.567H_{mean} + 0.197HI - 0.249RR，\quad R^2 = 0.479，\quad n = 36 \quad (5\text{-}114)$$

$$Q_2 = -0.234S - 0.155H_{min} + 0.886HD - 0.429H_{mean} + 0.181HI - 0.202RR, \quad R^2 = 0.524, \quad n = 36 \quad (5\text{-}115)$$

$$Q_3 = -0.305S - 0.452H_{min} + 0.769HD + 0.113H_{mean} + 0.073HI - 0.152RR, \quad R^2 = 0.565, \quad n = 36 \quad (5\text{-}116)$$

线性回归结果表明，H_{max} 没有被纳入方程中，被排除；通过各回归方程的标准化系数计算而得各地形因子影响的贡献率如表 5-32 所示。

表 5-32　不同流域地形因子对各类枯水流量的贡献率

	Q_1	Q_2	Q_3
S	5.38%	11.21%	16.36%
H_{min}	4.84%	7.43%	24.25%
HD	40.27%	42.45%	41.26%
H_{mean}	27.71%	20.56%	6.06%
HI	9.63%	8.67%	3.92%
RR	12.17%	9.68%	8.15%

从表 5-32 中可以看出，各地形因子中，对流域枯水径流影响的贡献率最大的是流域高程差 HD 因子，对 3 类枯水流量贡献率均在 40% 以上；其次贡献率较大的因子中，对 Q_1 和 Q_2 来说是流域平均高程 H_{mean} 因子，而对 Q_3 来说则是流域最小高程 H_{min}；各地形因子贡献率大小排序中，Q_1 的排序为 HD＞H_{mean}＞RR＞HI＞S＞H_{min}，Q_2 的排序为 HD＞H_{mean}＞S＞RR＞HI＞H_{min}，Q_3 的排序为 HD＞H_{min}＞S＞RR＞H_{mean}＞HI。

3. 降水因子对枯水流量的影响

1) 相关性分析

本研究选取 MAP、PCI 和 MF 等指数来反映流域降水因子，Q_1、Q_2、Q_3 与上述降水因子的相关性分析结果如表 5-33 所示。

表 5-33　各枯水流量与流域降水因子之间的相关性

	Q_1	Q_2	Q_3	MAP	PCI	MF
Q_1	1					
Q_2	0.966**	1				
Q_3	0.914**	0.984**	1			
MAP	0.161	0.069	0.012	1		
PCI	0.327	0.295	0.287	0.016	1	
MF	0.131	0.172	0.226	0.681**	0.716**	1

**在 0.01 水平上显著。

从表 5-33 中可以看出，3 类枯水流量与 3 个降水因子均呈一定的正相关关系，但相关性均较差，均未达到 0.05 水平上的显著。

2) 线性回归分析

基于各类枯水流量与各流域降水因子，利用 SPSS18 软件对以上数据进行多元线性回归，对得到的拟合方程进行标准化，得到标准化线性拟合方程为

$$Q_1=0.626\text{MAP}+0.169\text{PCI}-0.678\text{MF}, \quad R^2=0.134, \quad n=36 \tag{5-117}$$

$$Q_2=0.628\text{MAP}+0.298\text{PCI}-0.813\text{MF}, \quad R^2=0.096, \quad n=36 \tag{5-118}$$

$$Q_3=0.839\text{MAP}+0.610\text{PCI}-1.234\text{MF}, \quad R^2=0.093, \quad n=36 \tag{5-119}$$

通过各回归方程的标准化系数计算而得各降水因子影响的贡献率如表 5-34 所示。

从表 5-34 中可以看出，Q_1、Q_2、Q_3 与流域降水因子表现出一致的相关性。3 种降水因子中，对枯水流量影响的贡献率较大的为多年平均降水 MAP 与修正的 Fournier 指数 MF，其贡献率均值分别为 36%左右和 46%左右；而降水集中指数 PCI 的贡献率较小，为 17%左右。

表 5-34　不同流域降水因子对各类枯水流量的贡献率

	Q_1	Q_2	Q_3
MAP	42.50%	36.11%	31.27%
PCI	11.47%	17.14%	22.74%
MF	46.03%	46.75%	45.99%

4. 土地利用对枯水流量的影响

1) 相关性分析

研究区海河上游山区主要有 6 类土地利用类型，即林地、草地、耕地、未利用土地、城镇建设用地及水域，基于 6 种土地利用类型的覆盖率 (f_{forest}、f_{grass}、f_{crop}、f_{bare}、f_{urban}、f_{water})，Q_1、Q_2、Q_3 与上述土地利用因子的相关性分析结果如表 5-35 所示。

表 5-35　各枯水流量与流域土地利用因子之间的相关性

	Q_1	Q_2	Q_3	f_{forest}	f_{grass}	f_{crop}	f_{bare}	f_{urban}	f_{water}
Q_1	1								
Q_2	0.966**	1							
Q_3	0.914**	0.984**	1						
f_{forest}	0.076	0.007	0.063	1					
f_{grass}	0.189	0.225	0.268	−0.293	1				
f_{crop}	−0.156	−0.084	−0.044	−0.894**	−0.134	1			
f_{bare}	−0.103	−0.117	−0.116	−0.130	−0.097	0.065	1		
f_{urban}	−0.177	−0.148	−0.143	−0.558**	−0.467**	0.716**	0.133	1	
f_{water}	0.048	0.082	0.079	−0.265	0.306	0.401*	−0.093	0.390*	1

*在 0.05 水平上显著；**在 0.01 水平上显著。

从表 5-35 中可以看出，土地利用因子与枯水流量的相关性较差，各类土地利用类型的覆盖率与枯水流量的相关性均未达到 0.05 水平上的显著。各土地利用类型中，林地和草地与 3 种枯水流量均呈一定的正相关关系，这也表明森林植被能够增加枯水径流，调节径流的季节分配；而耕地、未利用土地、城镇建设用地与枯水流量均存在一定的负相关关系，这表明耕作、城市发展建设等人类活动能够减少流域枯水径流。

2）线性回归分析

基于各类枯水流量与各流域土地利用因子，利用 SPSS18 软件对以上数据进行多元线性回归，标准化后为

$$Q_1=3.143f_{\text{forest}}+1.825f_{\text{grass}}+2.321f_{\text{crop}}+0.276f_{\text{bare}}+0.616f_{\text{urban}}+0.294f_{\text{water}}, \quad R^2=0.097, \quad n=36$$
$$(5\text{-}120)$$

$$Q_2=2.035f_{\text{forest}}+1.303f_{\text{grass}}+1.514f_{\text{crop}}+0.149f_{\text{bare}}+0.384f_{\text{urban}}+0.277f_{\text{water}}, \quad R^2=0.100, \quad n=36$$
$$(5\text{-}121)$$

$$Q_3=1.425f_{\text{forest}}+1.031f_{\text{grass}}+1.085f_{\text{crop}}+0.088f_{\text{bare}}+0.249f_{\text{urban}}+0.249f_{\text{water}}, \quad R^2=0.113, \quad n=36$$
$$(5\text{-}122)$$

通过各回归方程的标准化系数计算而得各降水因子影响的贡献率如表 5-36 所示。

表 5-36　不同流域土地利用因子对各类枯水流量的贡献率

	Q_1	Q_2	Q_3
f_{forest}	37.09%	35.94%	34.53%
f_{grass}	21.53%	23.01%	24.98%
f_{crop}	27.39%	26.74%	26.29%
f_{bare}	3.26%	2.63%	2.13%
f_{urban}	7.27%	6.78%	6.03%
f_{water}	3.47%	4.89%	6.03%

从表 5-36 中可以看出，各土地利用类型中，林地、草地和耕地 3 种利用类型的贡献率均在 20%～40%之间，远远大于其他 3 种土地利用类型；其中贡献率最大的为林地，其贡献率在 35%以上；而未利用土地、城镇建设用地和水域的贡献率均不足 10%。对于 3 种枯水流量类型，各土地利用类型影响的贡献率大小排序均为 $f_{\text{forest}}>f_{\text{crop}}>f_{\text{grass}}>f_{\text{urban}}>f_{\text{water}}>f_{\text{bare}}$。

5.5.3　流域枯水流量影响因素多元统计分析

1. 流域枯水流量多元回归模型

基于海河上游山区 38 个流域的 Q_1、Q_2、Q_3，以及流域形态因子、地形因子、降水因子、土地利用因子 4 类共计 20 个影响因素数据，对该 2 组数据进行多元线性统计分析，得到各洪水总量的拟合线性方程。

1）最小日流量

$$Q_1 = F_{\text{morphology}} + F_{\text{topography}} + F_{\text{precipitation}} + F_{\text{land-use}} - 44.015 \tag{5-123}$$

式中，$F_{\text{morphology}}$、$F_{\text{topography}}$、$F_{\text{precipitation}}$、$F_{\text{land-use}}$ 分别为形态、地形、降水和土地利用对 Q_1 影响的部分，其表达式为

$$F_{\text{morphology}} = -1.77 \times 10^{-4} A + 0.009\text{Peri} + 3.114C - 0.011\text{SL} + 1.203\text{DD} \tag{5-124}$$

$$F_{\text{topography}} = 0.030S + 0.005H_{\text{min}} + 0.002\text{HD} - 0.005H_{\text{mean}} + 6.562\text{HI} + 0.080\text{RR} \tag{5-125}$$

$$F_{\text{precipitation}} = 0.003\text{MAP} - 0.085\text{PCI} + 0.011\text{MF} \tag{5-126}$$

$$F_{\text{land-use}} = 37.895 f_{\text{forest}} + 39.061 f_{\text{grass}} + 39.510 f_{\text{crop}} + 37.988 f_{\text{bare}} \\ + 37.727 f_{\text{urban}} + 42.562 f_{\text{water}}, \quad R^2 = 0.723, \quad n = 36 \tag{5-127}$$

2）最小旬流量

类似 Q_1 的拟合方程，对最小旬流量 Q_2 的拟合方程可表达为

$$Q_2 = F_{\text{morphology}} + F_{\text{topography}} + F_{\text{precipitation}} + F_{\text{land-use}} - 29.78 \tag{5-128}$$

式中，

$$F_{\text{morphology}} = -3.758 \times 10^{-5} A + 0.011\text{Peri} + 3.823C - 0.015\text{SL} + 5.725\text{DD} \tag{5-129}$$

$$F_{\text{topography}} = 0.103S + 0.008H_{\text{min}} + 0.003\text{HD} - 0.008H_{\text{mean}} \\ + 8.576\text{HI} - 0.108\text{RR} \tag{5-130}$$

$$F_{\text{precipitation}} = -0.001\text{MAP} - 0.219\text{PCI} + 0.033\text{MF} \tag{5-131}$$

$$F_{\text{land-use}} = 24.645 f_{\text{forest}} + 26.468 f_{\text{grass}} + 26.174 f_{\text{crop}} + 24.828 f_{\text{bare}} \\ + 25.296 f_{\text{urban}} + 35.584 f_{\text{water}}, \quad R^2 = 0.789, \quad n = 36 \tag{5-132}$$

3）最小月流量

类似 Q_1 的拟合方程，对最小月流量 Q_3 的拟合方程可表达为

$$Q_3 = F_{\text{morphology}} + F_{\text{topography}} + F_{\text{precipitation}} + F_{\text{land-use}} - 13.604 \tag{5-133}$$

式中，

$$F_{\text{morphology}} = -1.006 \times 10^{-4} A + 0.013\text{Peri} + 4.038C - 0.022\text{SL} + 10.083\text{DD} \tag{5-134}$$

$$F_{\text{topography}} = 0.084S + 0.009H_{\text{min}} + 0.004\text{HD} - 0.009H_{\text{mean}} + 7.455\text{HI} - 0.269\text{RR} \tag{5-135}$$

$$F_{\text{precipitation}} = -0.003\text{MAP} - 0.237\text{PCI} + 0.035\text{MF} \tag{5-136}$$

$$F_{\text{land-use}} = 9.962 f_{\text{forest}} + 11.953 f_{\text{grass}} + 10.527 f_{\text{crop}} + 9.037 f_{\text{bare}}$$
$$+ 12.744 f_{\text{urban}} + 21.504 f_{\text{water}}, \quad R^2 = 0.862, \quad n = 36 \tag{5-137}$$

2. 模型验证分析

参照 3.6 节的分析，本节研究依然采用 MAE、ME、RRMSE 3 个参数值来反映模型的模拟效果。

基于上述研究得出的多元统计模型，对研究区 36 个流域的 Q_1、Q_2、Q_3 分别进行模拟，其 3 类模型模拟参数值结果如表 5-37 所示。

表 5-37　各类枯水流量模型模拟效果

	Q_1	Q_2	Q_3
MAE	0.2120	0.3673	0.3438
ME	0.8066	0.8211	0.9174
RRMSE	0.6099	0.5890	0.4001

从表 5-37 中可以看出，3 类枯水流量的绝对误差值 MAE 分别为 0.2120、0.3673、0.3438，经计算，该误差值占枯水流量平均值的百分比分别为 37%、41%、28%，这表明，尽管绝对误差值较小，但其占平均值的百分比较大，说明模型模拟误差较大；而模型模拟效率值 ME 分别为 0.8066、0.8211、0.9174，只有 Q_3 模拟值的 ME 值在 0.9 以上；其相对均方差值 RRMSE 分别为 0.6099、0.5890、0.4001。这些均表明，模型模拟效果一般。

就 3 类枯水流量的模拟结果表明，Q_2 和 Q_1 与 Q_3 相比，其 MAE 值的比例较小、ME 值更接近于 1、RRMSE 更小，这说明，对最小月流量 Q_3 的多元统计模型的模拟效果要优于其他 2 类枯水流量。

图 5-22 表述了研究区 36 个研究流域的最小日流量 Q_1、最小旬流量 Q_2、最小月流量 Q_3 的模拟值与实测值的散点图，从图 5-22 中可以看出，3 类枯水流量散点图中的散点均分布在 $y=x$ 直线附近，这说明模型模拟存在一定的可信度，但其分布离 $y=x$ 线较分散，因此模型模拟结果一般。就 3 种枯水流量类型来看，最小月流量 Q_3 的散点分布离 $y=x$ 线更为接近，因此也说明其模拟效果要好于最小日流量 Q_1 和最小旬流量 Q_2。

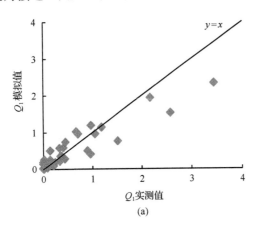

(a)

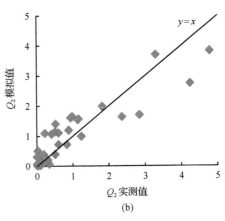

(b)

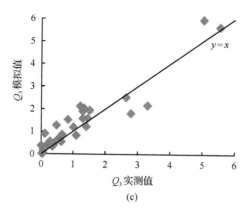

图 5-22　各枯水流量模型模拟结果

3. 各影响因子贡献率分析

1）最小日流量

对研究区 36 个研究流域的最小日流量 Q_1 与诸多影响因子进行线性拟合，对拟合系数进行标准化后得到标准化线性拟合方程如下：

$$W_1 = F'_{morphology} + F'_{topography} + F'_{precipitation} + F'_{land\text{-}use} \tag{5-138}$$

式中，$F'_{morphology}$、$F'_{topography}$、$F'_{precipitation}$、$F'_{land\text{-}use}$ 分别为形态、地形、降水和土地利用对枯水流量的影响的标准化，其表达式为

$$F'_{morphology} = -0.652A + 2.24\text{Peri} + 0.396C - 0.734\text{SL} + 0.067\text{DD} \tag{5-139}$$

$$F'_{topography} = 0.038S + 1.792H_{min} + 1.179\text{HD} - 2.656H_{mean} + 0.735\text{HI} - 0.143\text{RR} \tag{5-140}$$

$$F'_{precipitation} = 0.508\text{MAP} - 0.436\text{PCI} + 0.470\text{MF} \tag{5-141}$$

$$F'_{land\text{-}use} = 8.934f_{forest} + 4.931f_{grass} + 7.503f_{crop} + 0.995f_{bare} \\ + 1.770f_{urban} + 0.500f_{water}, \quad R^2 = 0.723, \quad n = 36 \tag{5-142}$$

类似于对洪水总量的分析，基于模型的标准化系数，得到各影响因素对流域最小日流量 Q_1 的影响的贡献率，如表 5-38 所示。

从表 5-38 中可以看出，流域形态、地形、降水、土地利用等 4 类影响因子中，对 Q_1 影响的贡献率最大的是土地利用因子，其贡献率可达 67.16%；最小的为降水因子贡献率仅为 3.85%；流域形态因子与地形因子影响的贡献率分别为 11.15%和 17.83%。

形态因子中，流域周长因子 Peri 的贡献率最大，可达 6.11%，而流域河网密度 DD 的贡献率最小，仅为 0.18%，各因子的贡献率大小排序为 Peri＞SL＞A＞C＞DD；在地形因子中，流域平均高程 H_{mean} 的贡献率最大，可达 7.24%，而流域平均坡度 S 的影响最小，

仅为 0.10%，各因子贡献率大小排序为 $H_{mean} > H_{min} > HD > HI > RR > S$；降水因子中，各降水因子的贡献率较为相近，均在 1.2%左右；土地利用因子中，3 种植被覆盖的贡献率要远远大于其他 3 种土地利用类型，其中，林地覆盖率 f_{forest} 的贡献率为 24.36%，草地覆盖率 f_{grass} 的贡献率为 13.44%，耕地覆盖率 f_{crop} 的贡献率为 20.46%，而其他 3 种土地利用类型的贡献率则要小得多，裸地覆盖率 f_{bare} 的贡献率为 2.71%，城市建设用地覆盖率 f_{urban} 的贡献率为 4.83%，水域覆盖率 f_{water} 的贡献率仅为 1.36%。

表 5-38　各影响因子对流域最小日流量的贡献率

形态因子		地形		降水因子		土地利用	
因子	贡献率/%	因子	贡献率/%	因子	贡献率/%	因子	贡献率/%
A	1.78	S	0.10	MAP	1.38	f_{forest}	24.36
Peri	6.11	H_{min}	4.89	PCI	1.19	f_{grass}	13.44
C	1.08	HD	3.21	MF	1.28	f_{crop}	20.46
SL	2.00	H_{mean}	7.24			f_{bare}	2.71
DD	0.18	HI	2.00			f_{urban}	4.83
		RR	0.39			f_{water}	1.36
总和	11.15	总和	17.83	总和	3.85	总和	67.16

2）最小旬流量

同理，对研究区 36 个研究流域的最小旬流量 Q_2 与诸多影响因子进行线性拟合，对拟合系数进行标准化后得到标准化线性拟合方程如下：

$$Q_2 = F'_{morphology} + F'_{topography} + F'_{precipitation} + F'_{land-use} \tag{5-143}$$

式中，$F'_{morphology}$、$F'_{topography}$、$F'_{precipitation}$、$F'_{land-use}$ 分别为形态、地形、降水和土地利用对 Q_2 的影响的标准化，其表达式为

$$F'_{morphology} = -0.090A + 1.750\text{Peri} + 0.318C - 0.671\text{SL} + 0.207\text{DD} \tag{5-144}$$

$$F'_{topography} = 0.086S + 1.959H_{min} + 1.247\text{HD} - 3.037H_{mean} + 0.628\text{HI} - 0.125\text{RR} \tag{5-145}$$

$$F'_{precipitation} = -0.077\text{MAP} - 0.733\text{PCI} + 0.889\text{MF} \tag{5-146}$$

$$F'_{land-use} = 3.79f_{forest} + 2.14f_{grass} + 3.25f_{crop} + 0.425f_{bare} + 0.776f_{urban} + 0.273f_{water}, \quad R^2 = 0.789, \quad n = 36 \tag{5-147}$$

基于模型的标准化系数，得到各影响因素对流域最小旬流量 Q_2 的影响的贡献率，如表 5-39 所示。

从表 5-39 中可以看出，流域形态、地形、降水、土地利用等 4 类影响因子中，对 Q_2 影响的贡献率较大的是地形因子和土地利用因子，其贡献率可分别达 31.52%和 47.40%；较小的影响因子为流域形态因子和降水因子，其贡献率分别为 13.52%和 7.56%。

表 5-39　各影响因子对流域最小旬流量的贡献率

形态因子		地形		降水因子		土地利用	
因子	贡献率/%	因子	贡献率/%	因子	贡献率/%	因子	贡献率/%
A	0.40	S	0.38	MAP	0.34	f_{forest}	16.87
Peri	7.79	H_{min}	8.72	PCI	3.26	f_{grass}	9.52
C	1.42	HD	5.55	MF	3.96	f_{crop}	14.46
SL	2.99	H_{mean}	13.52			f_{bare}	1.89
DD	0.92	HI	2.79			f_{urban}	3.45
		RR	0.56			f_{water}	1.21
总和	13.52	总和	31.52	总和	7.56	总和	47.40

形态因子中，流域周长因子 Peri 的贡献率最大，其贡献率可达 7.79%，而流域面积 A 的贡献率最小，仅为 0.40%，各因子的贡献率大小排序为 Peri＞SL＞C＞DD＞A；地形因子中，贡献率较大的为流域平均高程 H_{mean} 和流域最小高程 H_{min}，其贡献率分别可达 13.52%和 8.72%，贡献率较小的影响因子为流域平均坡度 S 和流域高差积 RR，其贡献率仅为 0.38%和 0.56%，各因子贡献率大小排序为 H_{mean}＞H_{min}＞HD＞HI＞RR＞S；降水因子中，流域多年平均降水量 MAP 的贡献率仅为 0.34%，远小于降水集中指数 PCI(3.26%) 和修正的 Fournier 指数 MF(3.96%)；类似于对 Q_1 的影响，土地利用因子中，依然是 3 种植被覆盖的贡献率要远远大于其他 3 种土地利用类型，其中，林地覆盖率 f_{forest} 的贡献率为 16.87%，草地覆盖率 f_{grass} 的贡献率为 9.52%，耕地覆盖率 f_{crop} 的贡献率为 14.46%，而其他 3 种土地利用类型的贡献率则要小得多，裸地覆盖率 f_{bare} 的贡献率为 1.89%，城市建设用地覆盖率 f_{urban} 的贡献率为 3.45%，水域覆盖率 f_{water} 的贡献率仅为 1.21%。

3) 最小月流量

同理，对研究区 36 个研究流域的最小月流量 Q_3 与诸多影响因子进行线性拟合，对拟合系数进行标准化后得到标准化线性拟合方程如下：

$$Q_2 = F'_{morphology} + F'_{topography} + F'_{precipitation} + F'_{land-use} \tag{5-148}$$

式中，$F'_{morphology}$、$F'_{topography}$、$F'_{precipitation}$、$F'_{land-use}$ 分别为形态、地形、降水和土地利用对 Q_3 的影响的标准化，其表达式为

$$F'_{morphology} = 0.187A + 1.594Peri + 0.259C - 0.760SL + 0.281DD \tag{5-149}$$

$$F'_{topography} = 0.054S + 1.621H_{min} + 1.079HD - 2.546H_{mean} + 0.421HI - 0.241RR \tag{5-150}$$

$$F'_{precipitation} = -0.198MAP - 0.611PCI + 0.732MF \tag{5-151}$$

$$F'_{land-use} = 1.181f_{forest} + 0.745f_{grass} + 1.008f_{crop} + 0.119f_{bare} + 0.301f_{urban} \\ + 0.127f_{water}, \quad R^2 = 0.862, \quad n = 36 \tag{5-152}$$

基于模型的标准化系数，得到各影响因素对流域最小月流量 Q_3 的影响的贡献率，如

表 5-40 所示。

表 5-40　各影响因子对流域最小月流量的贡献率

形态因子		地形		降水因子		土地利用	
因子	贡献率/%	因子	贡献率/%	因子	贡献率/%	因子	贡献率/%
A	1.33	S	0.38	MAP	1.41	f_{forest}	8.40
Peri	11.33	H_{min}	11.53	PCI	4.34	f_{grass}	5.30
C	1.84	HD	7.67	MF	5.20	f_{crop}	7.17
SL	5.40	H_{mean}	18.10			f_{bare}	0.85
DD	2.00	HI	2.99			f_{urban}	2.14
		RR	1.71			f_{water}	0.90
总和	21.90	总和	42.38	总和	10.95	总和	24.76

从表 5-40 中可以看出，流域形态、地形、降水、土地利用等 4 类影响因子中，对 Q_3 影响的贡献率最大的是地形因子，其贡献率可达 42.38%；贡献率最小的是降水因子，其贡献率仅为 10.95%；流域形态因子与土地利用因子的贡献率分别为 21.90% 和 24.76%。

形态因子中，与对最小旬流量 Q_2 的影响相似，流域周长因子 Peri 的贡献率最大，其贡献率可达 11.33%，流域河流长度 SL 的贡献率次之，为 5.40%，而其他 3 个影响因子的贡献率均较小，各因子的贡献率大小排序为 Peri＞SL＞DD＞C＞A；地形因子中，贡献率较大的为流域平均高程 H_{mean} 和流域最小高程 H_{min}，其贡献率分别可达 18.10% 和 11.53%，贡献率较小的影响因子为流域平均坡度 S，其贡献率仅为 0.38%，各因子贡献率大小排序为 $H_{mean}＞H_{min}＞$HD＞HI＞RR＞S；降水因子中，流域多年平均降水量 MAP 的贡献率仅为 1.41%，远小于降水集中指数 PCI（4.34%）和修正的 Fournier 指数 MF（5.20%）；土地利用因子中，依然是 3 种植被覆盖的贡献率要远远大于其他 3 种土地利用类型，其中，林地覆盖率 f_{forest} 的贡献率为 8.40%，草地覆盖率 f_{grass} 的贡献率为 5.30%，耕地覆盖率 f_{crop} 的贡献率为 7.17%，而其他 3 种土地利用类型的贡献率则要小得多，裸地覆盖率 f_{bare} 的贡献率为 0.85%，城镇建设用地覆盖率 f_{urban} 的贡献率为 2.14%，水域覆盖率 f_{water} 的贡献率仅为 0.90%。

第6章 气候变化和人类活动对流域泥沙水质的影响

国内外大多数研究均表明,流域径流泥沙受到多种因素的影响,主要有地形因素、气候因素、土地利用类型、水文因素、土壤类型、流域形态等诸多因素,由于影响因素复杂多变,不同地区各种影响因素对流域径流泥沙的影响也有所不同。本章在 Budyko 假设、水量平衡、能量平衡等理论的基础上,分析研究区流域径流对降水、潜在蒸散发、干燥度等气象因子的敏感性;参考国内外研究中对气候变化影响流域径流量的分析,计算区域径流变化过程中由气候变化引起径流变化量;基于双累积曲线分析方法,以区域径流、泥沙年际变化为研究对象,分析人类活动对流域径流和泥沙的影响;基于上述气候变化与人类活动的影响的分析,得到两者在水文过程中对径流和泥沙过程的贡献率。

6.1 气候变化与人类活动对区域泥沙的影响

6.1.1 区域输沙模数变化

参考对流域径流的分析,依据第 4 章对流域输沙模数的年际变化分析,可以 1967 年作为分界点将研究时段(1957~1991 年)划分为基准期(1957~1966 年)与变化期(1967~1991 年)。

图 6-1 显示了 1957~1966 年和 1967~1991 年 2 个研究时段内的海河上游山区多年平均输沙模数,从图 6-1 中可以看出,1957~1966 年研究区多年平均输沙模数为 724.9t/(km$^2 \cdot$a),1967~1991 年间研究区多年平均输沙模数为 395.5t/(km$^2 \cdot$a),结果表明,2 个时段间研究区输沙模数总减少量(ΔSY)为 329.4t/(km$^2 \cdot$a)。

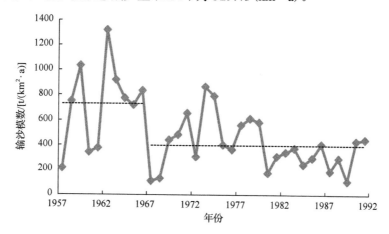

图 6-1 流域多年平均输沙模数不同时期对比

6.1.2 气候变化/人类活动对区域输沙量的影响

基于海河上游山区 67 个流域水文站的逐年输沙模数数据,平均得到海河上游山区
1957～1991 年 35 年的区域逐年输沙模数数据;基于区域内及周围约 50 个国家气象站的
逐年降水量数据,平均得到该区同观测期(1957～1991 年)内的逐年降水量数据;以降水
量数据作为基准变量 P,以输沙模数数据作为被检验变量 S,对该 2 个序列变量进行双累
积曲线分析,结果如图 6-2 所示。

从图 6-2 中可以看出,累积降水量与累积输沙模数之间的相关关系以 1967 年为界分
为明显的 2 个阶段,其拟合直线的斜率在 1967 年发生明显的变化,这表明,由于人类活
动的影响,流域输沙在 1967 年发生突变,偏离点与原拟合直线的延长线的距离表示了人
类活动干扰的程度。

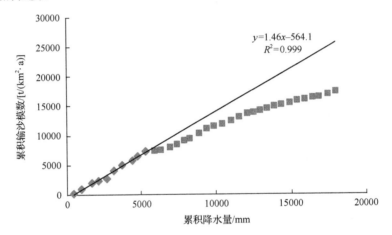

图 6-2　海河流域输沙模数-降水量双累积曲线图

1967 年之前的累积降水量序列(P')与累计输沙模数(S')序列之间的拟合直线回归
方程为 $S'=1.46P'-564.1$,其相关系数 R^2 为 0.999,观测年数 N 为 35,统计检验达到 0.001
置信水平。

模拟 1967 年之后不同年份的累积输沙模数,图 6-2 中模拟值与实测值之间的差值大
小表示区间人类活动对输沙模数的影响。结果表明,1967～1991 年间,人类活动对海河
上游山区输沙模数影响累积为 8172.6t/km^2,人类活动减少多年平均输沙模数(sediment
yield,SY)233.5t/km^2·a。

以上分析结果表明,2 个时段间研究区输沙模数总减少量(ΔSY)为 329.4t/(km^2·a);由
上述双累积曲线计算结果,人类活动减少输沙模数(ΔSY^{hum})为 233.5t/(km^2·a);由此可
知气候变化(主要是降水量变化)的影响量(ΔSY^{clim})为 95.9t/(km^2·a)。

6.1.3 气候变化和人类活动贡献率分析

基于上述对气候变化与人类活动对区域输沙模数的影响量的计算,可得到其各自的
贡献率,结果表明,整个研究时段内的研究区输沙减少的变化中,气候变化的贡献率为

29.11%，而人类活动的贡献率为 70.89%，如表 6-1 所示。

表 6-1　气候变化/人类活动影响流域输沙的贡献率

	ΔSY	ΔSY^{clim}	ΔSY^{hum}
影响量/[t/(km²·a)]	329.4	95.9	233.5
贡献率/%	100	29.11	70.89

6.2　流域泥沙影响因素分析

6.2.1　流域多年平均输沙模数

本研究中所涉及的 66 个研究流域的多年平均输沙模数如表 6-2 所示。

表 6-2　研究流域多年平均输沙模数及数据时段

序号	流域	SY	数据时段/年	序号	流域	SY	数据时段/年
1	大青沟	334.19	1959～1969	25	漫水河	54.56	1957～1992
2	大河口	11.58	1958～1968	26	石佛口	101.17	1957～1992
3	南土岭	315.03	1960～1989	27	杨家营	270.22	1958～1989
4	丰镇	806.09	1960～1991	28	李家选	205.38	1958～1976
5	青白口	15.46	1957～1991	29	富贵庄	95.02	1976～1988
6	围场	1242.30	1963～1991	30	峪河口	54.49	1971～1988
7	边墙山	2454.61	1963～1991	31	口头	911.16	1973～1991
8	豆罗桥	1159.89	1957～1991	32	峪门口	199.91	1965～1990
9	芦庄	1945.59	1971～1991	33	泥河	228.82	1957～1971
10	王家会	412.26	1959～1991	34	水平口	157.65	1962～1992
11	会里	120.06	1971～1991	35	蓝旗营	149.61	1964～1991
12	寺坪	121.51	1980～1991	36	罗庄子	83.46	1977～1991
13	马村	44.95	1957～1982	37	蔡家庄	695.67	1959～1991
14	阳泉	1965.33	1960～1991	38	冷口	369.57	1959～1991
15	平泉	578.87	1960～1991	39	崖口	190.07	1965～1980
16	石门	563.58	1957～1982	40	沟台子	101.07	1960～1991
17	刘家坪	458.01	1972～1991	41	波罗诺	316.92	1962～1991
18	北张店	1300.21	1961～1979	42	下河南	1071.83	1962～1991
19	石栈道	996.26	1958～1991	43	韩家营	539.93	1960～1991
20	王岸	43.92	1977～1991	44	承德	334.23	1960～1991
21	唐山	1120.53	1957～1991	45	下板城	314.97	1968～1991
22	赵家港	761.82	1980～1991	46	宽城	252.06	1974～1991
23	李营	438.08	1957～1990	47	土门子	157.10	1972～1991
24	榛子镇	80.88	1963～1984	48	桃林口	243.39	1962～1991

序号	流域	SY	数据时段/年	序号	流域	SY	数据时段/年
49	大阁	641.56	1962~1990	58	孤山	513.68	1964~1991
50	戴营	336.40	1962~1991	59	观音堂	1288.64	1963~1991
51	下会	98.82	1962~1991	60	固定桥	239.51	1973~1991
52	下堡	223.35	1962~1991	61	钱家沙洼	274.75	1962~1991
53	三道营	270.22	1962~1991	62	兴和	332.90	1963~1991
54	张家坟	115.77	1969~1991	63	柴沟堡(东)	530.20	1962~1991
55	三河	14.21	1973~1991	64	柴沟堡(南)	590.76	1962~1991
56	罗庄	914.15	1964~1991	65	张家口	1008.08	1962~1991
57	西朱庄	370.65	1977~1991	66	响水堡	255.44	1962~1991

6.2.2 各类影响因子对流域泥沙的影响

1. 流域形态因子与流域输沙模数的相关性分析

分别选取 A、Peri、C、SL、DD 等指数来反映流域形态因子。采用相关性分析方法计算流域输沙模数与上述形态因子的相关性，结果如表 6-3 所示。

表 6-3　流域形态因子与输沙模数的相关性分析

	SY	A	Peri	C	SL	DD
SY	1					
A	−0.145	1				
Peri	−0.117	0.958**	1			
C	−0.055	−0.291*	−0.427**	1		
SL	−0.114	0.875**	0.946**	−0.391**	1	
DD	0.039	−0.511**	−0.598**	−0.139	−0.592**	1

*在 0.05 水平上显著; **在 0.01 水平上显著。

从表 6-3 中可以看出，流域输沙模数与 5 个流域形态因子相关性均较差，其相关性均未达到 0.05 水平上显著程度。这说明，在众多影响因子中，流域形态因子对流域输沙模数的影响较小。

对流域输沙模数与 5 个流域形态因子进行线性回归分析，得到标准化方程为

$$SY=0.108A-0.437Peri-0.245C-0.015SL-0.210DD，\quad R^2=0.042，\quad n=66 \qquad (6-1)$$

线性回归分析结果表明，方程拟合结果也较差，相关系数 R^2 仅为 0.042。

由于标准回归系数的绝对值大小直接反映了自变量 x 对因变量 y 的影响程度，因此，可算得不同流域形态因子对流域输沙量的贡献率。结果表明，5 个流域形态因子中，贡献率最大的是流域周长 Peri，其贡献率可达 43.05%；其次为流域圆比率系数 C 与河网密度 DD，贡献率分别为 24.14% 和 20.69%；再次为流域面积 A，其贡献率为 10.64%；河流

长度 SL 对输沙模数影响的贡献率最小，仅为 1.48%。

2. 流域地形因子对流域输沙量的影响

分别选取 S、H_{min}、H_{max}、HD、H_{mean}、HI、RR 等指数来反映流域地形因子。采用相关性分析方法计算流域输沙模数与上述地形因子的相关性，结果如表 6-4 所示。

表 6-4　流域地形因子与输沙模数的相关性分析

	SY	S	H_{max}	H_{min}	HD	H_{mean}	HI	RR
SY	1							
S	−0.122	1						
H_{max}	0.078	0.474**	1					
H_{min}	0.409**	−0.055	0.653**	1				
HD	−0.261*	0.674**	0.739**	−0.028	1			
H_{mean}	0.280*	0.251*	0.892**	0.887**	0.388**	1		
HI	0.244*	0.247*	0.375**	0.333**	0.198	0.554**	1	
RR	−0.133	0.508**	−0.173	−0.188	−0.062	−0.194	−0.094	1

*在 0.05 水平上显著; **在 0.01 水平上显著。

从表 6-4 中可以看出，SY 与 S 呈一定的负相关关系，但相关性并不显著；与 H_{max} 呈一定的正相关关系，相关性也不显著；而与 H_{min} 则呈现出明显的正相关关系，相关性在 0.01 水平上达到显著；与 HD 呈现出明显的负相关关系，相关性在 0.05 水平上达到显著；与 H_{mean} 呈明显的正相关关系，相关性在 0.05 水平上达到显著；与 HI 呈明显的正相关关系，相关性在 0.05 水平上达到显著；与 RR 呈一定的负相关关系，但相关性并不显著。分析结果表明，流域高程越高、HI 越高的流域，其输沙模数越高。

对各类流域输沙模数与 7 个流域地形因子进行线性回归分析，得到标准化线性回归方程为

$$SY=0.359S+1.43H_{min}-0.041HD-1.339H_{mean}+0.403HI-0.272RR, \quad R^2=0.311, \quad n=66 \quad (6-2)$$

线性回归中，H_{max} 没有被纳入方程中，被排除，通过各回归方程的标准化系数计算可得各地形因子影响的贡献率。回归结果表明，在 7 个流域地形因子中，H_{min} 和 H_{mean} 的贡献率最大，分别为 37.20%和 34.83%；其次为 S、HI 和 RR，分别为 9.34%、10.48% 和 7.08%；HD 的贡献率最小，仅为 1.07%。

3. 降水因子对流域输沙量的影响

本研究选取 MAP、PCI 和 MF、RUSLE 侵蚀因子 R(Rf) 等指数来反映流域降水因子，流域输沙模数与上述降水因子之间的相关性如表 6-5 所示。

表 6-5　流域降水因子与输沙模数的相关性分析

	SY	MAP	PCI	MF	Rf
SY	1				
MAP	0.301^*	1			
PCI	0.062	−0.217	1		
MF	0.267^*	0.615^{**}	0.618^{**}	1	
Rf	0.282^*	0.608^{**}	0.599^{**}	0.987^{**}	1

*在 0.05 水平上显著; **在 0.01 水平上显著。

从表 6-5 中可以看出,流域输沙模数与 MAP 呈显著的正相关关系,随降水量的增加,流域输沙模数也增加,相关性在 0.05 水平上显著;与 PCI 呈一定的正相关关系,但相关性较差;与 MF 呈显著的正相关关系,相关性较好,在 0.05 水平上显著;与 Rf 呈显著的正相关关系,相关性较好,在 0.05 水平上显著。

对流域输沙模数与 4 个降水因子进行线性回归分析,得到标准化线性回归方程为

$$SY=1.058MAP+0.874PCI+2.012MF+1.102Rf,\ R^2=0.145,\ n=66 \qquad (6\text{-}3)$$

线性回归分析结果表明,方程拟合结果较差,相关系数 R^2 仅为 0.145。

通过各回归方程的标准化系数计算得到各降水影响的贡献率。回归结果表明,在 4 个流域降水因子中,MF 的贡献率最高,为 39.87%;MAP 与 Rf 的贡献率相近,分别为 20.97%和 21.84%;PCI 的贡献率最小,仅为 17.32%。

4. 土地利用对流域输沙量的影响

研究区海河上游山区主要有 6 类土地利用类型,即林地、草地、耕地、未利用土地、城镇建设用地及水域,基于 6 种土地利用类型的覆盖率(f_{forest}、f_{grass}、f_{crop}、f_{bare}、f_{urban}、f_{water}),流域输沙模数与上述土地利用因子之间的相关性如表 6-6 所示。

表 6-6　流域土地利用与输沙模数的相关性分析

	SY	f_{forest}	f_{grass}	f_{crop}	f_{bare}	f_{urban}	f_{water}
SY	1						
f_{forest}	−0.166	1					
f_{grass}	−0.187	-0.386^{**}	1				
f_{crop}	0.061	-0.805^{**}	−0.218	1			
f_{bare}	−0.094	-0.256^{**}	−0.053	0.208	1		
f_{urban}	0.044	-0.516^{**}	-0.367^{**}	0.710^{**}	0.168	1	
f_{water}	0.173	−0.154	-0.275^{**}	0.322^{**}	−0.100	0.355^{**}	1

**在 0.01 水平上显著。

从表 6-6 中可以看出,流域输沙模数与 6 个土地利用因子相关性均较差,均未达到 0.05 水平上显著。其中,流域输沙模数与 f_{forest}、f_{grass}、f_{bare} 呈一定的负相关关系;与 f_{crop}、

f_{urban} 及 f_{water} 呈一定的正相关关系,这也从侧面表明了人类活动促进流域输沙的影响。

对流域输沙模数与 6 个土地利用因子进行线性回归分析,得到标准化线性回归方程为

$$SY = 1.119f_{forest} + 0.972f_{grass} + 0.926f_{crop} + 0.036f_{bare} + 0.231f_{urban} + 0.237f_{water},$$
$$R^2 = 0.100, \quad n = 66 \tag{6-4}$$

线性回归分析结果表明,方程拟合结果较差,相关系数 R^2 仅为 0.100。

通过各回归方程的标准化系数计算得到各降水影响的贡献率。回归结果表明,3 种植被土地利用类型的贡献率要远大于其他 3 种利用类型,森林、草地、耕地覆盖的贡献率分别为 31.78%、27.61%、26.30%;而剩余未利用土地、城镇建设用地及水域 3 种土地利用类型的贡献率则仅分别为 1.02%、6.56%、6.73%。其中,尽管城镇建设用地、水域库坝等人类活动能够剧烈地加剧流域输沙的影响,但山区城镇建设用地等利用类型覆盖率很小,而 95% 以上的覆盖率为森林、草地和耕地,因此,该 3 种植被类型的贡献率要高于城镇建设用地。

6.2.3 各影响因素贡献率分析

1. 流域输沙模数多元回归模型

参考对径流部分的分析,本研究在做多元统计分析时也将输沙模数的自然对数值 $\ln(SY)$ 作为单独的因变量来分析。其多元线性拟合方程为

$$\ln(SY) = F_{morphology} + F_{topography} + F_{climate} + F_{land-use} + 17.966$$
$$R^2 = 0.612, \quad n = 66 \tag{6-5}$$

式中,

$$F_{morphology} = -2.03 \times 10^{-4}A + 0.003Peri - 0.012C + 0.008SL + 8.77DD \tag{6-6}$$

$$F_{topography} = 0.29S + 0.007H_{min} + 0.001HD - 0.005H_{mean} + 5.86HI - 0.264RR \tag{6-7}$$

$$F_{climate} = -4.25 \times 10^{-4}MAP + 0.001MAR - 0.117PCI + 0.084MF - 0.001Rf \tag{6-8}$$

$$F_{land-use} = -19.81f_{forest} - 18.72f_{grass} - 18.933f_{crop} - 40.92f_{bare} - 13.415f_{urban} + 16.18f_{water} \tag{6-9}$$

2. 模型验证分析

在本研究中,选取其余 30 个研究流域作为模拟对象,验证模型的准确程度。模拟结果表明,经计算,其绝对误差值 MAE 为 0.4973,模型效率值 ME 为 0.6886,相对均方根误差 RRMSE 为 0.0986。绝对误差值 MAE 较小,模型效率值 ME 与 1 较接近,相对均方根 RRMSE 误差值很小,这些都表明,上述模型模拟效果较好。图 6-3 反映了模拟值

与实测值的相关关系，图 6-3 中显示，ln(SY) 的预测值和实测值均分布在 $y=x$ 直线附近，也表明模型模拟效果较好。

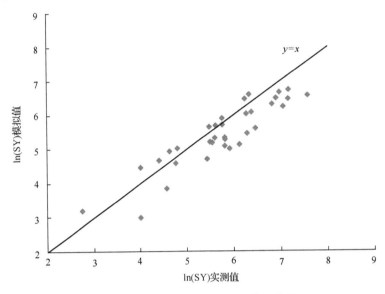

图 6-3　流域输沙模数拟合模型模拟结果

3. 贡献率分析

标准回归系数，是指消除了因变量 y 和自变量 x 所取单位的影响之后的回归系数，其绝对值的大小直接反映了 x 对 y 的影响程度。上述模型系数标准化后为

$$\ln(SY)' = F'_{\text{morphology}} + F'_{\text{topography}} + F'_{\text{climate}} + F'_{\text{land-use}} \tag{6-10}$$

式中，

$$F'_{\text{morphology}} = -0.512A + 0.418\text{Peri} - 0.001C + 0.35\text{SL} + 0.364\text{DD} \tag{6-11}$$

$$F'_{\text{topography}} = 0.342S + 2.501H_{\min} + 0.481\text{HD} - 2.018H_{\text{mean}} + 0.457\text{HI} - 0.344\text{RR} \tag{6-12}$$

$$F'_{\text{climate}} = -0.045\text{MAP} + 0.048\text{MAR} - 0.437\text{PCI} + 2.14\text{MF} - 1.688\text{Rf} \tag{6-13}$$

$$F'_{\text{land-use}} = -3.697f_{\text{forest}} - 2.217f_{\text{grass}} - 2.827f_{\text{crop}} - 0.808f_{\text{bare}} - 0.395f_{\text{urban}} + 0.121f_{\text{water}} \tag{6-14}$$

基于模型标准化系数，得到各影响因素对 ln(SY) 的影响程度贡献率如表 6-7 所示。

从表 6-7 中可以看出，在 4 类影响因素中，土地利用对流域输沙模数的影响远远高于其他 3 类影响因素，其贡献率可达 45.32%；其次为地形因素，贡献率达 27.66%；第三为降水因子，其贡献率为 19.62%；流域形态因子对输沙模数的影响最小，其贡献率仅为 7.41%。在土地利用类型中，林地、草地和耕地的影响占绝大多数，其贡献率大小分别为林地(16.64%)＞耕地(12.73%)＞草地(9.98%)，而城镇建设用地与水域的贡献率很小，仅为1.78%和0.54%。

表 6-7　各因子影响流域输沙模数的贡献率

形态因子		地形		降水		土地利用	
因子	贡献率/%	因子	贡献率/%	因子	贡献率/%	因子	贡献率/%
A	2.31	S	1.54	MAP	0.20	f_{forest}	16.64
Peri	1.88	H_{min}	11.26	PCI	1.97	f_{grass}	9.98
C	0.00	HD	2.17	MF	9.63	f_{crop}	12.73
SL	1.58	H_{mean}	9.09	Rf	7.60	f_{bare}	3.64
DD	1.64	HI	2.06			f_{urban}	1.78
		RR	1.55			f_{water}	0.54
总和	7.41	总和	27.66	总和	19.62	总和	45.32

6.3　流域总径流水质影响因素分析

6.3.1　流域总径流水质特征

海河流域上游山区的 66 个研究流域中，有 15 个流域有年尺度的水质数据，河流水质的指标有 pH 、离子浓度(I)、矿化度(M)、总硬度(R)、总碱度(Alk)，以该 15 个流域为研究样本，其各水质参数多年平均数据如表 6-8 所示。

表 6-8　海河山区流域总径流水质特征

序号	流域	pH	离子浓度/ (mg/L)	矿化度/ (mg/L)	总硬度 (德国度)	总碱度 (德国度)	时间序列/年
1	韩家营	7.98	317.63	328.83	9.80	9.45	1971～1984
2	下河南	7.76	291.62	284.00	8.47	8.48	1971～1984
3	承德	7.85	261.96	273.14	7.85	7.79	1971～1984
4	下板城	7.84	296.46	288.57	8.96	8.76	1971～1984
5	李营	7.96	354.74	400.29	11.65	8.92	1971～1984
6	平泉	7.90	208.00	200.50	6.58	6.01	1971～1984
7	土门子	7.78	297.44	300.57	9.37	8.89	1971～1984
8	桃林口	7.65	230.41	144.97	7.39	7.29	1971～1984
9	唐山	7.45	463.67	457.67	11.95	9.93	1971～1984
10	三河	7.71	322.42	236.89	10.26	10.26	1971～1984
11	水平口	7.14	131.55	86.21	23.40	3.63	1971～1984
12	下堡	7.60	273.86	208.83	9.06	8.77	1971～1984
13	戴营	7.80	281.75	190.79	8.59	8.53	1971～1984
14	响水堡	7.63	543.54	420.50	13.09	14.66	1971～1984
15	张家口	7.82	294.27	194.59	8.79	8.18	1971～1984

6.3.2　总径流水质影响因素相关性分析

为研究各类因子对流域河流水质的影响，本研究依然参考第 5 章中对流域枯水、洪水的分析(表)，对流域形态、地形、水文、土地利用等 4 类共计 23 个影响因子与流域各水质指标的相关性进行统计分析，结果如表 6-9 所示。

表 6-9　海河山区流域总径流水质与各影响因子的相关性

	pH	离子浓度	矿化度	总硬度	总碱度
A	0.015	0.565**	0.269	−0.004	0.714**
Peri	0.041	0.483	0.222	−0.077	0.450
C	0.209	−0.072	−0.081	−0.026	−0.019
SL	0.148	0.422	0.179	−0.197	0.411
DD	0.008	−0.117	0.187	0.053	−0.406
S	0.427	−0.306	−0.314	−0.393	−0.045
H_{max}	0.387	−0.014	−0.206	−0.241	0.237
H_{min}	0.461	0.08	0.044	−0.37	0.155
HD	0.206	0.071	0.298	0.074	0.208
H_{mean}	0.443	0.126	0.027	0.361	0.303
HI	0.326	0.248	0.106	0.371	0.381
RR	0.064	−0.366	−0.122	0.232	−0.419
MAP	−0.405	−0.465	−0.31	0.395	−0.561*
MAR	−0.405	−0.465	−0.31	0.395	−0.561*
PCI	0.043	−0.021	0.039	0.065	−0.03
MF	−0.212	−0.257	−0.128	0.287	−0.312
Rf	−0.236	−0.236	−0.162	0.291	−0.254
f_{forest}	0.341	−0.577*	−0.393	−0.087	−0.393
f_{grass}	0.396	−0.025	−0.139	−0.350	0.098
f_{crop}	−0.558*	0.565*	0.407	0.263	0.36
f_{bare}	0.286	0.146	0.222	−0.077	0.237
f_{urban}	−0.491	0.416	0.463	0.346	0.102
f_{water}	−0.498	0.300	0.258	0.211	0.123

*在 0.05 水平上显著; **在 0.01 水平上显著。

从表 6-9 中可以看出，与流域年径流 pH 相关性显著的因子为流域耕地覆盖率 f_{crop}，相关系数为−0.558，表明 pH 与 f_{crop} 在 0.05 水平上有显著负相关关系。与流域年径流离子浓度相关性显著的因子有流域面积 A、森林覆盖率 f_{forest}、耕地覆盖率 f_{crop}，其与流域面积 A 在 0.01 水平上呈明显的正相关，与森林覆盖率 f_{forest} 在 0.05 水平上呈明显的负相关，与耕地覆盖率 f_{crop} 在 0.05 水平上呈明显的正相关。在这两者的分析中，耕地覆盖率 f_{crop} 均表现出了良好的相关性，这说明流域中耕地的覆盖率 f_{crop} 对流域水质有明显的影响，这可能是由于耕地在耕作过程中的化肥、农药等的使用对水质的影响。

表 6-9 中相关性分析的结果中，流域年径流的矿化度与总硬度 2 个指标与各因子均无明显的相关性，该 2 个指标可能与流域地质的影响更为显著。而与总碱度相关性明显的因子有流域面积 A、多年平均降水量 MAP、多年平均径流量 MAR，其分别与流域面积 A 在 0.01 水平上有明显的正相关关系，与多年平均降水和径流在 0.05 水平上有明显的负相关关系。

对流域年径流水质的 5 个指标与流域形态、地形、水文、土地利用等 4 类共计 23 个影响因子的相关性分析结果表明，影响流域水质的因子主要有 A、MAP、MAR、f_{forest}、f_{crop} 等。

6.3.3　总径流水质影响因素贡献率分析

1) 多元线性回归分析

参考上节对流域枯水、洪水的研究，依然对所有影响因子与流域各指标之间进行回归分析，流域年径流的 pH、离子浓度、矿化度、总硬度、总碱度与各影响因子的拟合方程为

$$pH=1.363\times10^{-5}A+3.666\times10^{-4}MAP-0.003MAR+5.774f_{forest}+6.296f_{grass}+2.229f_{crop}$$
$$+12.822f_{bare}+14.193f_{urban}+2.607，R^2=0.822，n=15 \tag{6-15}$$

$$I=0.023A-0.408MAP-0.375MAR+3509.464f_{forest}+3424.085f_{grass}+2836.842f_{crop}$$
$$+2880.316f_{bare}+6892.929f_{urban}-2849.668，R^2=0.868，n=15 \tag{6-16}$$

$$M=0.017A-0.444MAP-0.302MAR+4467.264f_{forest}+4520.650f_{grass}+3441.263f_{crop}$$
$$+9336.209f_{bare}+9038.159f_{urban}-3779.765，R^2=0.754，n=15 \tag{6-17}$$

$$R=1.361\times10^{-4}A-0.001MAP+0.081MAR+210.865f_{forest}+201.691f_{grass}+270.358f_{crop}$$
$$+482.867f_{bare}+97.054f_{urban}-216.485，R^2=0.626，n=15 \tag{6-18}$$

$$Alk=0.001A-0.007MAP-0.016MAR+132.335f_{forest}+125.404f_{grass}+118.988f_{crop}$$
$$+103.978f_{bare}+194.545f_{urban}-114.708，R^2=0.830，n=15 \tag{6-19}$$

拟合结果表明，流域形态、地形、水文、土地利用等 4 类共计 23 个影响因子中，只有流域面积 A、多年平均降水量 MAP、多年平均径流量 MAR、森林覆盖率 f_{forest}、草地覆盖率 f_{grass}、耕地覆盖率 f_{crop}、未利用土地覆盖率 f_{bare}、城镇建设用地覆盖率 f_{urban} 等因子进入了模型当中，模型相关系数 R^2 较高，均在 0.6~0.9 之间。

为评价上述模型的模拟结果，基于上述研究得出的多元统计模型，对研究区各样本流域的年径流水质的各参数值进行模拟，基于水质参数的实测值与模拟值，计算上述模型的 MAE、ME、RRMSE，以该 3 个参数值来反映模型的模拟效果，结果如表 6-10 所示。

表 6-10　流域总径流水质多元统计模型模拟效果

	pH	I	M	R	Alk
MAE	0.1262	28.5298	42.0341	1.4672	0.7828
ME	0.7355	0.8682	0.7535	0.7979	0.7880
RRMSE	0.0184	0.1126	0.1859	0.1684	0.1201

从表 6-10 中可以看出，流域年径流的 pH、离子浓度、矿化度、总硬度、总碱度等 5 个水质指标的绝对误差值 MAE 分别为 0.1262、28.5298、42.0341、1.4672、0.7828，经计算，该误差值占指标平均值的百分比分别为 1.63%、5.36%、9.69%、8.17%、5.06%，结果表明，模型模拟的绝对误差值 MAE 较小；模型效率值 ME 分别为 0.7355、0.8682、0.7535、0.7979、0.7880，各值均在 0.7 以上；相对均方差值 RRMSE 分别为 0.0184、0.1126、0.1859、0.1684、0.1201，其值也较小；这些结果均表明，上述模型的模拟结果存在一定的误差，但总体模拟结果相对较好。

图 6-4 表述了研究区各研究流域的各类径流水质指标的模拟值和实测值的散点图，从各图中可以看出，pH、离子浓度、矿化度、总硬度、总碱度的模拟值与实测值均分布在 $y = x$ 直线附近，这也表明模型模拟结果较好。

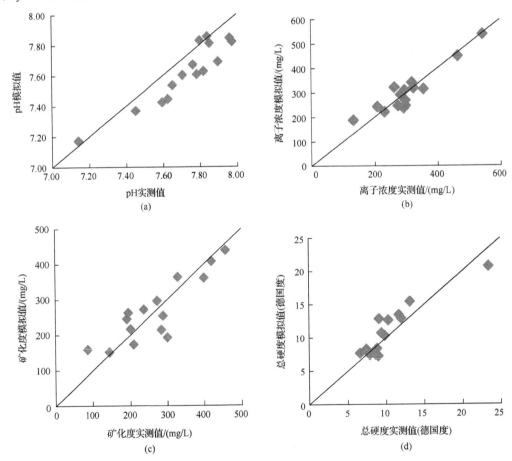

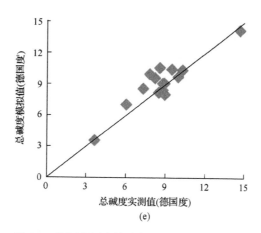

（e）

图 6-4 海河山区流域总径流各水质特征模拟结果

2）影响因素贡献率分析

参考对流域枯/洪水的研究，依然对所有影响因子与流域各指标之间进行回归分析，对得到的拟合方程进行标准化，基于标准化线性拟合方程的各因子的系数，得到各影响因子影响流域年径流水质各指标的贡献率。流域年径流的 pH、离子浓度、矿化度、总硬度、总碱度与各影响因子的标准化拟合方程为

$$pH=0.226A-0.177MAP-0.838MAR+3.966f_{forest}+1.195f_{grass}+2.892f_{crop}+0.366f_{bare}$$
$$+3.053f_{urban}，R^2=0.822，n=15 \tag{6-20}$$

$$I=0.855A-0.436MAP-0.241MAR+5.312f_{forest}+3.466f_{grass}+3.353f_{crop}+0.181f_{bare}$$
$$+3.268f_{urban}，R^2=0.868，n=15 \tag{6-21}$$

$$M=0.590A-0.447MAP-0.183MAR+6.372f_{forest}+4.312f_{grass}+3.832f_{crop}$$
$$+0.554f_{bare}+4.038f_{urban}，R^2=0.754，n=15 \tag{6-22}$$

$$R=-0.122A-0.024MAP+1.272MAR+7.780f_{forest}+4.977f_{grass}+5.789f_{crop}$$
$$+0.741f_{bare}+3.122f_{urban}，R^2=0.626，n=15 \tag{6-23}$$

$$Alk=0.962A-0.306MAP-0.429MAR+8.402f_{forest}+5.325f_{grass}+5.899f_{crop}$$
$$+0.275f_{bare}+3.869f_{urban}，R^2=0.830，n=15 \tag{6-24}$$

基于模型的标准化系数，得到进入模型的各影响因素影响流域年径流水质，各指标的贡献率如表 6-11 所示。

从表 6-11 中可以看出，几个进入模型的影响因子对流域年径流 5 个水质指标的影响存在较为明显的一致性，在几个因子中，贡献率较大的因子为森林、草地、耕地及城市建设用地等 4 类土地利用类型的覆盖率，而其他因子的贡献率则较小，这说明，影响流域年径流水质的主要影响因子是土地利用因子。在贡献率较大的 4 个覆盖率因子中，林地覆盖率 f_{forest} 的贡献率最大，其对 5 个水质指标的贡献率均在 30% 以上；草地覆盖率 f_{grass} 对年径流 pH 影响的贡献率较小，仅为 9.40%，而对其他 4 个指标的贡献率均在 20%

表 6-11　各影响因子对流域总径流水质特征的贡献率

	pH	I	M	R	Alk
A	1.78%	5.00%	2.90%	0.51%	3.78%
MAP	1.39%	2.55%	2.20%	0.10%	1.20%
MAR	6.59%	1.41%	0.90%	5.34%	1.68%
f_{forest}	31.20%	31.04%	31.35%	32.65%	32.99%
f_{grass}	9.40%	20.25%	21.21%	20.89%	20.91%
f_{crop}	22.75%	19.59%	18.85%	22.69%	23.16%
f_{bare}	2.88%	1.06%	2.73%	3.11%	1.08%
f_{urban}	24.01%	19.10%	19.86%	14.71%	15.19%

以上；耕地覆盖率 f_{crop} 的贡献率也十分明显，均在 20% 左右；值得一提的是，尽管城镇建设用地的覆盖率 f_{urban} 较小（多数流域 $<$10%），但其对流域年径流的贡献率却是十分明显，其贡献率也在 15%～25% 之间。

6.4　流域洪水径流水质影响因素分析

6.4.1　流域洪水径流水质特征

与年尺度径流水质相似，海河流域上游山区的 66 个研究流域中，有 15 个流域有洪水径流的水质数据，河流水质的指标依然为 pH、离子浓度、矿化度、总硬度、总碱度等 5 个指标，以该 15 个流域为研究样本，其各水质参数多年平均数据如表 6-12 所示。

表 6-12　海河上游山区流域洪水径流水质特征

序号	流域	pH	离子浓度 /(mg/L)	矿化度 /(mg/L)	总硬度 （德国度）	总碱度 （德国度）	时间序列 /年
1	韩家营	7.80	284.50	306.00	8.45	8.52	1971～1980
2	下河南	7.68	279.83	264.00	7.99	8.12	1971～1980
3	承德	7.78	223.00	235.00	6.56	6.80	1971～1980
4	下板城	7.66	249.14	218.00	7.11	7.06	1971～1980
5	李营	7.78	284.10	318.00	9.49	7.52	1971～1980
6	平泉	7.80	207.00	192.00	6.28	5.96	1971～1980
7	土门子	7.57	267.05	267.00	8.05	8.02	1971～1980
8	桃林口	7.44	190.20	178.40	6.13	6.06	1971～1980
9	唐山	7.30	443.00	440.00	13.70	9.52	1971～1980
10	三河	7.45	270.34	316.65	8.37	8.25	1971～1980
11	水平口	6.93	100.28	93.50	2.74	2.70	1971～1980
12	下堡	7.46	245.43	280.25	7.87	7.79	1971～1980
13	戴营	7.69	248.32	375.42	7.59	7.57	1971～1980
14	响水堡	7.53	495.04	509.75	11.27	13.21	1971～1980
15	张家口	7.74	280.10	259.25	7.94	7.64	1971～1980

6.4.2　洪水径流水质影响因素相关性分析

对流域形态、地形、水文、土地利用等 4 类共计 23 个影响因子与流域洪水径流各水质指标的相关性进行统计分析，5 个水质指标与各影响因子的 Pearson 双侧检验相关系数如表 6-13 所示。

表 6-13　海河山区流域洪水径流水质与各影响因子的相关性

	pH	离子浓度 /(mg/L)	矿化度 /(mg/L)	总硬度 （德国度）	总碱度 （德国度）
A	−0.002	0.545*	0.564*	0.297	0.694**
Peri	0.032	0.477	00.495	0.247	0.549
C	0.025	−0.166	−0.14	−0.054	−0.158
SL	0.124	0.415	0.449	0.234	0.408
DD	0.210	−0.072	−0.121	0.106	−0.311
S	0.467	−0.357	−0.270	−0.370	−0.099
H_{max}	0.322	−0.047	0.014	−0.197	0.209
H_{min}	0.533*	0.134	0.105	0.061	0.243
HD	−0.77	−0.149	−0.056	−0.297	0.114
H_{mean}	0.491	0.159	0.169	0.027	0.354
HI	0.434	0.322	0.302	0.217	0.462
RR	0.004	−0.383	−0.379	−0.306	−0.506
MAP	−0.531	−0.527*	−0.492	−0.371	−0.636*
MAR	−0.461	−0.319	−0.275	−0.172	−0.494
PCI	−0.057	−0.036	−0.040	−0.017	−0.085
MF	−0.361	−0.305	−0.295	−0.207	−0.398
Rf	−0.397	−0.283	−0.246	−0.198	−0.349
f_{forest}	0.024	−0.649**	−0.575*	−0.586*	−0.486
f_{grass}	0.384	−0.027	−0.076	−0.156	0.099
f_{crop}	−0.389	0.641**	0.601*	0.621*	0.446
f_{bare}	0.261	0.173	0.196	0.126	0.283
f_{urban}	−0.584*	0.444	0.419	0.565*	0.153
f_{water}	−0.334	0.370	0.321	0.402	0.211

*在 0.05 水平上显著；**在 0.01 水平上显著。

从表 6-13 中可以看出，与流域洪水径流 pH 相关性显著的因子为流域最小高程 H_{min} 和城镇建设用地覆盖率 f_{urban}，其与最小高程 H_{min} 的相关系数为 0.533，表明在 0.05 水平上呈显著的正相关关系；与城镇建设用地覆盖率 f_{urban} 的相关系数为−0.584，表明在 0.05 水平上呈显著的负相关关系。与流域洪水径流离子浓度相关性显著的因子为流域面积 A、多年平均降水量 MAP、森林覆盖率 f_{forest}、耕地覆盖率 f_{crop}，其分别与流域面积 A 在 0.05 水平上有显著的正相关关系，与多年平均降水量 MAP 在 0.05 水平上有显著的负相关关系，与森林覆盖率 f_{forest} 在 0.01 水平上有显著的负相关关系，与耕地覆盖率 f_{crop} 在 0.01

水平上有显著的正相关关系。与流域洪水径流矿化度相关性显著的因子为流域面积 A、森林覆盖率 f_{forest}、耕地覆盖率 f_{crop}，其分别与流域面积 A 在 0.05 水平上有显著的正相关关系，与森林覆盖率 f_{forest} 在 0.05 水平上有显著的负相关关系，与耕地覆盖率 f_{crop} 在 0.05 水平上有显著的正相关关系。与流域洪水径流总硬度相关性显著的因子为森林覆盖率 f_{forest}、耕地覆盖率 f_{crop}、城镇建设用地覆盖率 f_{urban}，其分别与森林覆盖率 f_{forest} 在 0.05 水平上有显著的负相关关系，与耕地覆盖率 f_{crop} 和城镇建设用地覆盖率 f_{urban} 在 0.05 水平上有显著的正相关关系。与流域洪水径流总碱度相关性显著的因子为流域面积 A 和多年平均降水量 MAP，其与流域面积 A 在 0.01 水平上有显著的正相关关系，与多年平均降水量 MAP 在 0.05 水平上有显著的负相关关系。

通过对流域洪水径流水质的 5 个指标与流域形态、地形、水文、土地利用等 4 类共计 23 个影响因子的相关性分析结果表明，影响流域洪水水质的因子主要有 A、MAP、f_{forest}、f_{crop}、f_{urban} 等。

6.4.3 洪水径流水质影响因素贡献率分析

1) 多元线性回归分析

对所有影响因子与流域各指标之间进行回归分析，流域洪水径流的 pH(pH_{high})、离子浓度(I_{high})、矿化度(M_{high})、总硬度(R_{high})、总碱度(Alk_{high})与各影响因子的拟合方程为

$$pH_{high}=1.359\times10^{-5}A-0.002MAP+2.440f_{forest}+2.429f_{grass}-0.643f_{crop}+3.544f_{bare}+1.729f_{urban}+7.011, \quad R^2=0.879, \quad n=15 \tag{6-25}$$

$$I_{high}=0.017A-0.621MAP+902.307f_{forest}+789.431f_{grass}+468.423f_{crop}-295.187f_{bare}+3279.018f_{urban}-240.646, \quad R^2=0.863, \quad n=15 \tag{6-26}$$

$$M_{high}=0.020A-0.603MAP+4222.774f_{forest}+3960.287f_{grass}+3887.510f_{crop}+4744.349f_{bare}+6726.636f_{urban}-3527.403, \quad R^2=0.869, \quad n=15 \tag{6-27}$$

$$R_{high}=3.030\times10^{-4}A-0.015MAP+29.264f_{forest}+27.732f_{grass}+16.241f_{crop}+43.622f_{bare}+101.183f_{urban}-11.530, \quad R^2=0.734, \quad n=15 \tag{6-28}$$

$$Alk_{high}=4.604\times10^{-4}A-0.015MAP+38.548f_{forest}+32.119f_{grass}+30.010f_{crop}+2.858f_{bare}+75.521f_{urban}-20.210, \quad R^2=0.820, \quad n=15 \tag{6-29}$$

拟合结果表明，流域形态、地形、水文、土地利用等 4 类共计 23 个影响因子中，进入拟合模型中的影响因子有流域面积 A、多年平均降水量 MAP、森林覆盖率 f_{forest}、草地覆盖率 f_{grass}、耕地覆盖率 f_{crop}、未利用土地覆盖率 f_{bare}、城镇建设用地覆盖率 f_{urban} 等因子，模型相关系数 R^2 较高，均在 0.7~0.9 之间。

基于上述研究得出的多元统计模型，对研究区各样本流域的洪水径流水质的各参数值进行模拟，基于水质参数的实测值与模拟值，计算上述模型的 MAE、ME、RRMSE，以该 3 个参数值来反映模型的模拟效果，结果如表 6-14 所示。

表 6-14　流域洪水径流多元统计模型模拟效果

	pH_{high}	I_{high}	M_{high}	R_{high}	Alk_{high}
MAE	0.0753	26.1026	26.2958	0.9819	0.6879
ME	0.8166	0.8623	0.8782	0.7334	0.8128
RRMSE	0.0133	0.1244	0.1077	0.1524	0.1195

　　从表 6-14 中可以看出，流域洪水径流的 pH、离子浓度、矿化度、总硬度、总碱度 5 个水质指标的绝对误差值 MAE 分别为 0.0753、26.1026、26.2958、0.9819、0.6879，经计算，该误差值占指标平均值的百分比分别为 0.99%、9.62%、9.28%、12.32%、8.99%，结果表明，模型模拟的绝对误差值较小；模型效率值 ME 分别为 0.8166、0.8623、0.8782、0.7334、0.8128，各值均在 0.7 以上；相对均方差值 RRMSE 分别为 0.0133、0.1244、0.1077、0.1524、0.1195，其值也较小。这些结果均表明，上述模型的模拟结果存在一定的误差，但总体模拟结果相对较好。

　　图 6-5 表述了研究区各研究流域的各类径流水质指标的模拟值和实测值的散点图，从图 6-5 中可以看出，pH、离子浓度、矿化度、总硬度、总碱度的模拟值与实测值均分布在 $y=x$ 直线附近，这也表明模型模拟结果较好。

(a)

(b)

(c)

(d)

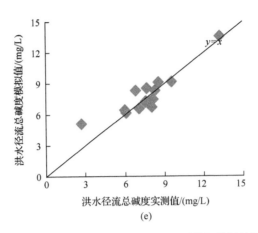

图 6-5 海河山区流域洪水径流各水质特征模拟结果

2) 影响因素贡献率分析

依然对所有影响因子与流域洪水径流水质各指标之间进行回归分析，对得到的拟合方程进行标准化，基于标准化线性拟合方程的各因子的系数，得到各影响因子影响流域洪水径流水质各指标的贡献率。流域洪水径流的 pH、离子浓度、矿化度、总硬度、总碱度与各影响因子的标准化拟合方程为

$$pH_{high}=0.211A-0.871MAP+1.260f_{forest}+0.917f_{grass}-0.195f_{crop}+0.096_{bare}+0.114f_{urban},$$
$$R^2=0.879,\ n=15 \tag{6-30}$$

$$I_{high}=0.665A-0.689MAP+1.419f_{forest}+0.830f_{grass}+0.575f_{crop}-0.019f_{bare}+1.615f_{urban},$$
$$R^2=0.863,\ n=15 \tag{6-31}$$

$$M_{high}=0.701A-0.621MAP+6.125f_{forest}+3.901f_{grass}+4.396f_{crop}+0.29f_{bare}+3.073f_{urban},$$
$$R^2=0.869,\ n=15 \tag{6-32}$$

$$R_{high}=0.446A-0.638MAP+1.779f_{forest}+1.128f_{grass}+0.771f_{crop}+0.110f_{bare}+1.927f_{urban},$$
$$R^2=0.734,\ n=15 \tag{6-33}$$

$$Alk_{high}=0.754A-0.73MAP+2.61f_{forest}+1.455f_{grass}+1.587f_{crop}+0.008f_{bare}+1.602f_{urban},$$
$$R^2=0.820,\ n=15 \tag{6-34}$$

基于模型的标准化系数，得到进入模型的各影响因素影响流域洪水径流水质，各指标的贡献率如表 6-15 所示。

从表 6-15 中可以看出，进入模型的各影响因子对 pH 影响的贡献率较大的因子有多年平均降水量 MAP、森林覆盖率 f_{forest} 及草地覆盖率 f_{grass}，其贡献率均在 20% 以上，其中，森林覆盖率 f_{forest} 的贡献率最大，为 34.39%。各因子对离子浓度的影响较为均匀，除未利用土地覆盖率 f_{bare} 的贡献率最小仅为 0.33% 外，森林覆盖率 f_{forest} 及城镇建设用地覆盖率的贡献率 f_{urban} 均在 20% 以上，剩余流域面积 A、多年平均降水量 MAP、耕地覆盖

表 6-15 各影响因子对流域洪水径流水质特征的贡献率

	pH$_{high}$	I_{high}	M_{high}	R_{high}	Alk$_{high}$
A	5.76%	11.44%	3.67%	6.58%	8.62%
MAP	23.77%	11.85%	3.25%	9.41%	8.36%
f_{forest}	34.39%	24.42%	32.06%	26.24%	29.85%
f_{grass}	25.03%	14.28%	20.42%	16.64%	16.63%
f_{crop}	5.32%	9.89%	23.01%	11.37%	18.14%
f_{bare}	2.62%	0.33%	1.52%	1.62%	0.09%
f_{urban}	3.11%	27.79%	16.08%	28.43%	18.31%

f_{crop} 等 3 个因子的贡献率均在 10%左右。各因子对矿化度、总硬度、总碱度影响的贡献率存在一定的一致性,在几个因子中,贡献率较大的因子为森林、草地、耕地及城市建设用地等 4 类土地利用类型的覆盖率,其贡献率均在 15%~30%,而其他因子的贡献率则较小。结果表明,影响流域洪水径流水质的主要影响因子也是土地利用因子。

6.5 流域枯水径流水质影响因素分析

6.5.1 流域枯水径流水质特征

与年尺度径流水质相似,海河流域上游山区的 66 个研究流域中,有 15 个流域有枯水径流的水质数据,河流水质的指标依然为 pH、离子浓度、矿化度、总硬度、总碱度等 5 个指标,以该 15 个流域为研究样本,其各水质参数多年平均数据如表 6-16 所示。

表 6-16 海河山区流域枯水径流水质特征

ID	流域	pH	离子浓度 /(mg/L)	矿化度 /(mg/L)	总硬度 (德国度)	总碱度 (德国度)	时间序列/年
1	韩家营	7.90	335.00	339.00	10.21	9.80	1971~1980
2	下河南	7.78	308.66	292.50	8.94	8.92	1971~1980
3	承德	7.83	297.10	284.50	8.88	8.76	1971~1980
4	下板城	7.93	354.17	348.00	10.92	10.69	1971~1980
5	李营	8.06	407.48	436.50	13.51	10.22	1971~1980
6	平泉	7.90	242.50	235.00	7.93	7.30	1971~1980
7	土门子	7.88	329.70	323.50	10.53	9.82	1971~1980
8	桃林口	7.92	268.01	272.15	8.49	8.48	1971~1980
9	唐山	7.20	454.00	428.00	13.10	8.93	1971~1980
10	三河	7.68	355.02	363.85	11.67	11.82	1971~1980
11	水平口	7.39	161.12	176.70	47.85	4.50	1971~1980
12	下堡	7.76	302.43	314.75	10.28	9.77	1971~1980
13	戴营	7.73	317.28	381.00	9.44	9.53	1971~1980
14	响水堡	7.71	582.93	587.50	14.83	15.91	1971~1980
15	张家口	7.88	302.46	293.25	9.51	8.60	1971~1980

6.5.2　枯水径流水质影响因素相关性分析

对流域形态、地形、水文、土地利用等 4 类共计 23 个影响因子与流域枯水径流各水质指标的相关性进行统计分析，5 个水质指标与各影响因子的 Pearson 双侧检验相关系数如表 6-17 所示。

表 6-17　海河流域上游山区流域枯水径流水质与各影响因子的相关性

	pH	离子浓度 /(mg/L)	矿化度 /(mg/L)	总硬度 (德国度)	总碱度 (德国度)
A	0.083	0.593*	0.620*	−0.125	0.723**
Peri	0.090	0.495	0.516*	−0.179	0.636*
C	0.302	−0.005	0.040	−0.034	0.114
SL	0.173	0.429	0.462	−0.287	0.491
DD	−0.187	−0.149	−0.200	0.084	−0.477
S	0.491	−0.223	−0.113	−0.325	0.121
H_{max}	0.630*	0.055	0.161	−0.236	0.357
H_{min}	0.516*	0.079	0.065	−0.374	0.168
HD	0.488	0.020	0.169	−0.064	0.358
H_{mean}	0.511	0.137	0.172	−0.379	0.332
HI	0.171	0.192	0.167	−0.419	0.302
RR	0.155	−0.317	−0.286	0.311	−0.435
MAP	−0.257	−0.441	−0.377	0.476	−0.527*
MAR	−0.220	−0.194	−0.150	0.541*	−0.390
PCI	−0.033	−0.012	−0.095	0.071	0.030
MF	−0.184	−0.239	−0.271	0.330	−0.248
Rf	−0.215	−0.219	−0.238	0.326	−0.183
f_{forest}	0.471	−0.508*	−0.429	0.026	−0.246
f_{grass}	0.637*	0.054	0.082	−0.302	0.227
f_{crop}	−0.788**	0.457	0.366	0.131	0.158
f_{bare}	0.142	0.106	0.097	−0.138	0.158
f_{urban}	−0.790**	0.325	0.254	0.231	−0.091
f_{water}	−0.710**	0.180	0.106	0.132	−0.097

*在 0.05 水平上显著；**在 0.01 水平上显著。

从表 6-17 中可以看出，与流域枯水径流 pH 相关性显著的因子有流域最大高程 H_{max}、最小高程 H_{min}、草地覆盖率 f_{grass}、耕地覆盖率 f_{crop}、城镇建设用地覆盖率 f_{urban}、水域覆盖率 f_{water} 等因子。其中，枯水径流 pH 与最大高程 H_{max}、最小高程 H_{min} 和草地覆盖率 f_{grass} 有明显的正相关关系，且在 0.05 水平上显著；与耕地覆盖率 f_{crop}、城镇建设用地覆盖率 f_{urban} 和水域覆盖率 f_{water} 呈明显的负相关关系，且在 0.01 水平上显著。与枯水径流离子浓度相关性显著的因子有流域面积 A 和森林覆盖率 f_{forest}。其中，离子浓度与流域面积 A 呈明显的正相关关系，在 0.05 水平上显著；与森林覆盖率 f_{forest} 呈明显的负相关关系，在

0.05 水平上显著。与枯水径流矿化度相关性显著的因子为流域面积 A 和周长 Peri，均在 0.05 水平呈显著的正相关关系。与枯水径流总硬度相关性显著的因子为多年平均径流量 MAR，在 0.05 水平上呈显著的正相关关系。枯水径流总碱度分别与流域面积 A 在 0.01 水平上有显著的正相关关系、与流域周长 Peri 在 0.05 水平上有明显的正相关关系、与多年平均降水量 MAP 在 0.05 水平上有明显的负相关关系。

通过对流域年径流水质的 5 个指标与流域形态、地形、水文、土地利用等 4 类共计 23 个影响因子的相关性分析结果表明，影响流域水质的因子主要有 A、Peri、MAP、MAR、f_{forest}、f_{grass}、f_{crop}、f_{urban}、f_{water} 等。

6.5.3　枯水径流水质影响因素贡献率分析

1）多元线性回归分析

参考 6.4 小节对流域洪水的研究，依然对所有影响因子与流域各指标之间进行回归分析，流域枯水径流的 $pH(pH_{low})$、离子浓度（I_{low}）、矿化度（M_{low}）、总硬度（R_{low}）、总碱度（Alk_{low}）与各影响因子的拟合方程为

$$pH_{low}=5.239\times10^{-5}A-3.947\times10^{-4}H_{max}+0.001H_{min}+0.001MAP-0.001MAR+8.718f_{forest}$$
$$+8.899f_{grass}+6.364f_{crop}+6.385f_{bare}+10.899f_{urban}-0.641,\ R^2=0.885,\ n=15 \quad (6\text{-}35)$$

$$I_{low}=0.049A-0.149H_{max}+0.532H_{min}+0.768MAP-1.458MAR+9400.957f_{forest}+8939.031f_{grass}$$
$$+8302.442f_{crop}+5136.406f_{bare}+13997.768f_{urban}-9011.831,\ R^2=0.899,\ n=15 \quad (6\text{-}36)$$

$$M_{low}=0.049A-0.071H_{max}+0.524H_{min}+1.069MAP-1.779MAR+10710.991f_{forest}+10264.514f_{grass}$$
$$+9519.264f_{crop}+7481.060f_{bare}+16169.801f_{urban}-10565.858,\ R^2=0.909,\ n=15 \quad (6\text{-}37)$$

$$R_{low}=-0.003A+0.012H_{max}-0.052H_{min}-0.100MAP+0.296MAR-150.729f_{forest}-123.185f_{grass}$$
$$+31.616f_{crop}+710.547f_{bare}-605.196f_{urban}+147.850,\ R^2=0.616,\ n=15 \quad (6\text{-}38)$$

$$Alk_{low}=0.001A-0.004H_{max}+0.010H_{min}+0.015MAP-0.035MAR+275.781f_{forest}+261.093f_{grass}$$
$$+256.058f_{crop}+158.193f_{bare}+346.849f_{urban}-260.980,\ R^2=0.838,\ n=15 \quad (6\text{-}39)$$

拟合结果表明，流域形态、地形、水文、土地利用等 4 类共计 23 个影响因子中，进入拟合模型中的影响因子有流域面积 A、最大高程 H_{max}、最小高程 H_{min}、多年平均降水量 MAP、多年平均径流量 MAR、森林覆盖率 f_{forest}、草地覆盖率 f_{grass}、耕地覆盖率 f_{crop}、未利用土地覆盖率 f_{bare}、城镇建设用地覆盖率 f_{urban} 等因子，模型决定系数 R^2 较高，均在 0.6～0.9 之间。

基于上述研究得出的多元统计模型，对研究区各样本流域的枯水径流水质的各参数值进行模拟，基于水质参数的实测值与模拟值，计算上述模型的 MAE、ME、RRMSE，以该 3 个参数值来反映模型的模拟效果，结果如表 6-18 所示。

表 6-18　流域枯水径流多元统计模型模拟效果

	pH_{low}	I_{low}	M_{low}	R_{low}	Alk_{low}
MAE	0.0767	24.5333	23.6756	2.8865	0.9786
ME	0.7923	0.8981	0.9091	0.8821	0.7751
RRMSE	0.0125	0.0887	0.0834	0.2491	0.1160

从表 6-18 中可以看出，流域枯水径流的 pH、离子浓度、矿化度、总硬度、总碱度 5 个水质指标的绝对误差值 MAE 分别为 0.0767、24.5333、23.6756、2.8865、0.9786，经计算，该误差值占指标平均值的百分比分别为 0.99%、7.33%、6.99%、12.08%、10.26%，结果表明，模型模拟的绝对误差值 MAE 较小；模型效率值 ME 分别为 0.7923、0.8981、0.9091、0.8821、0.7751，各值均在 0.7 以上；相对均方差值 RRMSE 分别为 0.0125、0.0887、0.0834、0.2491、0.1160，其值也较小。这些结果均表明，上述模型的模拟结果存在一定的误差，但总体模拟结果相对较好。

图 6-6 表述了研究区各研究流域的各类径流水质指标的模拟值和实测值的散点图，从图 6-6 中可以看出，pH、离子浓度、矿化度、总硬度、总碱度的模拟值与实测值均分布在 $y=x$ 直线附近，这也表明模型模拟结果较好。

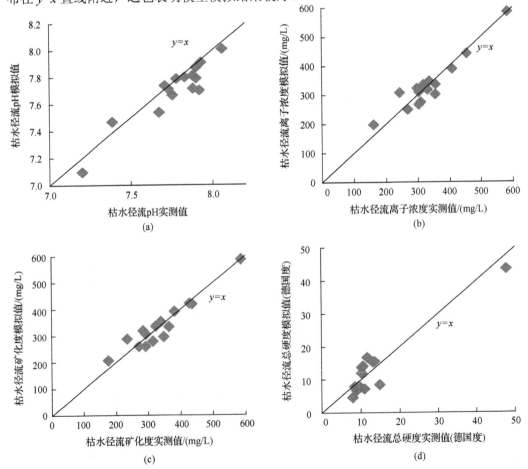

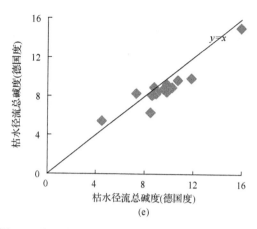

(e)

图 6-6　海河山区流域枯水径流各水质特征模拟结果

2）影响因素贡献率分析

依然对所有影响因子与流域枯水径流水质各指标之间进行回归分析，对得到的拟合方程进行标准化，基于标准化线性拟合方程的各因子的系数，得到各影响因子影响流域枯水径流水质各指标的贡献率。流域枯水径流的 pH、离子浓度、矿化度、总硬度、总碱度与各影响因子的标准化拟合方程为

$$pH_{low}=0.852A-0.829H_{max}+0.986H_{min}+0.570MAP-0.382MAR+5.861f_{forest}+4.001f_{grass}$$
$$+3.340f_{crop}+0.178f_{bare}+2.295f_{urban}，\quad R^2=0.885，\quad n=15 \tag{6-40}$$

$$I_{low}=1.837A-0.715H_{max}+1.278H_{min}+0.833MAP-0.953MAR+14.466f_{forest}+9.200f_{grass}$$
$$+9.975f_{crop}+0.329f_{bare}+6.747f_{urban}，\quad R^2=0.899，\quad n=15 \tag{6-41}$$

$$M_{low}=1.827A-0.339H_{max}+1.250H_{min}+1.151MAP-1.155MAR+16.369f_{forest}+10.491f_{grass}$$
$$+11.358f_{crop}+0.475f_{bare}+7.740f_{urban}，\quad R^2=0.909，\quad n=15 \tag{6-42}$$

$$R_{low}=-1.095A+0.588H_{max}-1.218H_{min}-1.064MAP+1.896MAR-2.272f_{forest}-1.242f_{grass}$$
$$+0.372f_{crop}+0.445f_{bare}-2.857f_{urban}，\quad R^2=0.616，\quad n=15 \tag{6-43}$$

$$Alk_{low}=1.751A-0.729H_{max}+0.976H_{min}+0.656MAP-0.913MAR+16.905f_{forest}+10.704f_{grass}$$
$$+12.255f_{crop}+0.403f_{bare}+6.660f_{urban}，\quad R^2=0.838，\quad n=15 \tag{6-44}$$

基于模型的标准化系数，得到进入模型的各影响因素影响流域枯水径流水质各指标的贡献率如表 6-19 所示。

从表 6-19 中可以看出，进入模型的各影响因子对 pH、离子浓度、矿化度、总碱度 4 个指标的影响存在较为明显的一致性。在几个因子中，贡献率较大的因子为森林、草地、耕地及城市建设用地等 4 类土地利用类型的覆盖率，而其他因子的贡献率则较小，这说明，影响流域枯水径流水质的主要影响因子是土地利用因子。在贡献率较大的 4 个覆盖率因子中，林地覆盖率 f_{forest} 的贡献率最大，其对上述 4 个水质指标的贡献率均在 30%

表 6-19　各影响因子对流域枯水径流水质特征的贡献率

	pH_{low}	I_{low}	M_{low}	R_{low}	Alk_{low}
A	4.42%	3.96%	3.50%	8.39%	3.37%
H_{max}	4.30%	1.54%	0.65%	4.51%	1.40%
H_{min}	5.11%	2.76%	2.40%	9.33%	1.88%
MAP	2.95%	1.80%	2.21%	8.15%	1.26%
MAR	1.98%	2.06%	2.21%	14.53%	1.76%
f_{forest}	30.38%	31.22%	31.39%	17.41%	32.54%
f_{grass}	20.74%	19.86%	20.12%	9.52%	20.60%
f_{crop}	17.31%	21.53%	21.78%	2.85%	23.59%
f_{bare}	0.92%	0.71%	0.91%	3.41%	0.78%
f_{urban}	11.89%	14.56%	14.84%	21.89%	12.82%

以上；草地覆盖率 f_{grass} 的贡献率明显，多在 20%左右；耕地覆盖率 f_{crop} 的贡献率也十分明显，均在 17%～24%。对枯水径流总硬度的影响有所差异，各影响因子的贡献率较为平均，贡献率较大的因子有流域多年平均径流量 MAR、森林覆盖率 f_{forest} 和城市建设用地覆盖率 f_{urban}，其中，城市建设用地覆盖率 f_{urban} 的贡献率最大，可达 21.89%。值得一提的是，在对枯水径流水质的影响中，城市建设用地的覆盖率 f_{urban} 依然十分明显，对各指标的贡献率均在 10%以上。

第7章　流域森林植被对生态水文要素的影响分析

林地作为重要的土地利用类型，其流域土地覆被变化，尤其是流域森林植被变化所引发的环境改变势必对流域水分循环造成重要影响。开展流域土地覆被变化研究对分析流域水分循环各要素变化原因具有重要支撑作用。为深层次了解流域尺度森林变化对径流的影响机理，本章在此之上，基于 Zhang 模型，以森林、草地、耕地农作物等植被类型为研究对象，通过改变模型参数，模拟区域森林植被的皆伐效果，对皆伐后的流域径流过程进行模拟分析，对比流域径流模拟值与实测值之间的差异性，以此来分析森林植被对流域生态水文要素的影响和机理。

7.1　不同植被对流域径流的影响

7.1.1　森林对流域径流的影响

1. 海河流域上游山区森林减少流域径流量

本研究参考 Sun 等(2005)的方法来研究森林植被对流域径流的影响，其主要原理为将流域内林地土地利用类型模拟为裸地，以此来模拟林地的皆伐效果，通过计算模拟后的流域径流值与模拟前的实测值对比，来反映流域中森林对流域径流的影响，其具体操作方法为将林地的植被可利用水系数 ω 由 2.8 变为 0。

以海河流域上游山区共 66 个研究流域为对象，基于 Zhang 模型公式和水量平衡公式，将各林地 ω 模拟为 0，以此模拟林地皆伐后的流域径流量，并对模拟值与实测值进行模拟，结果表明，林地皆伐后，模拟径流值均小于实测径流值，这说明，森林能够明显地减少流域径流量。模拟值与实测值之间的差即为林地对流域径流的减少量(ΔQ_{forest})，结果如表 7-1 所示。

表 7-1　各研究流域森林减少流域径流量 ΔQ_{forest}

序号	流域名	ΔQ_{forest}	序号	流域名	ΔQ_{forest}	序号	流域名	ΔQ_{forest}
1	大青沟	19.52	10	王家会	39.77	19	石栈道	47.29
2	大河口	1.42	11	会里	45.13	20	王岸	89.83
3	南土岭	23.22	12	寺坪	38.60	21	唐山	14.99
4	丰镇	2.44	13	马村	0.49	22	赵家港	0.59
5	青白口	95.97	14	阳泉	38.34	23	李营	94.01
6	围场	60.62	15	平泉	54.97	24	榛子镇	20.30
7	边墙山	36.08	16	石门	47.14	25	漫水河	155.89
8	豆罗桥	33.15	17	刘家坪	71.56	26	石佛口	38.61
9	芦庄	43.20	18	北张店	53.89	27	杨家营	41.81

续表

序号	流域名	ΔQ_{forest}	序号	流域名	ΔQ_{forest}	序号	流域名	ΔQ_{forest}
28	李家选	31.13	41	波罗诺	82.02	54	张家坟	76.47
29	富贵庄	39.09	42	下河南	70.79	55	三河	98.72
30	峪河口	167.36	43	韩家营	65.02	56	罗庄	13.32
31	口头	151.10	44	承德	70.99	57	西朱庄	12.89
32	峪门口	125.93	45	下板城	66.46	58	孤山	6.05
33	泥河	92.74	46	宽城	78.11	59	观音堂	17.30
34	水平口	104.75	47	土门子	97.61	60	固定桥	16.10
35	蓝旗营	151.38	48	桃林口	91.83	61	钱家沙洼	15.59
36	罗庄子	179.09	49	大阁	56.63	62	兴和	3.07
37	蔡家庄	66.76	50	戴营	88.02	63	柴沟堡(东)	10.11
38	冷口	93.48	51	下会	96.07	64	柴沟堡(南)	11.71
39	崖口	39.39	52	下堡	34.40	65	张家口	26.38
40	沟台子	63.29	53	三道营	62.42	66	响水堡	14.41

从表 7-1 中可以看出，各流域中林地对流域径流的减少量存在较大的差异，减少量最小的马村流域仅为 0.49mm，而减少量最大的流域罗庄子流域达到 179.09mm，研究区不同流域其结果差异十分显著，这可能是由于不同流域的森林面积、降水量、气候条件等均存在较大的差异。其平均值约为 57.53mm，表明海河上游山区区域森林对径流的影响量约为 57.53mm。

2. 森林减少流域径流量随降水量的变化

降水是流域径流的主要来源，不同流域降水量有所差异，因此导致流域森林植被对流域径流的影响量也有差异。图 7-1 反映了研究区 66 个研究流域的森林对流域径流的影响量与降水量之间的相关关系。

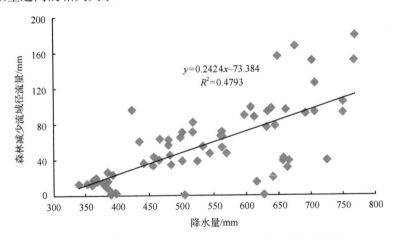

图 7-1　研究区森林减少径流量与降水量之间的相关关系

从图 7-1 中可以看出，在海河上游山区，森林对减少流域径流量随降水量的增加而增加，两者存在明显的正相关关系，线性拟合较好，方程为

$$y=0.2424x-73.384，R^2=0.4793，p<0.01，n=66 \tag{7-1}$$

森林减少流域径流量与降水量的正相关关系表明，降水越丰富、越湿润的地方，森林对流域径流的影响量越大。

3. 森林减少流域径流量随森林覆盖率的变化

不同流域其流域面积也不同，其范围内的森林储量也不同，为方便对不同流域的森林影响流域径流量进行对比，本研究以森林覆盖率作为评价流域内森林储量的因子，图 7-2 反映了研究区 66 个研究流域的森林对径流的影响量与森林覆盖率之间的相关关系。

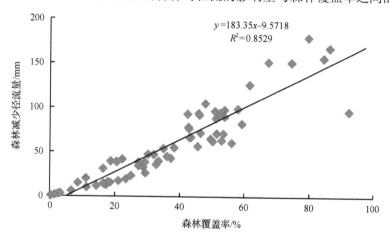

图 7-2　研究区森林减少径流量与森林覆盖率之间的相关关系

图 7-2 表明，不同流域的森林减少径流量与流域森林覆盖率有明显的正相关关系，其影响量随流域森林覆盖率的增加而增大，两者的线性拟合方程为

$$y = 183.35x - 9.5718，R^2 = 0.8529，p<0.001，n=66 \tag{7-2}$$

拟合结果表明，线性拟合结果较好，方程拟合决定系数可达 0.8529。

为使得各流域之间具有可比性，本研究提出了流域径流量对森林覆盖率的敏感系数（ε_{forest}）的概念，本研究将其定义为单位百分比覆盖率（1%）的森林减少的流域径流量，其计算公式即为森林减少流域径流量与流域森林覆盖率的百分比的比值，其单位表达为 mm/%，它反映了森林影响流域径流的能力大小。用该参数表达森林对径流的影响更方便不同流域之间的对比，更加具有可比性，它摒除了不同流域的森林储存量对研究结果的干扰。

而研究区所有流域径流量对森林覆盖率的敏感系数 ε_{forest} 如表 7-2 所示，所有研究流域的 ε_{forest} 平均值为 1.46mm/%，即海河流域上游山区每 1%覆盖率的森林对流域径流的影响量为 1.46mm。

表 7-2　各流域径流量对森林覆盖率的敏感系数 ε_{forest}

序号	流域名	ε_{forest}	序号	流域名	ε_{forest}	序号	流域名	ε_{forest}
1	大青沟	0.84	23	李营	1.79	45	下板城	1.54
2	大河口	0.92	24	榛子镇	1.82	46	宽城	1.83
3	南土岭	0.93	25	漫水河	1.85	47	土门子	1.81
4	丰镇	0.95	26	石佛口	1.88	48	桃林口	1.99
5	青白口	1.04	27	杨家营	1.88	49	大阁	1.24
6	围场	1.08	28	李家选	1.90	50	戴营	1.72
7	边墙山	1.10	29	富贵庄	1.91	51	下会	1.89
8	豆罗桥	1.16	30	峪河口	1.94	52	下堡	1.26
9	芦庄	1.16	31	口头	2.03	53	三道营	1.25
10	王家会	1.19	32	峪门口	2.05	54	张家坟	1.79
11	会里	1.25	33	泥河	2.19	55	三河	1.70
12	寺坪	1.32	34	水平口	2.19	56	罗庄	0.79
13	马村	1.34	35	蓝旗营	2.25	57	西朱庄	0.74
14	阳泉	1.41	36	罗庄子	2.25	58	孤山	0.91
15	平泉	1.44	37	蔡家庄	1.54	59	观音堂	0.82
16	石门	1.48	38	冷口	2.04	60	固定桥	0.90
17	刘家坪	1.54	39	崖口	2.11	61	钱家沙洼	0.84
18	北张店	1.54	40	沟台子	1.20	62	兴和	0.95
19	石栈道	1.57	41	波罗诺	1.38	63	柴沟堡(东)	0.89
20	王岸	1.67	42	下河南	1.32	64	柴沟堡(南)	0.81
21	唐山	1.73	43	韩家营	1.31	65	张家口	0.90
22	赵家港	1.77	44	承德	1.38	66	响水堡	0.87

4. 森林减少流域径流量随干燥度指数的变化

图 7-3 反映了研究区森林减少流域径流量与流域干燥度指数的相关关系，结果表明，森林减少流域径流量与干燥度指数呈明显的负相关幂函数关系，拟合方程为

$$y=324.68x^{-3.444}，\quad R^2=0.3544，\quad p<0.01，\quad n=66 \tag{7-3}$$

拟合结果表明，尽管两者存在明显的负相关关系，但幂函数拟合曲线拟合效果并不太好，拟合方程决定系数 R^2 仅为 0.3544。

而图 7-4 反映了研究区流域径流量对森林覆盖率的敏感系数 ε_{forest} 与干燥度指数的相关性，结果表明，两者依然存在一定的负相关关系，相比与森林减少径流量的分析，ε_{forest} 与干燥度指数的相关性更为显著，拟合效果也更好，拟合方程为

$$y=3.5385x^{-1.456}，\quad R^2=0.9619，\quad p<0.001，\quad n=66 \tag{7-4}$$

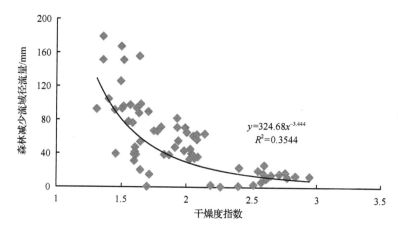

图 7-3　研究区森林减少流域径流量与流域干燥度指数的相关关系

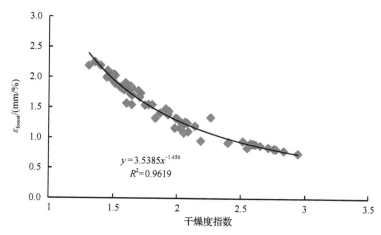

图 7-4　研究区流域径流量对森林覆盖率的敏感系数 $\varepsilon_{\text{forest}}$ 与干燥度指数的相关关系

尽管两个参数的拟合效果有所差异，但均表明，流域干燥度越高，森林减少流域径流量越小。这说明，在干燥度越高、气候越干燥的地区，森林减少流域径流的作用越小；而在干燥度越低、气候越湿润的地区，森林减少流域径流的作用越大、越明显。

5. 森林减少流域径流量随海拔高度的变化

一方面，海拔高度对温度有明显的影响，在对流层，海拔每升高 100m，气温下降约 0.6°；另一方面，海拔对降水量也有明显的影响，空气受到地形抬升的作用而上升，不断冷却凝结形成降水，随海拔的上升降水量增加，而到一定高度后水汽减少导致降水又会有所减少；此外，海拔对植被、土壤等其他因素也有一定的影响。而这些因素都将导致森林植被的蒸散发过程，也必然导致森林对流域径流影响的差异。

图 7-5 反映了研究区森林减少流域径流量与流域平均海拔高度的相关关系，结果表明，森林减少流域径流量与海拔高度呈明显的负相关关系，线性拟合方程为

$$y = -0.0934x + 163.07, \quad R^2 = 0.6184, \quad p < 0.01, \quad n = 66 \tag{7-5}$$

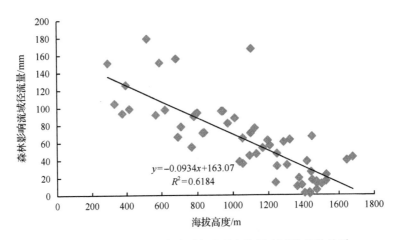

图 7-5　研究区森林减少流域径流量与海拔高度的相关关系

而图 7-6 反映了研究区流域径流量对森林覆盖率的敏感系数 $\varepsilon_{\mathrm{forest}}$ 与海拔高度的相关性，结果表明，两者依然存在一定的负相关关系，相比于森林减少径流量的分析，$\varepsilon_{\mathrm{forest}}$ 与海拔高度的相关性更为显著，拟合效果也要更好，拟合方程为

$$y = -0.001x + 2.4667, \quad R^2 = 0.6957, \quad p < 0.01, \quad n = 66 \tag{7-6}$$

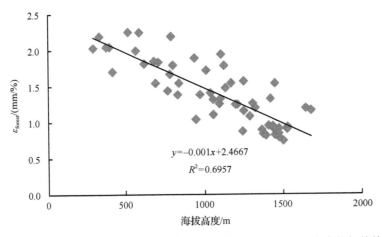

图 7-6　研究区流域径流量对森林覆盖率的敏感系数 $\varepsilon_{\mathrm{forest}}$ 与海拔高度的相关关系

研究结果均表明，随着流域平均海拔的升高，森林减少流域径流量越来越小，单位百分比覆盖率的森林减少的流域径流量也越来越小，这说明，海拔越高的地区，森林对流域径流的影响越小，而海拔越低的地区森林对流域径流的影响越大、越明显。

7.1.2　草地对流域径流的影响

1. 海河流域上游山区草地减少流域径流量

参照森林对流域径流影响的分析，本节的研究方法依然是将流域内草地土地利用类型模拟为裸地,以此来模拟草地的皆伐效果,通过计算模拟后的流域径流值与模拟前的实测值对比,来反映流域中草地对流域径流的影响,其具体操作方法为将草地的植被可利用水系数 ω 由 1.5 变为 0。

以海河流域上游山区共 66 个研究流域为对象,基于 Zhang 模型公式和水量平衡公式,将各草地 ω 模拟为 0,结果表明,草地皆伐后,模拟径流值均小于实测径流值,这说明,类似林地,草林能够明显地减少流域径流量。模拟值与实测值之间的差即为草地对流域径流的减少量(ΔQ_{grass}),结果如表 7-3 所示。

表 7-3 各研究流域草地减少流域径流量 ΔQ_{grass}

序号	流域名	ΔQ_{grass}	序号	流域名	ΔQ_{grass}	序号	流域名	ΔQ_{grass}
1	大青沟	35.08	23	李营	41.57	45	下板城	46.63
2	大河口	41.32	24	榛子镇	27.12	46	宽城	48.97
3	南土岭	33.06	25	漫水河	13.27	47	土门子	30.07
4	丰镇	38.35	26	石佛口	16.67	48	桃林口	42.80
5	青白口	3.20	27	杨家营	21.86	49	大阁	29.61
6	围场	18.31	28	李家选	23.52	50	戴营	36.67
7	边墙山	24.77	29	富贵庄	15.83	51	下会	36.76
8	豆罗桥	50.24	30	峪河口	4.41	52	下堡	39.20
9	芦庄	42.66	31	口头	0.90	53	三道营	31.86
10	王家会	57.79	32	峪门口	31.33	54	张家坟	41.34
11	会里	52.71	33	泥河	65.15	55	三河	13.06
12	寺坪	60.03	34	水平口	25.26	56	罗庄	23.25
13	马村	25.22	35	蓝旗营	35.11	57	西朱庄	18.77
14	阳泉	60.68	36	罗庄子	16.91	58	孤山	31.70
15	平泉	39.33	37	蔡家庄	49.63	59	观音堂	26.41
16	石门	31.36	38	冷口	54.98	60	固定桥	23.04
17	刘家坪	62.23	39	崖口	73.45	61	钱家沙洼	22.98
18	北张店	31.81	40	沟台子	28.93	62	兴和	28.17
19	石栈道	73.03	41	波罗诺	18.04	63	柴沟堡(东)	28.70
20	王岸	48.12	42	下河南	21.10	64	柴沟堡(南)	28.01
21	唐山	9.48	43	韩家营	22.86	65	张家口	32.56
22	赵家港	5.15	44	承德	30.79	66	响水堡	28.38

从表 7-3 中可以看出,各流域中草地对流域径流的减少量也存在较大的差异,减少量最小的口头流域仅为 0.90mm,而减少量最大的流域崖口流域达到 73.45mm,研究区不同流域其结果差异十分显著。其平均值为 33.33mm,海河上游山区草地对流域径流的影响量约为 33.33mm,小于林地对流域径流的影响量,这表明,草地对流域径流的影响要

远小于林地的影响。

2. 草地减少流域径流量随降水量的变化

图 7-7 反映了研究区 66 个研究流域的草地减少流域径流量与流域多年平均降水量之间的相关关系。

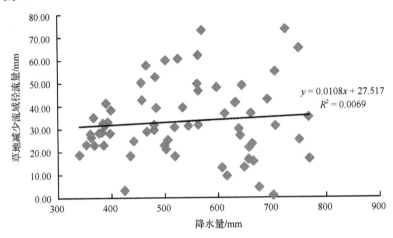

$$y = 0.0108x + 27.517$$
$$R^2 = 0.0069$$

图 7-7　研究区草地减少流域径流量与降水量之间的相关关系

从图 7-7 中可以看出，在海河上游山区，草地减少流域径流量随降水量的增加而增加，两者存在一定的正相关关系，但相关性并不好，线性拟合方程为

$$y = 0.0108x + 27.517，R^2 = 0.0069，n = 66 \tag{7-7}$$

草地减少流域径流量与降水量的正相关关系表明，降水越丰富、越湿润的地方，草地对流域径流的影响量越大。

3. 草地减少流域径流量随草地覆盖率的变化

不同流域的流域面积不同，其范围内的草地储量也不同，为方便对不同流域的草地影响流域径流量进行对比，类似对森林影响径流部分的研究，本节以草地覆盖率作为评价流域内草地储量的因子，图 7-8 反映了研究区 66 个研究流域的草地减少流域径流量与流域草地覆盖率之间的相关关系。

图 7-8 表明，不同流域的草地影响径流量与流域草地覆盖率有明显的正相关关系，其影响量随流域草地覆盖率的增加而增大，两者的线性拟合方程为

$$y = 101.49x + 4.0877，R^2 = 0.7235，p < 0.001，n = 66 \tag{7-8}$$

拟合结果表明，线性拟合结果较好，方程拟合决定系数可达 0.7235。

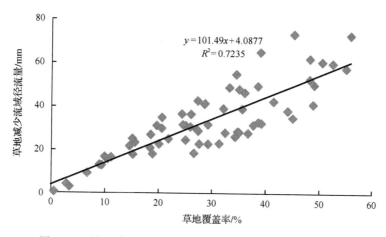

图 7-8　研究区草地减少径流量与草地覆盖率之间的相关关系

　　为使得各流域之间具有可比性，类似对森林影响径流部分的研究，本节也提出了流域径流量对草地覆盖率的敏感系数（ε_{grass}）的概念，本研究将其定义为单位百分比覆盖率（1%）的草地减少的流域径流量，其计算公式即为草地减少流域径流量与流域草地覆盖率的百分比的比值，其单位表达为 mm/%，它反映了草地影响流域径流的能力大小。用该参数表达草地对径流的影响更方便不同流域之间的对比，更加具有可比性，它摒除了不同流域的草地储存量对研究结果的干扰。

　　研究区所有流域径流量对草地覆盖率的敏感系数 ε_{grass} 如表 7-4 所示，所有研究流域的 ε_{grass} 平均值为 1.21mm/%，即海河流域上游山区每 1%覆盖率的草地对流域径流量的影响量为 1.21mm。

表 7-4　各流域径流量对草地覆盖率的敏感系数 ε_{grass}

序号	流域名	ε_{grass}	序号	流域名	ε_{grass}	序号	流域名	ε_{grass}
1	大青沟	0.78	15	平泉	1.22	29	富贵庄	1.52
2	大河口	0.85	16	石门	1.25	30	峪河口	1.54
3	南土岭	0.86	17	刘家坪	1.29	31	口头	1.59
4	丰镇	0.87	18	北张店	1.29	32	峪门口	1.59
5	青白口	0.94	19	石栈道	1.31	33	泥河	1.67
6	围场	0.97	20	王岸	1.37	34	水平口	1.67
7	边墙山	0.99	21	唐山	1.41	35	蓝旗营	1.70
8	豆罗桥	1.03	22	赵家港	1.29	36	罗庄子	1.70
9	芦庄	1.03	23	李营	1.45	37	蔡家庄	1.29
10	王家会	1.05	24	榛子镇	1.47	38	冷口	1.59
11	会里	1.10	25	漫水河	1.48	39	崖口	1.63
12	寺坪	1.14	26	石佛口	1.50	40	沟台子	1.05
13	马村	1.15	27	杨家营	1.50	41	波罗诺	1.19
14	阳泉	1.20	28	李家选	1.51	42	下河南	1.15

序号	流域名	$\varepsilon_{\mathrm{grass}}$	序号	流域名	$\varepsilon_{\mathrm{grass}}$	序号	流域名	$\varepsilon_{\mathrm{grass}}$
43	韩家营	1.14	51	下会	1.51	59	观音堂	0.77
44	承德	1.19	52	下堡	1.10	60	固定桥	0.83
45	下板城	1.29	53	三道营	1.09	61	钱家沙洼	0.79
46	宽城	1.47	54	张家坟	1.45	62	兴和	0.87
47	土门子	1.46	55	三河	1.39	63	柴沟堡(东)	0.82
48	桃林口	1.57	56	罗庄	0.74	64	柴沟堡(南)	0.76
49	大阁	1.09	57	西朱庄	0.70	65	张家口	0.83
50	戴营	1.41	58	孤山	0.84	66	响水堡	0.81

4. 草地减少流域径流量随干燥度指数的变化

图 7-9 反映了研究区草地减少流域径流量与流域干燥度指数的相关关系，结果表明，草地减少流域径流量与干燥度指数呈一定的负相关关系，线性拟合方程为

$$y=-10.347x+54.701, \quad R^2=0.0892, \quad n=66 \tag{7-9}$$

拟合结果表明，尽管两者存在明显的负相关关系，拟合效果并不好，拟合方程决定系数 R^2 仅为 0.0892。

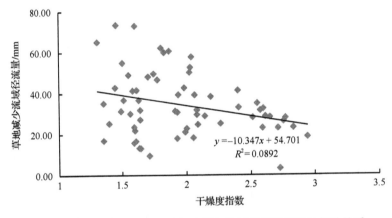

图 7-9 研究区草地减少流域径流量与流域干燥度指数的相关关系

而图 7-10 反映了研究区流域径流量对草地覆盖率的敏感系数 $\varepsilon_{\mathrm{grass}}$ 与干燥度指数的相关性，结果表明，两者依然存在一定的负相关关系，相比于草地减少径流量的分析，$\varepsilon_{\mathrm{grass}}$ 与干燥度指数的相关性更为显著，拟合效果也更好，拟合方程为

$$y=2.448x^{-1.134}, \quad R^2=0.9524, \quad p<0.001, \quad n=66 \tag{7-10}$$

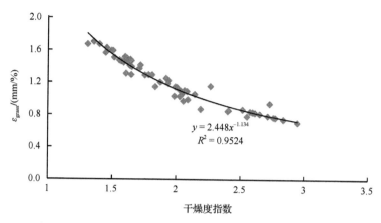

图 7-10　研究区流域径流量对草地覆盖率的敏感系数 $\varepsilon_{\text{grass}}$ 与干燥度指数的相关关系

尽管两个参数的拟合效果有所差异，但均表明，流域干燥度越高，草地减少流域径流量越小，这说明，与森林对流域径流的影响相类似，在干燥度越高、气候越干燥的地区，草地减少流域径流的作用也越小，而在干燥度越低、气候越湿润的地区，草地减少流域径流的作用则越大、越明显。

5. 草地减少流域径流量随海拔高度的变化

图 7-11 反映了研究区草地减少流域径流量与流域平均海拔高度的相关关系，结果表明，草地减少流域径流量与海拔高度呈一定的负相关关系，但相关性较差，线性拟合方程为

$$y= -0.0038x+39.52, \quad R^2=0.008, \quad n=66 \tag{7-11}$$

拟合结果表明，拟合效果也较差，拟合方程决定系数 R^2 仅为 0.008。

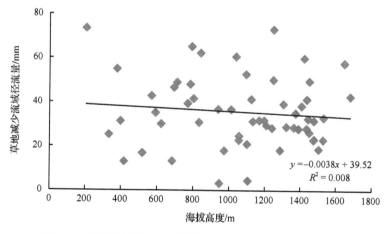

图 7-11　研究区草地减少流域径流量与海拔高度的相关关系

　　图 7-12 反映了研究区流域径流量对草地覆盖率的敏感系数 ε_{grass} 与海拔高度的相关性，结果表明，两者依然存在一定的负相关关系，但相比于草地减少径流量的分析，ε_{grass} 与海拔高度的相关性更为显著，拟合效果也要更好，拟合方程为

$$y= -0.0007x+1.8837，\quad R^2=0.6899，\quad p<0.01，\quad n=66 \tag{7-12}$$

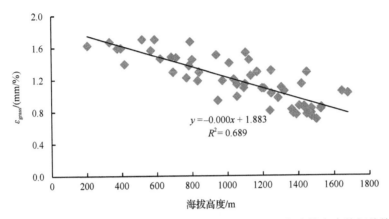

图 7-12　研究区流域径流量对草地覆盖率的敏感系数 ε_{grass} 与海拔高度的相关关系

　　研究结果均表明，与森林对流域径流的影响类似，随着流域平均海拔的升高，草地减少流域径流量也越来越小，单位百分比覆盖率的草地减少的流域径流量也越来越小，这说明，海拔越高的地区，草地对流域径流的影响越小，而海拔越低的地区，草地对流域径流的影响越大、越明显。

7.1.3　耕地农作物对流域径流的影响

1. 海河流域上游山区耕地农作物减少流域径流量

　　海河上游山区耕地面积大，而农作物与草地类似，对流域径流也具有明显的影响。参照森林对流域径流影响的分析，本节的研究方法依然是将流域内耕地土地利用类型模拟为裸地，以此来模拟耕地的皆伐效果，通过计算模拟后的流域径流值与模拟前的实测值对比，来反映流域中耕地对流域径流的影响，其具体操作方法为将耕地的植被可利用水系数 ω 由 1.5 变为 0。

　　以海河流域上游山区共 66 个研究流域为对象，基于 Zhang 模型公式和水量平衡公式，将各耕地 ω 模拟为 0，结果表明，耕地皆伐后，模拟径流值均小于实测径流值，这说明，类似林地，耕地也能够明显地减少流域径流量。模拟值与实测值之间的差即为耕地对流域径流的减少量（ΔQ_{crop}），结果如表 7-5 所示。

表 7-5　各研究流域耕地减少流域径流量 ΔQ_{crop}

序号	流域名	ΔQ_{crop}	序号	流域名	ΔQ_{crop}	序号	流域名	ΔQ_{crop}
1	大青沟	22.68	23	李营	21.74	45	下板城	25.69
2	大河口	29.06	24	榛子镇	89.68	46	宽城	32.41
3	南土岭	29.33	25	漫水河	7.91	47	土门子	34.79
4	丰镇	40.19	26	石佛口	71.62	48	桃林口	37.15
5	青白口	2.79	27	杨家营	83.66	49	大阁	26.65
6	围场	21.28	28	李家选	83.56	50	戴营	29.40
7	边墙山	36.51	29	富贵庄	92.83	51	下会	32.19
8	豆罗桥	21.51	30	峪河口	15.85	52	下堡	38.33
9	芦庄	19.90	31	口头	28.55	53	三道营	20.94
10	王家会	11.77	32	峪门口	23.93	54	张家坟	36.65
11	会里	16.06	33	泥河	30.57	55	三河	38.53
12	寺坪	20.02	34	水平口	50.79	56	罗庄	35.14
13	马村	75.86	35	蓝旗营	18.24	57	西朱庄	36.07
14	阳泉	19.01	36	罗庄子	15.48	58	孤山	42.13
15	平泉	32.41	37	蔡家庄	21.92	59	观音堂	30.94
16	石门	46.73	38	冷口	27.21	60	固定桥	40.60
17	刘家坪	6.29	39	崖口	51.79	61	钱家沙洼	37.33
18	北张店	51.94	40	沟台子	12.29	62	兴和	47.06
19	石栈道	17.17	41	波罗诺	27.88	63	柴沟堡(东)	38.47
20	王岸	11.65	42	下河南	27.96	64	柴沟堡(南)	34.24
21	唐山	88.07	43	韩家营	28.86	65	张家口	24.79
22	赵家港	119.42	44	承德	24.15	66	响水堡	34.99

从表 7-5 中可以看出，各流域中耕地对流域径流的影响量也存在较大的差异，影响量最小的青白口流域仅为 2.79mm，而减少量最大的流域赵家港流域达到 119.42mm，研究区不同流域其结果差异十分显著。其平均值为 35.62mm，海河上游山区耕地对流域径流的影响量约为 35.62mm，与草地的影响量相近，小于林地对流域径流的影响量，这表明，耕地对流域径流的影响远小于林地的影响。

2. 耕地减少流域径流量随降水量的变化

图 7-13 反映了研究区 66 个研究流域的耕地减少流域径流量与流域多年平均降水量之间的相关关系。

从图 7-13 中可以看出，在海河上游山区，耕地减少流域径流量随降水量的增加而增加，两者存在一定的正相关关系，但相关性并不好，线性拟合方程为

$$y=0.0378x+15.22,\quad R^2=0.042,\quad n=66 \tag{7-13}$$

拟合结果也较差，线性拟合方程的决定系数 R^2 仅为 0.042。

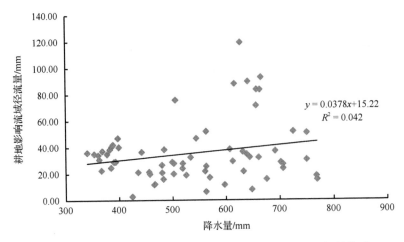

图 7-13　研究区耕地农作物减少径流量与降水量之间的相关关系

耕地减少流域径流量与降水量的正相关关系表明，降水越丰富、越湿润的地方，耕地对流域径流的影响量越大。

3. 耕地减少流域径流量随草地覆盖率的变化

不同流域的流域面积不同，其范围内的耕地储量也不同，为方便对不同流域的耕地影响流域径流量进行对比，类似对森林影响径流部分的研究，本节以耕地覆盖率作为评价流域内耕地储量的因子，图 7-14 反映了研究区 66 个研究流域的耕地减少流域径流量与流域耕地覆盖率之间的相关关系。

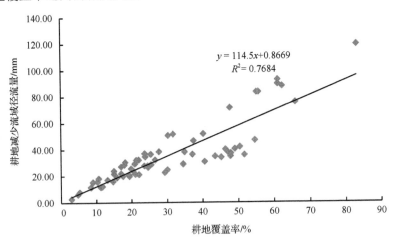

图 7-14　研究区耕地农作物减少径流量与耕地覆盖率之间的相关关系

图 7-14 表明，不同流域的耕地影响径流量与流域耕地覆盖率有明显的正相关关系，其影响量随流域耕地覆盖率的增加而增大，两者的线性拟合方程为

$$y = 114.5x + 0.8669, \quad R^2 = 0.7684, \quad p < 0.001, \quad n = 66 \tag{7-14}$$

拟合结果表明，线性拟合结果较好，方程拟合决定系数可达 0.7684。

为使得各流域之间具有可比性，类似对森林影响径流部分的研究，本节也提出了流域径流量对耕地覆盖率的敏感系数（ε_{crop}）的概念，本研究将其定义为单位百分比覆盖率（1%）的耕地减少的流域径流量，其计算公式即为耕地减少流域径流量与流域耕地覆盖率的百分比的比值，其单位表达为 mm/%，它反映了耕地影响流域径流的能力大小。用该参数表达耕地对径流的影响更方便不同流域之间的对比，更加具有可比性，它摒除了不同流域的耕地储存量对研究结果的干扰。

研究区所有流域径流量对耕地覆盖率的敏感系数 ε_{crop} 如表 7-6 所示，所有研究流域的 ε_{crop} 平均值为 1.22mm/%，即海河流域上游山区每 1%覆盖率的耕地对流域径流量的影响量为 1.22mm，与草地的影响量十分接近。

表 7-6　各流域径流量对耕地覆盖率的敏感系数 ε_{crop}

序号	流域名	ε_{crop}	序号	流域名	ε_{crop}	序号	流域名	ε_{crop}
1	大青沟	0.77	23	李营	1.45	45	下板城	1.29
2	大河口	0.84	24	榛子镇	1.47	46	宽城	1.48
3	南土岭	0.85	25	漫水河	1.48	47	土门子	1.46
4	丰镇	0.87	26	石佛口	1.50	48	桃林口	1.57
5	青白口	0.93	27	杨家营	1.50	49	大阁	1.09
6	围场	0.97	28	李家选	1.52	50	戴营	1.41
7	边墙山	0.98	29	富贵庄	1.52	51	下会	1.51
8	豆罗桥	1.02	30	峪河口	1.54	52	下堡	1.10
9	芦庄	1.03	31	口头	1.59	53	三道营	1.09
10	王家会	1.05	32	峪门口	1.60	54	张家坟	1.45
11	会里	1.09	33	泥河	1.68	55	三河	1.39
12	寺坪	1.14	34	水平口	1.68	56	罗庄	0.73
13	马村	1.15	35	蓝旗营	1.71	57	西朱庄	0.70
14	阳泉	1.20	36	罗庄子	1.71	58	孤山	0.84
15	平泉	1.22	37	蔡家庄	1.29	59	观音堂	0.76
16	石门	1.25	38	冷口	1.60	60	固定桥	0.83
17	刘家坪	1.29	39	崖口	1.64	61	钱家沙洼	0.78
18	北张店	1.29	40	沟台子	1.05	62	兴和	0.86
19	石栈道	1.31	41	波罗诺	1.18	63	柴沟堡(东)	0.82
20	王岸	1.37	42	下河南	1.14	64	柴沟堡(南)	0.76
21	唐山	1.41	43	韩家营	1.13	65	张家口	0.83
22	赵家港	1.44	44	承德	1.18	66	响水堡	0.80

4. 耕地减少流域径流量随干燥度指数的变化

图 7-15 反映了研究区耕地减少流域径流量与流域干燥度指数的相关关系，结果表明，

耕地减少流域径流量与干燥度指数呈一定的负相关关系，线性拟合方程为

$$y = -6.7617x + 48.821，R^2 = 0.0171，n = 66 \tag{7-15}$$

拟合结果表明，尽管两者存在明显的负相关关系，拟合效果并不好，拟合方程决定系数 R^2 仅为 0.0171。

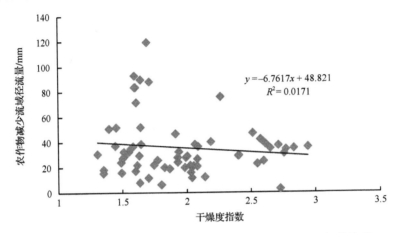

图 7-15　研究区耕地减少流域径流量与流域干燥度指数的相关关系

而图 7-16 反映了研究区流域径流量对耕地覆盖率的敏感系数 ε_{crop} 与干燥度指数的相关性，结果表明，两者依然存在一定的负相关关系，相比与耕地减少径流量的分析，ε_{crop} 与干燥度指数的相关性更为显著，拟合效果也要更好，拟合方程为

$$y = 2.4859x^{-1.159}，R^2 = 0.9535，p < 0.001，n = 66 \tag{7-16}$$

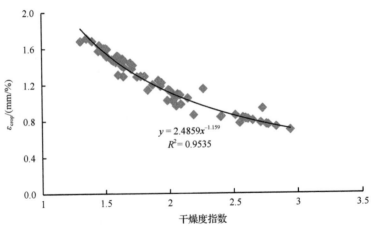

图 7-16　研究区流域径流量对耕地覆盖率的敏感系数 ε_{crop} 与干燥度指数的相关关系

尽管两个参数的拟合效果有所差异，但均表明，流域干燥度越高，耕地减少流域径流量越小，这说明，与森林对流域径流的影响相类似，在干燥度越高、气候越干燥的地区，耕地减少流域径流的作用也越小，而在干燥度越低、气候越湿润的地区，耕地减少

流域径流的作用则越大、越明显。

5. 耕地减少流域径流量随海拔高度的变化

图 7-17 反映了研究区耕地减少流域径流量与流域平均海拔高度的相关关系，结果表明，耕地减少流域径流量与海拔高度呈一定的负相关关系，但相关性较差，幂函数拟合方程为

$$y = 387.91x^{-0.391}，R^2 = 0.3027，p < 0.01，n = 66 \qquad (7\text{-}17)$$

拟合结果表明，拟合效果也较差，拟合方程决定系数 R^2 仅为 0.3027。

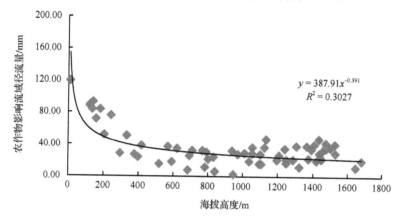

图 7-17　研究区耕地农作物减少流域径流量与海拔高度的相关关系

而图 7-18 反映了研究区流域径流量对耕地覆盖率的敏感系数 ε_{crop} 与海拔高度的相关性，结果表明，两者依然存在一定的负相关关系，但相比于耕地减少径流量的分析，ε_{crop} 与海拔高度的相关性更为显著，拟合效果也更好，拟合方程为

$$y = -0.0005x + 1.6908，R^2 = 0.6311，p < 0.01，n = 66 \qquad (7\text{-}18)$$

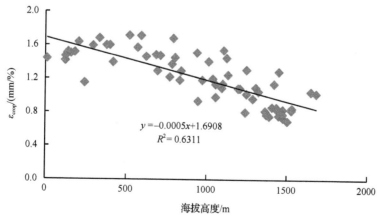

图 7-18　研究区流域径流量对耕地覆盖率的敏感系数 ε_{crop} 与海拔高度的相关关系

研究结果均表明，与森林对流域径流的影响类似，随着流域平均海拔的升高，耕地减少流域径流量也越来越小，单位百分比覆盖率的耕地减少的流域径流量也越来越小，这说明，海拔越高的地区耕地对流域径流的影响越小，而海拔越低的地区耕地对流域径流的影响越大、越明显。

7.2 流域森林格局与结构变化对径流及其组分影响分析

由第5章研究结果可知，半城子流域气候变化对流域径流变化影响贡献率为80.24%，而土地利用变化对径流减少贡献率仅为19.76%；红门川流域气候变化对流域径流变化影响贡献率为43%，土地利用变化对流域径流量影响贡献率为57%。在各土地利用类型中，半城子流域林地变化对径流变化影响贡献率占到土地利用变化对流域径流影响贡献率的81.29%，而红门川流域研究时段内林地变化对流域径流变化影响贡献率占土地利用变化对流域径流影响贡献率的74.37%，说明林地在各土地利用类型中对径流影响最大。为深层次了解流域尺度森林变化对径流影响机理，本节应用多元回归分析等方法从森林格局及森林数量和质量三个方面开展了流域尺度森林影响流域径流及其组分变化的机理研究。

7.2.1 流域森林景观格局变化对径流及其组分影响分析

森林景观格局反映了流域森林在空间上的分布特征与规律，它既是景观异质性的具体体现，又是各种生态过程在不同尺度上作用的结果(王仰麟，1995)。有关学者对我国北方典型小流域景观特征变化进行了长期跟踪研究，发现景观格局与流域水土流失有着密切联系(余新晓等，2010)。目前对于流域宏观尺度上景观格局与径流二者之间的相互作用研究较为薄弱(谢高地等，2007)。因此，本节在考虑不同林分类型在调节径流、消减洪峰等方面功能差异的基础之上，分别从乔木林、灌木林角度研究了流域森林景观-径流变化及其相互作用，试图揭示流域宏观尺度上森林与径流及其组分变化之间的相互关系。

1. 半城子流域森林景观格局对径流变化影响分析

为了消除异常值对分析结果造成的影响，将径流系数最大值及最小值出现年份数据进行删除。此外，分别选取乔木林和灌木林的斑块密度(PD)、斑块形状指数(SHAPE)、斑块面积(AREA-MN)、散布与并列指数(IJI)、聚合度(AI)等指数来反映流域森林景观空间分布特征。采用多元回归分析方法计算了流域地表径流和基流与流域景观格局动态变化之间的量化关系。

1) 半城子流域乔木林景观格局对流域径流的影响

假定地表径流量系数 Y_1 受乔木林斑块密度 X_1、斑块形状指数 X_2、散布与并列指数 X_3、聚合度 X_4、斑块面积平均大小 X_5 共5个因子的影响，且它们之间满足线性回归模型 $Y=g(X_1, X_2, \cdots, X_n)+\varepsilon$，且回归函数为 $g(X_1, X_2, \cdots, X_n)=\beta_0+\beta_1X_1+\cdots+\beta_PX_P$，这时回归模型

公式为

$$Y=\beta_0+\beta_1 X_1+\cdots+\beta_P X_P+\varepsilon$$

结合地表径流系数数据及乔木林空间格局指标，利用 SPSS18 软件对以上数据进行多元线性回归分析，拟合得到模型公式为

$$Y_1=-6.781\times10^{-5}X_5-0.004X_3+0.401 \qquad R^2=0.65 \qquad (7\text{-}19)$$

由公式 (7-19) 及表 7-7～表 7-10 可知，当方程引入变量 X_3 时，决定系数为 0.55，当引入 X_5 时，决定系数达到 0.65，表明 X_3 与 X_5 对决定系数 R^2 贡献率较大，为影响流域地表径流的主要因素。其中，又以 X_3 对流域地表径流的影响最大，其系数达到-0.004，而 X_5 系数仅为-6.781×10^{-5}（表 7-9）。

对回归方程 (7-19) 进行显著性检验。F 统计量为 16.447，显著性水平为 0.000，$F(0.05，2，18)$ 值为 3.55，$F(0.01,2,18)$ 值为 6.01，$F(0.005，2，18)$ 值为 7.21，由此可见拟合模型方程线性相关关系达到显著水平。

由模型公式 (7-19) 可知流域乔木林景观分散指标。X_3 与 X_5 和流域地表径流系数之间存在负相关关系，即 X_5 越大，斑块分布越邻近，流域地表径流量越小，一方面说明乔木林 X_5 的增加对于减少地表径流有积极作用，另一方面说明当多个大面积乔木林斑块在流域内邻近分布时，对流域地表径流减少作用显著，这与张婷等 (2013) 研究结果一致。

表 7-7　模型摘要表

模型	R	决定系数	调整的 R^2	估计的标准误差	R^2 变化	F 变化	自由度 1	自由度 2	显著性 F 变化
1	0.740[a]	0.55	0.523	0.038803	0.547	22.962	1	19	0.000
2	0.804[b]	0.65	0.607	0.035234	0.099	5.044	1	18	0.037

a. 预测因子 (常数)：X_3；

b. 预测因子 (常数)：X_3, X_5。

表 7-8　方差分析表

	模型	平方和	自由度	均方	F	显著性
1	回归	0.035	1	0.035	22.962	0.000[a]
	残差	0.029	19	0.002		
	总计	0.063	20			
2	回归	0.041	2	0.020	16.447	0.000[b]
	残差	0.022	18	0.001		
	总计	0.063	20			

a. 预测因子 (常数)：X_3；

b. 预测因子 (常数)：X_3, X_5；

注：表中因变量：Y_1。

表 7-9 模型系数

模型		未标准化系数		标准化系数	t	显著性	B 95.0%置信区间	
		B	标准误差	Beta			下限	上限
1	(常数)	0.326	0.054		5.984	0.000	0.212	0.439
	X_3	−0.004	0.001	−0.740	−4.792	0.000	−0.006	−0.002
2	(常数)	0.401	0.060		6.717	0.000	0.275	0.526
	X_3	−0.004	0.001	−0.696	−4.914	0.000	−0.006	−0.002
	X_5	-6.781×10^{-5}	0.000	−0.318	−2.246	0.037	0.000	0.000

注: 表中因变量: Y_1。

表 7-10 排除变量

模型		Beta In	t	显著性	偏相关	共线性统计公差
1	X_1	0.326[a]	1.701	0.106	0.372	0.590
	X_5	−0.318[a]	−2.246	0.037	−0.468	0.981
	X_2	−0.504[a]	−0.884	0.388	−0.204	0.074
	X_4	−0.376[a]	−0.534	0.600	−0.125	0.050
2	X_1	0.019[b]	0.062	0.951	0.015	0.233
	X_2	−0.901[b]	−1.779	0.093	−0.396	0.068
	X_4	−0.334[b]	−0.521	0.609	−0.125	0.050

a. 模型预测因子(常数): X_3;

b. 模型预测因子(常数): X_3, X_5;

注: 表中因变量: Y_1。

对流域基流系数 Y_2 与乔木林斑块密度 X_1、斑块形状指数 X_2、散布与并列指数 X_3、聚合度 X_4、斑块平均面积 X_5 共 5 个因子进行多元回归分析,拟合得到模型公式为

$$Y_2 = -3.758 \times 10^{-5} X_5 - 0.002 X_3 + 0.195 \tag{7-20}$$

由式(7-20)及表 7-11~表 7-14 可知,斑块平均面积 X_5 和散布与并列指数 X_3 为影响流域基流变化的最主要因素,二者对决定系数 R^2 贡献率达到 0.634(表 7-11)。对回归方程(7-20)进行显著性检验,F 统计量为 18.350>7.21,显著性水平为 0.000,说明拟合方程线性相关关系达到显著水平。

由式(7-20)可知,散布与并列指数与斑块平均面积大小及流域地表径流系数之间存在负相关关系,即斑块平均面积越大,斑块之间分布越邻近,流域基流量越小,说明乔木林面积增加和斑块聚集对流域基流减少起到积极作用。通过表 7-11 可知,散布与并列指数 X_3 和流域基流系数相关关系更为密切,解释贡献率达到 0.54,说明斑块分布聚散特征在流域基流变化中发挥着重要作用。

表 7-11　模型摘要表

模型	R	决定系数	调整的 R^2	估计的标准误差	R^2 变化	F 变化	自由度 1	自由度 2	显著性 F 变化
1	0.737[a]	0.54	0.520	0.01905	0.544	22.635	1	19	0.000
2	0.819[b]	0.67	0.634	0.01662	0.127	6.963	1	18	0.017

a. 预测因子(系数): X_3;

b. 预测因子(系数): X_3, X_5。

表 7-12　方差分析表

模型		平方和	自由度	均方	F	显著性
1	回归	0.008	1	0.008	22.635	0.000[a]
	残差	0.007	19	0.000		
	总计	0.015	20			
2	回归	0.010	2	0.005	18.350	0.000[b]
	残差	0.005	18	0.000		
	总计	0.015	20			

a. 预测因子(常数): X_3;

b. 预测因子(常数): X_3, X_5;

注: 表中因变量: 基流系数。

表 7-13　模型系数

模型		未标准化系数		标准化系数	t	显著性	B 95.0% 置信区间	
		B	标准误差	Beta			下限	上限
1	(常数)	0.154	0.027		5.750	0.000	0.098	0.209
	X_3	−0.002	0.000	−0.737	−4.758	0.000	−0.003	−0.001
2	(常数)	0.195	0.028		6.937	0.000	0.136	0.254
	X_3	−0.002	0.000	−0.687	−5.034	0.000	−0.003	−0.001
	X_5	-3.758×10^{-5}	0.000	−0.360	−2.639	0.017	0.000	0.000

注: 表中因变量: Y_1。

表 7-14　排除变量

模型		Beta In	t	显著性	偏相关	共线性统计公差
1	X_1	0.302[a]	1.551	0.138	0.343	0.590
	X_5	−0.360[a]	−2.639	0.017	−0.528	0.981
	X_2	0.003[a]	0.005	0.996	0.001	0.074
	X_4	−0.180[a]	−0.253	0.803	−0.060	0.050
2	X_1	−0.150[b]	−0.524	0.607	−0.126	0.233
	X_2	−0.398[b]	−0.760	0.457	−0.181	0.068
	X_4	−0.133[b]	−0.213	0.834	−0.052	0.050

a. 模型预测因子(常数): X_3;

b. 模型预测因子(常数): X_3, X_5;

注: 表中因变量: Y_2。

2) 半城子流域灌木林景观格局对流域径流的影响

为探索半城子流域灌木林景观变化对流域径流变化的影响,选取灌木林斑块密度 X_1、斑块形状指数 X_2、散布与并列指数 X_3、聚合度 X_4、斑块面积平均大小 X_5 等指数反映流域灌木林景观空间分布特征。采用多元回归分析计算了流域地表径流与流域灌木林景观格局动态变化之间的量化关系,拟合得到模型公式为

$$Y_1=0.525X_1+0.004X_5-0.006X_3-0.218 \qquad R^2=0.73 \qquad (7\text{-}21)$$

由式(7-21)可知,灌木林斑块密度 X_1、散布与并列指数 X_3 和斑块面积 X_5 对拟合方程决定系数 R^2 累积贡献率达到 0.73,说明三者为影响流域地表径流变化的主要因素。对回归方程(7-21)进行显著性检验,F 统计量为 15.59>7.21,显著性水平为 0.000,说明拟合模型方程线性相关关系显著。结合表 7-15~表 7-18 可知,F 统计量为 15.588> 7.21,显著性水平为 0.000,说明模型公式中地表径流系数与 X_1,X_5,X_3 等自变量线性相关关系非常显著,三个因素累积贡献率达到 0.73。

其中,灌木林 X_1 对流域地表径流变化影响最大,权重达到 0.525,其次为 X_5 及 X_3。X_1 与 X_5 大小均与流域地表径流系数呈正相关关系,一方面说明灌木林地 X_1 越大,异质景观要素数量多,斑块规模越小越破碎化,地表径流越大;X_5 大小与流域地表径流呈正相关,主要是与流域土地转化有关。郑江坤等(2011)研究结果表明,半城子流域灌木林地主要转化为针叶林、混交林等林分类型,故当地灌木林地转化为乔木林时,灌木林斑块面积虽然减小,但乔木林地面积增加,二者综合导致流域地表径流系数呈减少趋势。

表 7-15　模型摘要表

模型	R	决定系数	调整的 R^2	估计的标准误差	R^2 变化	F 变化	自由度 1	自由度 2	显著性 F 变化
1	0.638	0.41	0.375	0.04442	0.407	13.023	1	19	0.002
2	0.856	0.733	0.686	0.03148	0.090	5.771	1	17	0.028

a. 预测因子(常数): X_2;

b. 预测因子(常数): X_1 X_5, X_3。

表 7-16　方差分析表

	模型	平方和	自由度	均方	F	显著性
1	回归	0.026	1	0.026	13.023	0.002[a]
	残差	0.037	19	0.002		
	总计	0.063	20			
2	回归	0.046	3	0.015	15.588	0.000[e]
	残差	0.017	17	0.001		
	总计	0.063	20			

a. 预测因子(常数): X_2;

b. 预测因子(常数): X_1, X_5, X_3;

注: 表中因变量: Y_1。

表 7-17 模型系数

模型		未标准化系数		标准化系数	t	显著性	B 95.0%置信区间	
		B	标准误差	Beta			下限	上限
1	(常数)	−0.372	0.122		−3.041	0.007	−.627	−0.116
	X_2	0.197	0.054	0.638	3.609	0.002	0.083	0.311
2	(常数)	−0.218	0.043		−5.073	0.000	−0.309	−0.127
	X_1	0.525	0.095	0.833	5.541	0.000	0.325	0.725
	X_5	0.004	0.001	1.039	5.788	0.000	0.003	0.006
	X_3	−0.006	0.002	−0.403	−2.402	0.028	−0.011	−0.001

注: 表中因变量: Y_1。

表 7-18 排除变量

模型		Beta In	t	显著性	偏相关	共线性统计公差
1	X_1	0.355[a]	2.195	0.042	0.460	0.996
	X_2	−0.220[a]	−0.603	0.554	−0.141	0.242
	X_3	−0.428[a]	−1.698	0.107	−0.371	0.448
	X_5	0.210[a]	1.101	0.285	0.251	0.850
2	X_5	0.132[b]	0.713	0.486	0.176	0.472
	X_2	−0.349[b]	−0.600	0.557	−0.148	0.048

a. 模型预测因子(常数): X_2;

b 模型预测因子(常数): X_1, X_5, X_3;

注: 表中因变量: Y_1。

同理, 得到流域基流系数 Y_2 与流域灌木林景观指数之间的相关关系方程为

$$Y_2 = 0.276X_1 + 0.002X_5 - 0.003X_3 - 0.112 \qquad R^2 = 0.70 \qquad (7-22)$$

由式(7-22)知, 灌木林斑块密度 X_1、散布与并列指数 X_3 与斑块平均面积 X_5 对拟合方程决定系数 R^2 累积贡献率达到 0.74, 同样说明三者为影响流域基流变化的主要因素。

对式(7-22)进行显著性检验, 见表 7-19~表 7-22。F 统计量为 15.685>7.21, 显著性水平为 0.000, 由此可见拟合模型方程线性相关关系显著。此外, 由式(7-22)还可知, 斑块密度指标对流域基流变化贡献率最大, 方程系数达到 0.276, 其次为面积指数和散布与分裂指数; 流域灌木林斑块分布指标: 散布与并列指数和流域地表径流系数之间存在负相关关系, 即斑块分布越集中, 彼此邻近, 散布与并列指数越大, 流域基流越小; 而灌木林 X_1 与 X_5 均与流域基流系数呈正比例关系, 同样说明乔灌转化过程中, 随着灌木林 X_1 和 X_5 的减小, 乔木林地面积增加, 流域基流呈现减少趋势。

表 7-19 模型摘要表

模型	R	决定系数	调整的 R^2	估计的标准误差	R^2 变化	F 变化	自由度 1	自由度 2	显著性 F 变化
1	0.591[a]	0.349	0.315	0.02275	0.349	10.188	1	19	0.005
2	0.857[e]	0.735	0.688	0.01536	0.093	5.940	1	17	0.026

1. 预测因子(常数): X_2;

2. 预测因子(常数): X_1, X_5, X_3。

表 7-20　方差分析表

	模型	平方和	自由度	均方	F	显著性
	回归	0.005	1	0.005	10.188	0.005
1	残差	0.010	19	0.001		
	总计	0.015	20			
	回归	0.011	3	0.004	15.685	0.000
2	残差	0.004	17	0.000		
	总计	0.015	20			

1. 预测因子(常数): X_2;
2. 预测因子(常数): X_1, X_5, X_3;
注: 表中因变量: 基流系数。

表 7-21　模型系数

	模型	未标准化系数		标准化系数	t	显著性	B 95.0% 置信区间	
		B	标准误差	Beta			下限	上限
1	(常数)	−0.171	0.063		−2.734	0.013	−0.302	−0.040
	SHAPE	0.089	0.028	0.591	3.192	0.005	0.031	0.147
2	(常数)	−0.112	0.021		−5.345	0.000	−0.156	−0.068
	PD	0.276	0.046	0.896	5.977	0.000	0.179	0.374
	AREA	0.002	0.000	0.984	5.492	0.000	0.001	0.003
	IJI	−0.003	0.001	−0.408	−2.437	0.026	−0.005	0.000

注: 表中因变量: 基流系数。

表 7-22　排除变量

	模型	Beta In	t	显著性	偏相关	共线性统计公差
	PD	0.441[a]	2.764	0.013	0.546	0.996
1	AREA	−0.390[a]	−1.039	0.313	−0.238	0.242
	IJI	−0.412[a]	−1.542	0.141	−0.341	0.448
	AI	0.178[a]	0.884	0.388	0.204	0.850
2	AI	0.126[e]	0.682	0.505	0.168	0.472
	SHAPE	−0.324[e]	−0.557	0.585	−0.138	0.048

1. 模型预测因子: (常数), X_2;
2. 模型预测因子: (常数), X_1, X_5, X_3;
注: 表中因变量: 基流系数。

2. 红门川流域森林景观格局对径流变化影响分析

本节以红门川流域为研究对象,同样分别选取乔木林和灌木林的斑块密度、斑块形状指数、斑块面积、散布与并列指数、聚合度等指数来反映流域森林景观空间分布特征。

采用多元回归分析计算了流域地表径流和基流与流域景观格局动态变化之间的量化关系。

1）红门川流域乔木林景观格局对径流变化影响分析

结合地表径流数据及乔木林景观结构指标数据（斑块密度 X_1、斑块形状指数 X_2、散布与并列指数 X_3、聚合度 X_4、斑块面积平均大小 X_5），利用 SPSS18 软件对以上数据进行多元线性逐步回归分析，拟合得到模型公式为

$$Y_1 = -0.015X_3 + 1.420 \qquad R^2 = 0.61 \qquad (7\text{-}23)$$

对式（7-23）进行显著性检验，见表 7-23～表 7-26，F 统计量为 26.487，系统自动检验的显著性水平为 0.001，$F_{(0.005, 2, 18)}$ 值为 7.21，26.487>7.21，说明拟合模型方程中斑块聚集指数与流域地表径流系数之间线性相关关系非常显著。由式（7-23）可知，红门川流域乔木林斑块散布与并列指数和流域地表径流系数之间存在显著负相关关系，即斑块散布与并列指数越大，说明斑块受流域水分分布特征影响，各斑块间彼此邻近，景观异质性越强，流域地表径流量越小。

表 7-23　模型摘要表

模型	R	决定系数	调整的 R^2	估计的标准误差	R^2 变化	F 变化	自由度 1	自由度 2	显著性 F 变化
1	0.780[a]	0.609	0.586	0.07196	0.609	26.487	1	17	0.000

a. 预测因子（常数）：IJI。

表 7-24　方差分析表

模型		平方和	自由度	均方	F	显著性
	回归	0.137	1	0.137	26.487	0.001[a]
1	残差	0.088	17	0.005		
	总计	0.225	18			

a. 预测因子（常数）：IJI;
注：表中因变量：地表径流系数。

表 7-25　模型系数

模型		未标准化系数		标准化系数	t	显著性	B 95.0% 置信区间	
		B	标准误差	Beta			下限	上限
1	（常数）	1.452	0.251		5.778	0.000	0.922	1.982
	IJI	−0.016	0.003	−0.780	−5.147	0.000	−0.022	−0.009

注：表中因变量：地表径流系数。

表 7-26 排除变量

模型		Beta In	t	显著性	偏相关	共线性统计公差
1	PD	-0.464^a	-2.072	0.055	-0.0460	0.385
	AREA	0.437^a	1.083	0.295	0.261	0.140
	SHAPE	0.255^a	0.642	0.530	0.158	0.151
	AI	0.355^a	1.174	0.258	0.282	0.246

a. 模型预测因子(常数): IJI;

注: 表中因变量: 地表径流系数。

同理,对红门川流域基流系数 Y_2 与流域各乔木林景观指数之间进行逐步回归分析,可得因变量相关关系方程为

$$Y_2 = -0.004X_3 + 0.383 \qquad R^2 = 0.54 \qquad (7\text{-}24)$$

对式(7-24)进行显著性检验,见表 7-27～表 7-30,F 统计量为 19.569>7.21,显著性水平为 0.000,由此可见拟合模型方程线性相关关系非常显著。由式(7-24)可知,在众多乔木林景观格局指标中,只有反映流域乔木林景观分布集散程度的指标——散布与并列分布指数对流域基流量影响最大,二者之间同样存在显著负相关关系。

表 7-27 模型摘要表

模型	R	决定系数	调整的 R^2	估计的标准误差	R^2 变化	F 变化	自由度 1	自由度 2	显著性 F 变化
1	0.732^a	0.535	0.508	0.02198	0.535	19.569	1	17	0.000

a. 预测因子(常数): X_3。

表 7-28 方差分析表

模型		平方和	自由度	均方	F	显著性
1	回归	0.009	1	0.009	19.569	0.000^a
	残差	0.008	17	0.000		
	总计	0.018	18			

a. 预测因子(常数): X_3;

注: 表中因变量: 基流系数。

表 7-29 模型系数

模型		未标准化系数		标准化系数	t	显著性	B 95.0% 置信区间	
		B	标准误差	Beta			下限	上限
1	(常数)	0.383	0.077		4.986	0.000	0.221	0.545
	IJI	-0.004	0.001	-0.732	-4.424	0.000	-0.006	-0.002

注: 表中因变量: 基流系数。

表 7-30　排除变量

模型		Beta In	t	显著性	偏相关	共线性统计公差
1	PD	-0.302^a	-1.142	0.270	-0.274	0.385
	AREA	0.480^a	1.091	0.291	0.263	0.140
	SHAPE	0.116^a	0.264	0.795	0.066	0.151
	AI	0.431^a	1.322	0.205	0.314	0.246

a. 模型预测因子(常数): X_3;
注: 表中因变量: 基流系数。

2) 红门川流域灌木林景观格局对径流变化影响分析

为探索红门川流域灌木林景观变化对流域径流变化的影响,选取灌木林斑块密度 X_1、斑块形状指数 X_2、散布与并列指数 X_3、聚合度 X_4、斑块面积平均大小 X_5 等指数用来反映流域灌木林景观空间分布特征。采用多元回归分析计算了流域地表径流与流域灌木林景观格局动态变化之间的量化关系,拟合得到模型公式为

$$Y_1 = 0.241X_4 - 20.83 \qquad R^2 = 0.74 \qquad (7\text{-}25)$$

式(7-25)进行显著性检验,见表 7-31～表 7-34,F 统计量为 47.73>7.21,显著性水平为 0.000,由此可见拟合模型方程线性相关关系非常显著。此外,结合表 7-31～表 7-34 可知,反映流域灌木林斑块聚合度 AI 与流域地表径流之间关系更为紧密,且二者之间呈现正相关关系,即流域范围内乔木林转化为灌木林,灌木林斑块之间彼此邻近,聚集度增高,斑块间连通性增强,流域地表径流量呈增加趋势,说明灌木林地较乔木林地更易产生地表径流,这与吕锡芝(2013)对北京山区不同林分类型对坡面水文过程影响研究结果一致。

表 7-31　模型摘要表

模型	R	决定系数	调整的 R^2	估计的标准误差	R^2 变化	F 变化	自由度 1	自由度 2	显著性 F 变化
1	0.859^a	0.737	0.722	0.05898	0.737	47.726	1	17	0.000

a. 预测因子(常数): X_4。

表 7-32　方差分析表

模型		平方和	自由度	均方	F	显著性
1	回归	0.166	1	0.166	47.726	0.000^a
	残差	0.059	17	0.003		
	总计	0.225	18			

a. 预测因子(常数): X_4;
注: 表中因变量: 地表径流系数。

表 7-33 模型系数

模型		未标准化系数		标准化系数	t	显著性	B 95.0%置信区间	
		B	标准误差	Beta			下限	上限
1	(常数)	−20.830	3.039		−6.855	0.000	−27.241	−14.419
	AI	0.241	0.035	0.859	6.908	0.000	0.168	0.315

注: 表中因变量: 地表径流系数。

表 7-34 排除变量

模型		Beta In	t	显著性	偏相关	共线性统计公差
1	PD	−0.219[a]	−1.236	0.234	−0.295	0.477
	AREA	0.247[a]	1.218	0.241	0.291	0.364
	SHAPE	0.124[a]	0.962	0.350	0.234	0.936
	IJI	0.199[a]	1.440	0.169	0.339	0.759

a. 模型预测因子(常数): X_4;

注: 表中因变量: 地表径流系数。

同理, 得到流域基流系数 Y_2 与流域灌木林景观指数之间的相关关系方程为

$$Y_2 = 0.07X_4 - 6.039 \qquad R^2 = 0.78 \qquad (7\text{-}26)$$

结合表 7-35～表 7-38 对式(7-26)进行显著性检验, 见表 7-35～表 7-38, F 统计量为 63.634>7.21, 显著性水平为 0.000, 由此可见拟合模型方程线性相关关系非常显著, 即流域基流系数 Y_2 与流域灌木林斑块分布状态有密切关系。

表 7-35 模型摘要表

模型	R	决定系数	调整的 R^2	估计的标准误差	R^2 变化	F 变化	自由度 1	自由度 2	显著性 F 变化
1	0.888[a]	0.789	0.777	0.01480	0.789	63.634	1	17	0.000

a. 预测因子(常数): X_4。

表 7-36 方差分析表

模型		平方和	自由度	均方	F	显著性
1	回归	0.014	1	0.014	63.634	0.000[a]
	残差	0.004	17	0.000		
	总计	0.018	18			

a. 预测因子(常数): X_4;

注: 表中因变量: 基流系数。

表 7-37 模型系数

模型		未标准化系数		标准化系数	t	显著性	B 95.0%置信区间	
		B	标准误差	Beta			下限	上限
1	(常数)	−6.039	0.763		−7.919	0.000	−7.648	−4.430
	AI	0.070	0.009	0.888	7.977	0.000	0.051	0.088

注: 表中因变量: 基流系数。

表 7-38 排除变量

模型		Beta In	t	显著性	偏相关	共线性统计公差
1	PD	0.024[a]	0.202	0.843	0.050	0.959
	AREA	0.040[a]	0.263	0.796	0.066	0.556
	SHAPE	0.025[a]	0.213	0.834	0.053	0.964
	IJI	0.102[a]	0.786	0.443	0.193	0.759

a. 模型预测因子(常数): X_4;

注: 表中因变量: 地表径流系数。

7.2.2 流域森林覆被率变化对径流及其组分的影响分析

流域森林覆盖率是反映流域森林资源丰富程度和生态平衡状况的重要指标。同时也是反映流域森林数量最为直观的指标, 开展流域森林覆盖率变化对流域径流变化的影响将对深刻认识森林数量变化与径流变化二者关系具有重要参考意义。考虑到乔木林和灌木林水源涵养功能的差异, 本研究在以往研究结果基础之上, 将森林覆盖率分解为乔木层覆盖率和灌木林覆盖率, 进而分别探讨了二者与流域径流及其组分变化之间的关系。

1. 流域森林覆盖率变化对地表径流的影响

1) 半城子流域森林覆盖率变化对地表径流变化的影响

在半城子流域乔木层覆盖率变化规律及地表径流年际变化规律基础之上, 分别分析了流域乔木林覆盖率和灌木林覆盖率与地表径流之间的关系, 其中, 为最大限度消除降水数量及类型影响, 以径流系数取代径流深表征流域径流状况; 另外, 为了消除数据序列极值对二者相关关系结果的影响, 将径流率异常的 1994 年极大值与 2001 年极小值删除。

图 7-19 反映了半城子流域乔木林覆盖率对流域地表径流的影响。由图 7-19 可知, 半城子流域地表径流系数 Y 与乔木层覆盖率 X 之间呈现一定的负相关关系, 拟合直线方程为

$$Y = -0.0096X + 0.8684 \qquad R^2 = 0.64 \qquad (7\text{-}27)$$

R^2 值达到 0.64，对拟合直线方程进行显著性检验可知，$F = 28.590 > F(0.01，1，19) = 8.18$，$p = 0.000 < 0.01(n = 21)$，说明二者相关关系在 99% 置信区间内达到极显著水平（表 7-39），同时说明随着流域不同年份乔木林面积的增加，地表径流作为降水的快速响应部分减少明显，乔木林增加对地表径流减少影响较大，随着流域乔木林面积的不断增加，对流域山区来水减少起到一定的积极作用。

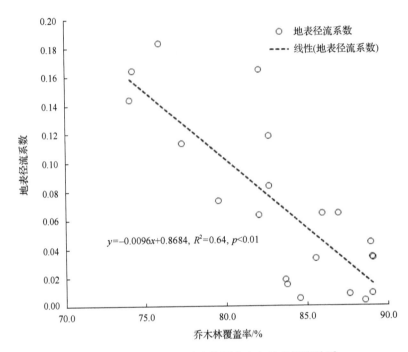

图 7-19　半城子流域乔木林覆盖率与地表径流关系

表 7-39　模拟方程方差分析表

	模型	平方和	自由度	均方	F	显著性
	回归	0.038	1	0.038	28.590	0.000[a]
1	残差	0.025	19	0.001		
	总计	0.063	20			

a: 预测因子(常数): 乔木林覆盖率;

注: 表中因变量: 地表径流系数。

图 7-20 反映了半城子流域灌木覆盖率 Y 对流域地表径流率 X 的影响。二者之间存在一定的线性相关关系，拟合直线方程为

$$Y = 0.0111X - 0.0778 \qquad\qquad R^2 = 0.667 \qquad\qquad (7-28)$$

如表 7-40 所示，对拟合直线方程进行显著性检验可知，$F = 30.669 > F(0.01,1,19) = 8.18$，$p = 0.000 < 0.01(n = 21)$，说明二者相关关系在 99% 置信区间内达到极显著水平（表 7-40），

此外，结合图 7-20 可知，半城子流域地表径流系数与灌木层覆盖率之间呈现显著正相关关系。结合郑江坤(2011)研究成果可知，半城子流域乔木林地与灌木林地之间转化频繁，当灌木林地转化为乔木林地时，灌木林地面积减少，乔木林地面积增加，地表径流呈减少趋势，该结果与吕锡芝(2013)对北京山区不同植被类型坡面产水研究结果一致，即灌木林地较乔木林地更易产生地表径流。此外，灌木林蒸散发较乔木林而言较小，当一定面积的灌木林转化为同等面积的乔木林时，从水量平衡角度而言，导致流域蒸散发量增加，径流减少。

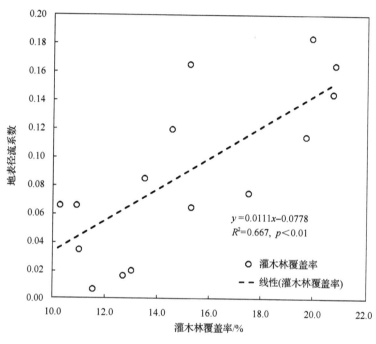

图 7-20　半城子流域灌木林覆盖率与地表径流关系

表 7-40　方差分析表

	模型	平方和	自由度	均方	F	显著性
	回归	0.039	1	0.039	30.669	0.000[a]
1	残差	0.024	19	0.001		
	总计	0.063	20			

a. 预测因子(常数): 灌木林覆盖率;

注: 表中因变量: 地表径流系数。

2)红门川流域森林覆盖率变化对地表径流变化的影响

同样，对流域年际间地表径流系数异常值进行删除，分别为 1998 年极大值和 2003 年极小值。对地表径流系数 Y 与流域乔木林森林覆盖率 X 进行回归分析，得到拟合方程为

$$Y = -0.0325X + 2.7337 \qquad R^2 = 0.60 \tag{7-29}$$

如表 7-41 所示,对方程进行方差显著性检验可知,$F = 19.889 > F(0.01, 1, 17) = 8.40$,$p = 0.000 < 0.01$,说明二者之间存在显著相关关系。图 7-21 反映了红门川流域乔木覆盖率对流域地表径流系数的影响。由图 7-21 可知,红门川流域地表径流系数与乔木层覆盖率之间呈现负相关关系,说明随着流域乔木林面积的增加,流域地表径流量呈减少趋势,但较半城子流域而言,红门川流域乔木林面积变化与地表径流变化之间相关关系较弱,存在其他因素对流域地表径流的产生更为敏感。

表 7-41　方差分析表

	模型	平方和	自由度	均方	F	显著性
	回归	0.131	1	0.131	19.889	0.000^a
1	残差	0.112	17	0.007		
	总计	0.243	18			

a. 预测因子(常数):乔木林覆盖率;

注:表中因变量:地表径流系数。

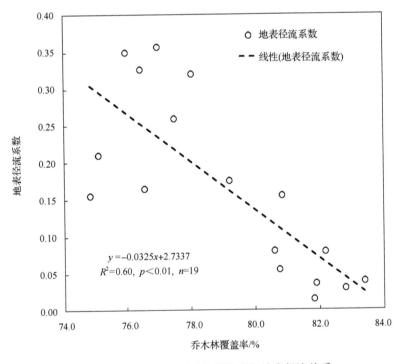

图 7-21　红门川流域乔木林覆盖率与地表径流关系

图 7-22 反映了红门川流域灌木林覆盖率对流域地表径流系数的影响。由图 7-22 及表 7-42 可知，红门川流域地表径流系数与灌木层覆盖率之间呈显著正相关（$p<0.01$，$n=19$），拟合直线方程 R^2 为 0.61，$F=22.624>8.40$，说明灌木林面积变化与地表径流变化关系较乔木林面积变化关系更为密切，且乔木林向灌木林转化易于地表径流的产生，与半城子流域所得结论类似。

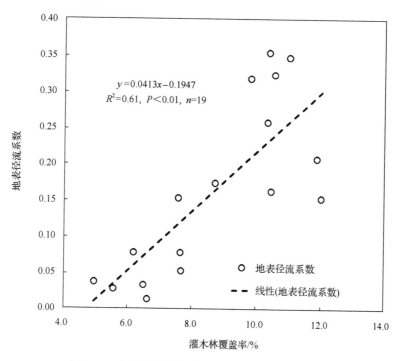

图 7-22　红门川流域灌木林覆盖率与地表径流关系

表 7-42　方差分析表

	模型	平方和	自由度	均方	F	显著性
	回归	0.139	1	0.139	22.624	0.000[a]
1	残差	0.104	17	0.006		
	总计	0.243	18			

a. 预测因子(常数): 灌木林覆盖率;
注: 表中因变量: 地表径流系数。

2. 流域森林覆盖率变化对基流变化的影响

1）半城子流域森林覆盖率变化对基流变化的影响

在半城子流域森林覆盖率变化规律及基流年际变化规律基础之上，对森林覆盖率 X 与径流组分-基流 Y 之间进行逐步回归分析，可得方程为

$$Y = -0.0043X + 0.3847, \qquad R^2 = 0.56 \qquad\qquad (7\text{-}30)$$

结合 F 检验可知，$F = 24.152 > F(0.01, 1,19) = 8.18$，$p = 0.000 > 0.01$。结合图 7-23 及表 7-43 可知，半城子流域乔木林覆盖率与基流之间呈现显著负相关关系，R^2 为 0.56，$p<0.01$ 说明二者相关关系在 99%置信区间内达到极显著水平，同时说明随着流域不同年份乔木林面积的增加，基流有减少趋势。

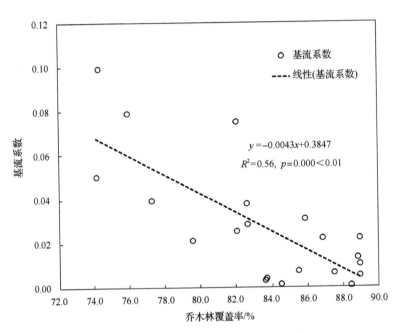

图 7-23　半城子流域乔木林覆盖率与基流关系

表 7-43　方差分析表

	模型	平方和	自由度	均方	F	显著性
	回归	0.009	1	0.009	24.152	0.000[a]
1	残差	0.007	19	0.000		
	总计	0.015	20			

a. 预测因子(常数)：乔木林覆盖率；
注：表中因变量：基流系数。

图 7-24 反映了半城子流域灌木林覆盖率对流域基流的影响。由图 7-24 及表 7-44 可知，半城子流域基流系数与灌木层覆盖率之间呈现显著正相关关系，$F = 27.285 > 8.18$，$p = 0.000 < 0.01$，$n = 21$，拟合直线方程 R^2 值达到 0.58，说明灌木林面积变化与基流变化关系较乔木林面积变化关系更为密切。

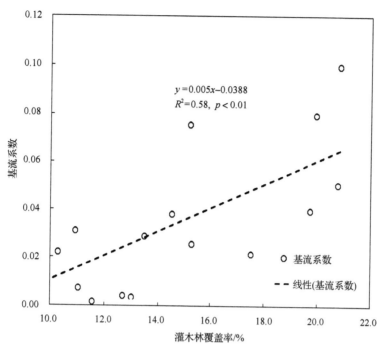

图 7-24　半城子流域灌木林覆盖率与基流关系

表 7-44　方差分析表

	模型	平方和	自由度	均方	F	显著性
	回归	0.009	1	0.009	27.285	0.000[a]
1	残差	0.006	19	0.000		
	总计	0.015	20			

a. 预测因子(常数): 灌木林覆盖率;
注: 表中因变量: 基流系数。

2)红门川流域森林覆盖率变化对基流变化的影响

在红门川流域森林覆盖率变化规律及基流年际变化规律基础之上, 分析了森林覆盖率 Y 与径流 X 之间的关系, 经线性回归拟合可得

$$Y = -0.0081X + 0.6872 \qquad R^2 = 0.54 \qquad (7\text{-}31)$$

如表 7-45 所示, $F = 17.152 > 8.40$, $p = 0.001$, 二者在 99%置信区间内呈显著相关关系。图 7-25 反映了红门川流域乔木覆盖率对流域基流的影响。由图 7-25 可知, 红门川流域乔木林覆盖率与基流系数之间呈现一定的负相关关系, R^2 仅为 0.54, 说明随着流域不同年份乔木林面积的增加, 基流存在一定减少趋势。

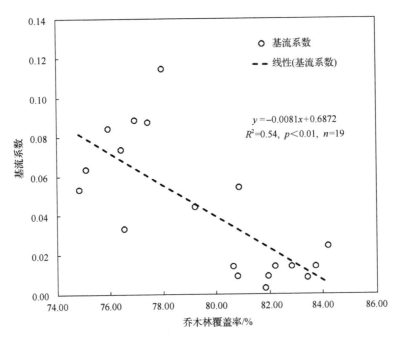

图 7-25　红门川流域乔木林覆盖率与基流关系

表 7-45　方差分析表

模型		平方和	自由度	均方	F	显著性
	回归	0.011	1	0.011	17.152	0.001[a]
1	残差	0.011	17	0.001		
	总计	0.021	18			

a. 预测因子(常数)：乔木覆盖率；

注：表中因变量：基流系数。

对红门川流域灌木林覆盖率年际变化数据序列 Y 与流域基流系数年际变化序列 X 进行逐步回归分析，可得

$$Y = 0.01X - 0.0393 \qquad (7\text{-}32)$$

二者相关关系指数 R^2 达到 0.55。如表 7-46 所示，对方程进行 F 检验可知，$F = 19.491 > 7.40$，$p = 0.000 < 0.01$，说明二者之间相关关系达到极显著水平。结合图 7-26 可知，红门川流域基流系数与灌木林覆盖率之间呈现正相关关系，说明随着乔木林面积的减少，灌木林面积的增加，流域基流呈现增加趋势，同时说明乔木林向灌木林的转化有利于流域基流量的增加。从水量平衡角度而言，一定面积灌木林转化为相同面积乔木林时，蒸散发量有所增加，故导致径流减少。

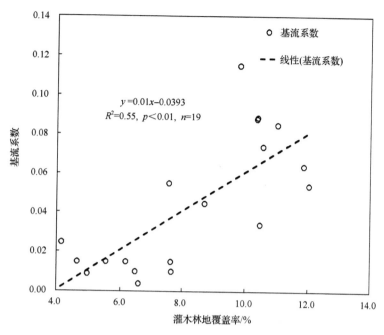

图 7-26　红门川流域灌木林覆盖率与基流关系

表 7-46　方差分析表

	模型	平方和	自由度	均方	F	显著性
	回归	0.011	1	0.011	19.491	0.000[a]
1	残差	0.010	17	0.001		
	总计	0.021	18			

a. 预测因子(常数): 灌木林覆盖率;

注: 表中因变量: 基流系数。

7.2.3　流域森林生物量变化对径流及其组分的影响分析

1. 半城子流域森林生物量变化对径流及其组分的影响

生物量作为反映森林结构与质量的重要指标,在森林调节流域径流方面发挥着重要作用。以往研究多集中于森林数量变化对流域径流的影响,而有关森林质量变化对流域径流变化影响的研究相对较少,本节选取森林生物量作为反映流域森林质量变化的指标,探讨其与流域径流年际变化之间的关系,对森林生物量 X 与流域地表径流量 Y 之间进行逐步回归分析,可得

$$Y= -0.0096X+0.275 \qquad R^2=0.67 \qquad (7-33)$$

如表 7-47 所示,对方程进行 F 检验,求得 F 值为 31.602>8.18,$p = 0.000<0.01$,说明二者之间相关关系极为显著。结合图 7-27 可知,半城子流域地表径流系数与流域森林生物量之间呈现显著的负相关关系,流域森林生物量的增加主要体现在乔木林冠幅的增加及所占空间体积的增大,均会对降水林内再分配造成影响,冠幅增加会增大对降水的

拦截，进而对流域地表径流的产生造成影响。

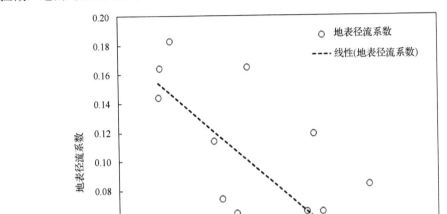

图 7-27　半城子流域森林生物量与地表径流关系

表 7-47　方差分析表

	模型	平方和	自由度	均方	F	显著性
	回归	0.039	1	0.039	31.602	0.000[a]
1	残差	0.024	19	0.001		
	总计	0.063	20			

a. 预测因子(常数)：森林生物量；
注：表中因变量：地表径流系数。

　　图 7-28 反映了半城子流域森林生物量变化与流域基流系数之间的关系。由图 7-28 可知，流域乔木层生物量与流域基流系数之间呈现负相关关系，拟合直线方程为

$$Y = -0.0045X + 0.1243 \qquad R^2 = 0.62 \qquad (7\text{-}34)$$

　　如表 7-48 所示，F 检验值为 31.485，$p = 0.000$，综合说明二者之间相关关系十分显著，同时也表明森林生物量变化对流域基流变化同样有较大影响。

　　2. 红门川流域森林生物量变化对径流及其组分的影响

　　如图 7-29 所示，与半城子流域类似，对红门川流域森林生物量 Y 与地表径流系数 X 进行逐步回归分析，得到

$$Y = -0.0124X + 0.6265 \qquad R^2 = 0.49 \qquad (7\text{-}35)$$

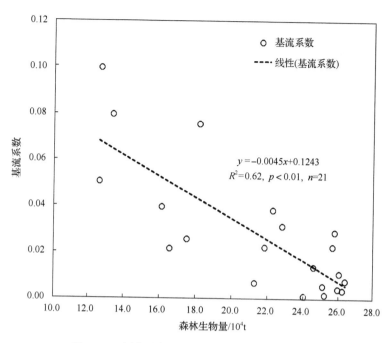

图 7-28 半城子流域森林生物量与基流系数关系

表 7-48 方差分析表

	模型	平方和	自由度	均方	F	显著性
	回归	0.010	1	0.010	31.485	0.000[a]
1	残差	0.006	19	0.000		
	总计	0.015	20			

a. 预测因子(常数): 森林生物量;
注: 表中因变量: 基流系数。

如表 7-49 所示，对方程进行 F 检验可知，F 值为 16.400，$p=0.001<0.01$，说明红门川流域森林生物量与地表径流系数之间呈现极显著负相关。

表 7-49 方差分析表

	模型	平方和	自由度	均方	F	显著性
	回归	0.120	1	0.120	16.400	0.001[a]
1	残差	0.124	17	0.007		
	总计	0.243	18			

a. 预测因子(常数): 森林生物量;
注: 表中因变量: 地表径流系数。

图 7-30 反映了红门川流域森林生物量变化与流域基流系数之间的关系，拟合方程为 $Y=-0.0034X+0.1732$，R^2 为 0.42，相关关系较弱。如表 7-50 所示，对方程进行 F 检验可知，F 值为 12.95，$p=0.002$。二者相关关系同样在 99%置信区间内达到显著相关水平。但较半城子流域而言，红门川流域森林生物量与流域基流系数之间相关性有所减弱，这与流域面积大，影响因素复杂有重要关系。

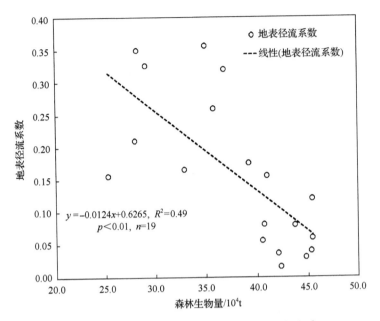

图 7-29 红门川流域森林生物量与地表径流关系

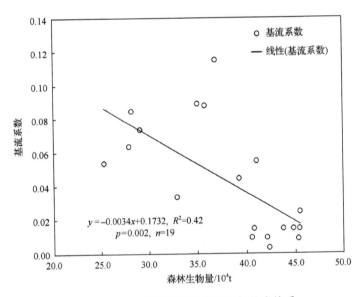

图 7-30 红门川流域森林生物量与基流关系

表 7-50 方差分析表

	模型	平方和	自由度	均方	F	显著性
	回归	0.009	1	0.009	12.952	0.002[a]
1	残差	0.012	17	0.001		
	总计	0.021	18			

a. 预测因子: (常数), 森林生物量;

注: 表中因变量: 基流系数。

7.2.4　流域单位面积森林生物量变化对径流及其组分的影响分析

森林生物量是流域森林生态系统结构优劣和功能高低的最直接的表现，一定程度上反映系统的综合健康水平（薛立和杨鹏，2004），单位面积森林生物量用以表征流域单位面积土地条件下森林生物产量结构的重要指标，在一定程度上反映了流域森林结构的优劣及立地生产水平，为此，本研究以单位面积森林生物量为森林结构指标，探讨了其与流域径流及其组分之间的相关关系。

1. 半城子流域单位面积森林生物量变化对径流及其组分的影响

单位面积森林生物量是反映流域单位面积土地生产力的重要指标，同时也是反映流域森林质量水平的重要指标，本节分析了半城子流域单位面积森林生物量与流域径流之间的关系。由图 7-31 可知半城子流域单位面积森林生物量（X）变化与流域地表径流（Y）变化之间呈显著负相关，二者拟合直线方程为

$$Y = -0.006X + 0.3013, \qquad R^2 = 0.60 \tag{7-36}$$

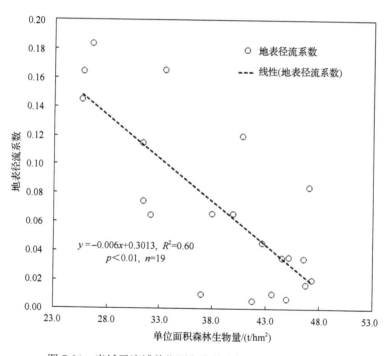

图 7-31　半城子流域单位面积森林生物量与地表径流关系

如表 7-51 所示，对直线方程进行 F 检验可知，$F = 26.056$，$p = 0.000 < 0.01$，说明二者之间线性相关关系达到极显著水平。结合图 7-31 可知，半城子流域单位面积森林生物量变化与流域基流系数之间呈现负相关，即随着流域单位面积森林生物量的增加，流域径流呈现减少趋势，这与流域森林生物量与流域地表径流相关关系一致。

表 7-51　方差分析表

	模型	平方和	自由度	均方	F	显著性
1	回归	0.036	1	0.036	26.056	0.000[a]
	残差	0.026	19	0.001		
	总计	0.063	20			

a. 预测因子(常数): 单位面积森林生物量;

注: 表中因变量: 地表径流系数。

图 7-32 反映了流域单位面积森林生物量与流域基流系数之间的关系, 由图 7-32 可知, 半城子流域单位面积森林生物量与流域基流系数二间之间呈现负相关关系, 拟合直线, 变量系数达到-0.0028, 决定系数 R^2 为 0.59。如表 7-52 所示, 对拟合方程进行 F 检验, 可知, $F = 27.343 > 8.18$, $p < 0.001$, 说明二者负相关关系十分显著, 也表明流域单位面积森林生物量增加对流域基流减少有重要影响。

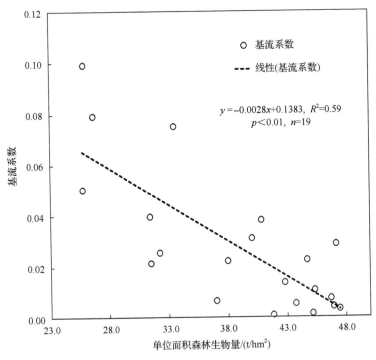

图 7-32　半城子流域单位面积森林生物量与基流系数关系

表 7-52　方差分析表

	模型	平方和	自由度	均方	F	显著性
1	回归	0.009	1	0.009	27.343	0.000[a]
	残差	0.006	19	0.000		
	总计	0.015	20			

a. 预测因子(常数): 单位面积森林生物量;

注: 表中因变量: 基流系数。

2. 红门川流域单位面积森林生物量变化对径流及其组分的影响

由图7-33可知红门川流域单位面积森林生物量(X)变化与流域地表径流(Y)变化之间呈显著负相关，二者拟合直线方程为

$$Y=-0.015X+0.6871 \qquad R^2=0.45 \tag{7-37}$$

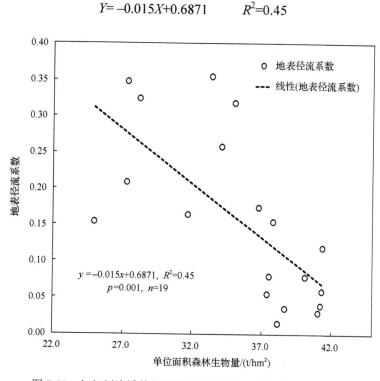

图 7-33　红门川流域单位面积森林生物量与地表径流系数关系

如表 7-53 所示，对直线方程进行 F 检验可知，$F=14.391$，$p=0.001<0.01$，说明二者之间线性相关关系达到极显著水平。结合图 7-33 可知，红门川流域单位面积森林生物量与流域基流系数之间呈现负相关，即随着流域单位面积森林生物量的增加，流域径流呈现减少趋势，这与半城子流域森林生物量与流域地表径流相关关系一致。

表 7-53　方差分析表

	模型	平方和	自由度	均方	F	显著性
	回归	0.112	1	0.112	14.391	0.001[a]
1	残差	0.132	17	0.008		
	总计	0.243	18			

a. 预测因子(常数)：单位面积森林生物量；
注：表中因变量：地表径流系数。

由图 7-34 知，红门川流域单位面积森林生物量与流域基流系数呈负相关，拟合直线系数达到-0.0041，决定性系数仅为 0.40。如表 7-54 所示，对拟合方程进行 F 检验，可

知，$F = 11.250 > 8.18$，$p = 0.004 < 0.01$，说明二者负相关关系十分显著，但较半城子流域而言，由于红门川流域范围较大，受人为活动影响较多，影响流域径流变化的因素复杂，流域单位面积森林生物量增加虽对流域基流减少有重要影响，但较半城子而言相对较弱。

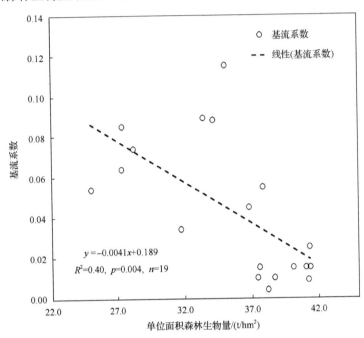

图 7-34　红门川流域单位面积森林生物量与基流系数关系

表 7-54　方差分析表

	模型	平方和	自由度	均方	F	显著性
1	回归	0.008	1	0.008	11.250	0.004[a]
	残差	0.013	17	0.001		
	总计	0.021	18			

a. 预测因子(常数)：单位面积森林生物量；

注：表中因变量：基流系数。

7.3　森林植被对流域输沙的影响

7.3.1　森林对流域输沙模数的影响

以海河流域上游山区 66 个流域为研究样本，以流域多年平均输沙模数和森林覆盖率为研究对象，图 7-35 显示了流域输沙模数与流域森林覆盖率之间的相关关系。

从图 7-35 中可以看出，一方面，在研究区海河上游山区中，流域输沙模数与流域森林覆盖率存在一定的负相关关系，流域输沙模数随森林覆盖率的增加而减少，这表明森林能有效地减少土壤侵蚀；而另一方面，流域输沙模数与森林覆盖率之间尽管存在负相关关系，但相关性并不是很明显，两者之间的线性拟合方程决定系数 R^2 仅为 0.0592，这主要是由于流域输沙是一个十分复杂的过程，而其影响因子涵盖气象、水文、地形、地貌、土壤等诸多因子，森林植被的影响仅是众多影响因子中的一个，而其他影响因子的干扰不可避免，因此尽管流域输沙模数与森林覆盖率之间存在一定的负相关关系，但相关性并不好。

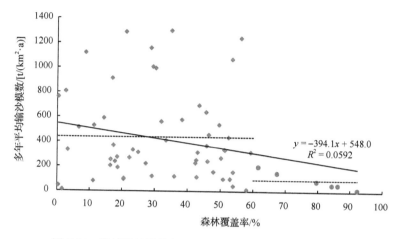

图 7-35　流域输沙模数与流域森林覆盖率之间的相关关系

随着森林覆盖率的不同，森林对流域输沙过程的影响也不尽相同，国内外的许多学者均对恢复植被减少土壤侵蚀的临界标准进行了研究，而一般认为，当植被覆盖地表面积达 70% 时，森林植被能明显地减少水土流失。在澳大利亚的研究结果表明，土壤流失和地表径流的牧草覆盖率临界值为 70%～75%，当覆盖率大于这个临界值时，土壤的流失速率小于当地的成土速率(蔡强国等，1998)。吴钦孝和赵鸿雁(2000)在黄土高原的研究结果表明，减少侵蚀产沙作用的临界被覆盖率为 60%，他们将 60% 的植被覆盖度称为"水土保持的有效盖度"。在本研究中，从图 7-35 中可以看出，森林覆盖率在 60% 左右，流域输沙模数存在明显的变化，当森林覆盖率大于 60% 时，研究区流域平均输沙模数为 438.83t/(km²·a)，而当森林覆盖率小于 60% 时，研究区流域平均输沙模数仅为 99.92t/(km²·a)，流域输沙模数减少了 78.83%。这表明，在研究区海河流域上游山区，森林覆盖率 60% 可以作为流域土壤流失的临界值，当森林覆盖率大于 60% 时，能够明显地减少流域输沙量。

7.3.2　林草覆盖对流域输沙模数的影响

很多研究均表明，草地与森林一样，对流域输沙也有明显的影响，能够有效减少土壤侵蚀，图 7-36 显示了所有样本流域的多年平均流域输沙模数与流域林草覆盖率(森林覆盖率与草地覆盖率之和)之间的相关关系。

从图 7-36 中可以看出，流域林草覆盖率与流域输沙模数之间也存在一定的负相关关系，这表明，随着林草覆盖率的增加，流域输沙量也有减少的趋势，森林草地覆盖能够有效减少流域土壤侵蚀；同时，尽管两者存在一定的负相关关系，但由于流域输沙过程的多因子影响，其相关关系并不好，线性拟合方程的决定系数 R^2 仅为 0.1042。

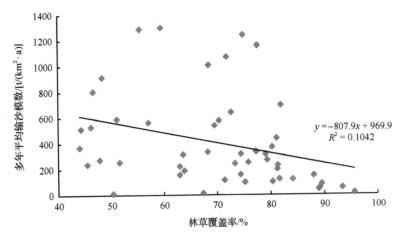

图 7-36　流域输沙模数与流域林草覆盖率之间的相关关系

7.3.3　耕地农作物覆盖对流域输沙的影响

耕地农作物一方面具有减少土壤侵蚀的作用，其叶面能有效减少雨滴击溅，农作物根系有利于增加土壤入渗；而另一方面是人类的耕作活动对土壤结构的破坏，增加了土壤侵蚀。图 7-37 显示了研究区所有样本流域的多年平均输沙模数与流域耕地覆盖率之间的相关关系。

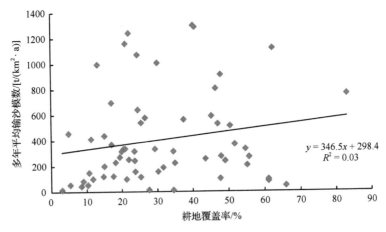

图 7-37　流域输沙模数与流域耕地覆盖率之间的相关关系

从图 7-37 中可以看出，流域输沙模数与流域耕地覆盖率之间存在一定的正相关关系，随着耕地覆盖率的增加，流域输沙量有增加的趋势，耕地能够增加流域土壤侵蚀。这表明，在耕地农作物对流域输沙的双重作用中，其耕作活动增加土壤侵蚀的作用要高于其防止土壤侵蚀的作用。同时，与森林植被类似，尽管流域输沙模数与耕地覆盖率之间存在一定的正相关关系，但由于流域输沙过程的多因子影响，其相关关系并不好，线性拟合方程的决定系数 R^2 仅为 0.03。

第8章 流域森林覆被变化下的径流模拟分析

森林植被水文调节功能的发挥一方面表现在流域产流数量上，另一方面表现在降水径流过程上，特别表现在对流域暴雨洪水过程的调蓄影响。在中小流域范围内，在雨前流域土壤含水量差别不大、年际间降水类型变化较小及降水空间分布较为均匀的背景下，森林植被对降水径流的影响作用就会凸显，不容忽视。为揭示流域不同森林变化情景对流域径流及其组分的影响，通过分布式水文模型 WETSPA，采用情景设置法分析两个研究流域不同森林植被数量及质量变化对流域径流及其组分的影响。

8.1 WETSPA 模型结构及原理

通过前面对流域土地利用/森林覆被变化和降水变化的具体分析，对土地利用/森林覆被变化和径流变化的交互作用有了比较深刻的认识，在此基础上对流域不同土地利用结构、森林植被类型和森林覆盖率的水文过程进行模拟研究，不仅能够深入理解土地利用/森林覆被变化与水文过程相互作用之间的机制，而且能为以后土地利用/森林覆被的改善和建设提供合理有效的理论基础(李月臣和何春阳，2008)。水文模型作为研究流域水文过程与土地利用变化相互作用的一个重要工具，由于其具有参数可控性强和受数据影响小等一些优点，近些年来基于模型进行了大量的土地利用变化的生态水文响应研究及评价，尤其是以自然物理机制为基础的分布式水文模型得到了广泛的应用。下面对一些常用水文模型进行比较。

表 8-1 不同水文模型特点

模型名称	模型特点
SWAT	SWAT 模型用户可免费获取软件，近年来在国内外得到广泛应用，可模拟水文循环过程中很多水文过程，如径流、泥沙等。但模型不能直接模拟地下水和径流的水流交换，模拟地下水时没有用分布式水文参数而是采用集总式方法，因此它不能准确模拟流域地下水位变化。它比较适用于长时期和大中尺度流域的模拟，而不适用于单场次的暴雨径流模拟，且不能模拟地下水位
MIKESHE	MIKESHE 模型具有很好的物理基础，而且应用尺度范围比较广泛，通常 MIKESHE 模型将研究流域离散成网格，并且由很多模块组成，有林冠截留、蒸发散、坡面流、河道流等模块，但是它所需的参数很多，有些参数很难实际测得，并且软件不能免费下载，影响了其应用的范围
TOPOMODEL	TOPOMODEL 模型优选参数较少，模型结构比较简单，在国内外被广泛地应用，但模型的模拟结果对地形指数分布曲线现状不敏感，有时用优化理论曲线来代替实际 DEM 推求的地形指数曲线时模型效果会更好，它将流域范围分割为一系列关于地形指数的集总式单元，无法很好地模拟土地利用及人类活动的影响
TOPOG	TOPOG 模型的特点是能够详细地模拟林木冠层等的蒸散发，以及植被生长对水量平衡的影响，对地形的精确要求比较高。模型汇流演算需要的时间较长，比较适用于面积小于 $10km^2$ 的小流域，在大尺度流域运用的时候比较费时
WETSPA	WETSPA 模型优选的参数较少，物理概念明确，而且许多参数能够根据 DEM、土地利用和土壤数据推求。能够用于天、小时、分钟等不同时间步长的模拟，尤其能够更好地用于时间步长较短的模拟，可以很好地预测洪水过程，并且能够很好地模拟出径流及其组分

通过表 8-1 比较常见水文模型的特点可知，与其他水文模型相比，WETSPA Extension 模型显现了较多优越性。首先，模型所需的参数较少，仅需调整 11 个全局参数，物理概念比较明确，在应用操作上也比较方便灵活。并且模型有效耦合了地表水和地下水，能够模拟场次降水对径流的影响，这是 WETSPA Extension 模型相对于一般水文模型不可比拟的优势。WETSPA 模型具有较强的物理基础，适用于具有不同土地利用方式和不同土壤类型的各流域，因此自开发以来在比利时、中国、欧洲一些国家得到了应用，并在应用中得到了不断发展，出现了 WetSpass 和 WETSPA Extension 等（Shafii and De Smedt，2009；舒晓娟等，2009）。然而，模型在北京山区流域的应用研究仍未见报道，因此模型在北京山区的应用潜力仍不得而知。若能应用物理机制明确、参数较少、操作比较简便的分布式水文模型 WETSPA Extension 模拟分析北京山区小流域的生态水文过程，探讨土地利用/森林覆被变化的生态水文响应规律，将对北京山区水资源规划及生态环境建设等政策的制定提供重要理论依据。因此本研究基于 WETSPA Extension 模型对半城子流域和红门川流域的径流进行模拟，在建立流域的属性数据库以及空间数据库的基础上，通过 DEM 推求累积流，再进行流域的河网提取及子流域划分，通过加载的土地利用和土壤数据进行一些参数的计算，在此基础上进行了 WETSPA Extension 模型的参数率定及验证，对两个流域的径流组分进行分割，并与数字滤波法计算的基流量进行对比分析，确定了模型在北京山区小流域的适用性。

WETSPA 模型是 1996 年由比利时布鲁塞尔自由大学的 Batelaan 等（1996）和 Wang 等（1997）研发的分布式物理水文模型，用于预测模拟区域或流域的土壤、植被和大气之间的水汽传输和能量交换，此模型以日为时间步长。WETSPA 模型将流域离散成规则小网格，每个网格的植被类型相同，并且在每个网格中进行能量及水量平衡计算，土壤水向下的运动包括下渗、深层下渗、非饱和层毛管水及地下水补给。具体模型结构见图 8-1。

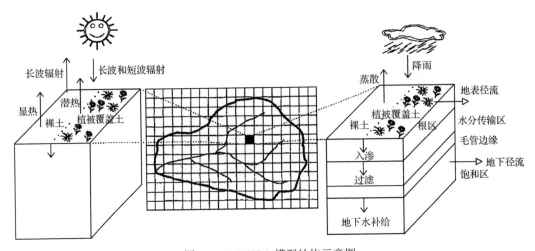

图 8-1　WETSPA 模型结构示意图

WETSPA Extension 模型是在 WETSPA 模型的基础上进行研发改进的（De Smedt et al.，2000），改进后的模型最大的特点是能以不同时间步长模拟流域任一时刻任一点的径流过程，这样更能从机理上认识地形、土壤类型及土地利用三大因素的空间变异对径流过程的影响。WETSPA Extension 模型的改进主要有以下几点(引自 WETSPA 使用手册)。

(1)为了模拟不同频率的洪水过程进行计算时间步长的改变，将固定的日时间步长改为可选择的步长(日、小时、分钟)。

(2)流量演算的两部分坡面流及河道演算均采用线性扩散波方程模拟。

(3)增加了浅层地下侧向流的计算，采用运动波方程模拟壤中流。

(4)增加了融雪模块，采用度-日法模拟融雪。

(5)考虑了填洼这一水文过程，将其作为初损的主要组分进行了模拟。

(6)为简化模型参数率定，在子流域尺度上采用线性水库法对地下水的运动进行模拟。

(7)对模型的一些方程进行改进，进一步增强模型的物理基础和实用性。

(8)对模型的所有默认参数值通过查阅文献和实际案例分析进行了重新率定。

(9)模型是基于 ArcView Avenue 和 Fortran 语言编写的，这就使模型能够很好地输入和输出空间数据。

模型中每个单元格又分层模拟了水量和能量的传输，模拟中涉及了降水、植被截留、填洼、融雪、蒸散发、下渗、深层下渗、地面径流、壤中流及地下径流各水量平衡过程。水文模拟过程主要由 4 个关键层组成，即冠层、地表层、植物根区和饱和地下水。具体的模型结构图如图 8-2 所示。

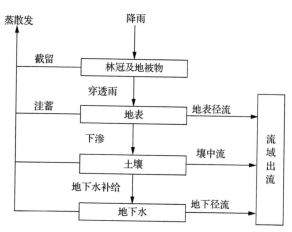

图 8-2　基于单元格的 WETSPA Extension 模型框架

WETSPA Extension 模型在整个水分循环中应该遵循流域水量平衡规律，进行较长时间的模拟时，河道水量、截留和洼蓄等变化是可以忽略不计的，其表达式为

$$P = RT + ET + \Delta SS + \Delta SG \tag{8-1}$$

式中，P 为流域的降水总量(mm)；RT 为总径流量(mm)；ET 为总的蒸散发量(mm)；ΔSS 为模拟时段内土壤含水量的变化量(mm)；ΔSG 为模拟时段内的地下水量的变化量(mm)。上述各变量在流域的初始土壤含水量和地下水量已知的情况下，可通过下列公式推求。

$$P = \sum_{t=0}^{T} \sum_{i=1}^{Nw} P_i(t) \tag{8-2}$$

$$RT = \sum_{t=0}^{T} \sum_{i=1}^{Nw} [RS_i(t) + RT_i(t)] + \sum_{t=0}^{T} \sum_{i=1}^{Nw} \frac{QG_i(t)}{A_s} \Delta t \tag{8-3}$$

$$ET = \sum_{t=0}^{T} \sum_{i=1}^{Nw} [EI_i i(t) + ED_i(t) + ES_i(t)] + \sum_{t=0}^{T} \sum_{i=1}^{Nw} [EG_i(t)] \tag{8-4}$$

$$\Delta SS = \sum_{t=1}^{Nw} D_i [\theta_i(t) + \theta_i(0)] \tag{8-5}$$

$$\Delta SG = \sum_{s=1}^{Nw} [SG_s(T) + SG_s(0)] \tag{8-6}$$

式中，RS 为地表径流量；RT 为地下径流量；EI 为植物降雨截留蒸发量(mm)；ED 为雨后洼蓄蒸发量；ES 为地表蒸发量；$\theta_i(0)$ 为网格模拟起始土壤含水量(m^3)；$\theta_i(T)$ 为模拟终止土壤含水量(m^3)；$SG_s(0)$ 为子流域模拟期起始地下水量(mm)；$SG_s(T)$ 为模拟终止时地下水量(mm)。在整个流域水量平衡中一个变量变化将引起其他变量的变化。通过上述方程可知，这些变量都是随着时间变化而变化的，这就能够很好地反映不同时期土地利用变化对径流过程的影响。

8.2 WETSPA 模型数据库构建及流域参数提取

8.2.1 模型数据库构建

WETSPA 模型模拟所需基础数据主要涉及流域数字高程图、土地利用图、流域土壤类型图、流域降水、潜在蒸散发、流域径流等，根据研究流域实测水文资料，10 月～次年 4 月期间，径流量几乎为 0，故月径流模拟期和验证期的模拟时段选为 5 月～10 月，模型研究以降雨产流为主。此外，流域空间分布参数均由模型从数字高程图、土地利用图及土壤类型 3 种数据中自动提取，因此应用相对较为简单。该模型运行所需数据主要包括流域数字高程图，流域土地覆被图，流域土壤类型图及流域水文控制站实测水文数据(降水、潜在蒸散发、径流等)，其中流域土地覆被数据及流域土壤数据均需 Grid 格式。

1. 数字高程图

流域水文单元及子流域划分、河网形成及流域水文模拟等计算过程均需以流域数字高程图为基础，通过流域数字高程图，进行模型运算，可提取研究流域坡度、坡长等地形参数，通过分析流域产汇流特征生成研究流域河网分布图。此外，基于 ArcGIS 9 软件对流域高程图进行投影变化、格式转换等预处理，生成模型模拟所需的流域数字高程图

（栅格大小：25m×25m）（图 8-3）。

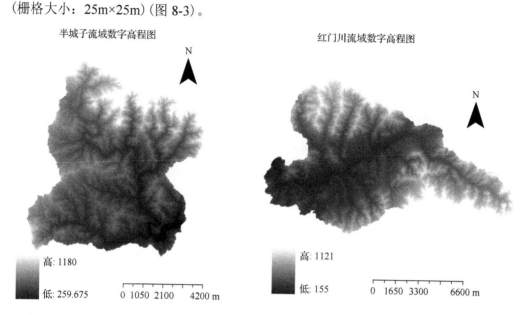

图 8-3 研究流域高程图

2. 土地利用数据

根据研究流域五期土地利用现状图，基于 ArcGIS 软件，参照模型土地利用分类对 2 个流域（1990～2010 年）不同时期的土地利用进行重命名，并转换为模型 Grid 格式栅格图，栅格大小均为 25m×25m。

3. 土壤数据

模型所需土壤数据为 Grid 格式。考虑到流域土壤类型年际变化较小的特点，本研究仅以 2000 年土壤数据代表流域研究时段内的土壤类型，根据模型运行需求，2011 年通过野外土壤采样，经中国农业科学院土壤实验室粒径分析，采用土壤三角形法（USDA）将半城子流域土壤分为粉黏土、黏壤土等 6 类，将红门川流域的土壤分为黏壤土等 7 类，2 个流域土壤类型分类图见图 8-4。

4. 水文气象数据库

气象数据是模型运行的基础，该模型所需气象数据主要包括逐日降雨量，逐日气温，逐日太阳辐射量等，可以直接输入实测数据。考虑到研究流域实测径流数据分辨率的局限性，本研究径流模拟仅以日为最小尺度，2 个流域径流序列数据时间年限为，半城子流域日平均流域数据时限为 1988～2011 年，红门川流域观测的逐日平均流量（m³/s）时限为 1988～2009 年，潜在蒸散发日数据是根据国家气象站数据采样 Penman-Monteith 公式求得。所有输入资料均通过 Excel 表编辑好后保存为 txt 文本格式以供模型使用。

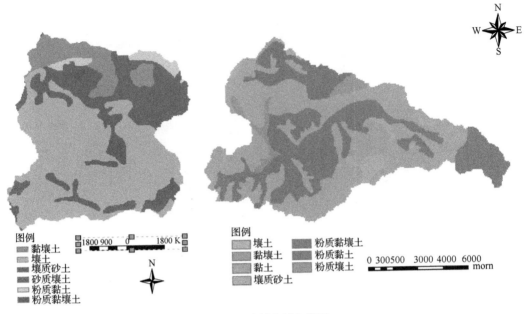

图例
黏壤土
壤土
壤质砂土
砂质壤土
粉质黏土
粉质黏壤土

图例
壤土　　　粉质黏壤土
黏壤土　　粉质黏土
黏土　　　粉质壤土
壤质砂土

图 8-4　流域土壤分类图

8.2.2　流域空间离散化

1. 流域河网生成

基于流域数字高程图，采用 WETSPA 模型对流域地形特征进行分析，通过确定水流流向、流域分水线等要素，进而自动生成半城子流域和红门川流域河网及子流域划分图（图 8-5 和图 8-6）。

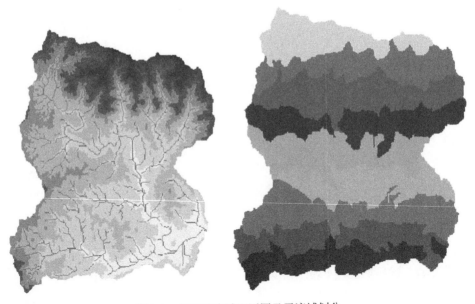

图 8-5　半城子流域河网图及子流域划分

图 8-6　红门川流域河网图及子流域划分

2. 流域空间分布参数提取

在研究流域土壤类型图基础之上结合 WETSPA 模型空间分布参数基于插值原理计算获取了 2 个研究流域各单元格的土壤水文特征参数。参数具体计算结果详见表 8-2。此外，结合流域土地利用数据，采用相同原理插值得到不同研究流域内不同单元格植被空间参数，具体结果见表 8-3。

表 8-2　不同土壤类型水文参数表

土壤	水力传导率/(mm/h)	孔隙率/(m³/m³)	田间持水量/(m³/m³)	凋谢系数/(m³/m³)	最小含水量/(m³/m³)	孔隙分布系数
黏土	0.62	0.475	0.378	0.251	0.09	12.13
粉质黏土	0.88	0.479	0.371	0.251	0.056	10.38
砂质黏土	1.19	0.440	0.321	0.221	0.109	9.59
黏质壤土	1.50	0.474	0.310	0.187	0.075	8.33
粉质黏质壤土	2.31	0.471	0.342	0.210	0.040	8.32
砂质黏质壤土	4.32	0.395	0.244	0.136	0.068	7.20
壤土	5.58	0.463	0.232	0.116	0.027	5.77
粉土	6.85	0.482	0.258	0.126	0.015	3.71
粉砂壤土	13.32	0.511	0.284	0.135	0.015	4.98
砂质壤土	25.89	0.453	0.190	0.090	0.041	4.51
壤质砂土	61.21	0.437	0.105	0.047	0.035	3.86
砂土	208.80	0.437	0.062	0.024	0.020	3.39

表 8-3　不同植被类型的水文特征值

土地利用类型	植被率/%	根深/m	曼宁系数	拦截容量/mm	叶面积指数
常绿针叶林	80	1.0	0.40	0.5～2.0	50～60
落叶阔叶林	80	1.0	0.80	0.5～3.0	10～60
落叶针叶林	80	1.0	0.40	0.5～2.0	10～60
常绿阔叶林	90	1.0	0.60	0.5～3.0	50～60
混交林	83	1.0	0.55	0.5～3.0	30～60

土地利用类型	植被率/%	根深/m	曼宁系数	拦截容量/mm	叶面积指数
郁闭灌木林	80	0.8	0.40	0.5~3.0	10~60
稀疏灌丛	80	1.0	0.5	0.5~3.0	8~60
开放灌木林	80	0.8	0.40	0.5~2.0	10~60
稀疏草原	80	0.8	0.40	0.5~2.0	5~60
草地	80	0.8	0.3	0.5~2.0	5~20
耕地	85	1.0	0.35	0.5~2.0	5~60
永久湿地	80	0.5	0.5	0.2~1.0	5~60
城市建筑	0	0.5	0.05	0.0~0.0	0
自然和人工植被镶嵌体	83	0.8	0.35	0.5~2.0	5~40
裸地	5	0.5	0.10	0.2~1.0	5~20
不透水面	0	0.1	0.05	0	0
水面	0	0.1	0.05	0.00~0.00	0

8.3　WETSPA 模型参数率定与验证

模型参数的率定是"模拟值与观测值最一致的参数值组合"。首先,考虑到模型模拟尺度与实际观测技术适用尺度存在差异,因此通常不能通过测量来率定参数;其次,对于某些没有直接物理意义的参数,无法通过实验测量手段获取,故需要参数率定。验证就是用率定的参数反映真实情况的可信度评估,通常用验证期的吻合程度来反映模型的有效性。

8.3.1　模型模拟结果的评价方法

本研究选取模拟值与实测值相对误差 Re、模拟值与实测值线性相关决定系数 R^2 及 Nash-Suttcliffe 系数 Ens 就模型模拟结果进行评价,根据评价结果判断模型适用性。3 个参数具体计算公式如下。

$$\mathrm{Re} = \frac{\mathrm{Pt} - \mathrm{Ot}}{\mathrm{Ot}} \times 100\% \tag{8-7}$$

式中,Re 为模型模拟值与径流实测值相对误差百分比;Pt 为模型模拟径流值(mm);Ot 为流域径流实测值(mm)。若 Re>0,说明模型模拟值较实测值偏大;若 Re<0,说明模型模拟值较实测值偏小;若 Re=0,说明模型模拟值与实测值相符。

R^2 主要通过对模型模拟值与实测值进行线性回归获得,可用于评价模拟值与实测值的吻合程度。R^2 取值范围为[0,1],若 R^2=1,表示模型模拟值与实测径流值非常吻合,如 R^2<1 时,越趋近于 0,说明模拟值与流域径流实测值吻合性越差。

Nash-Suttcliffe 系数 Ens 计算公式为

$$\text{Ens} = 1 - \frac{\sum\limits_{i=1}^{n}(Q_m - Q_p)^2}{\sum\limits_{i=1}^{n}(Q_m - Q_{avg})^2} \tag{8-8}$$

式中，Q_m 为流域径流实测值(mm)；Q_p 为流域径流模型模拟值(mm)；Q_{avg} 为流域径流实测平均值(mm)；n 为实测频度。若 Ens=1，说明流域径流模拟值与实测值相等；若 Ens<0，则说明流域径流模型模拟值模拟效果较差。

8.3.2 WETSPA 模型参数率定

基于流域数据库，采用 WETSPA 模型，通过不断输入模型参数对模型模拟值与实测值进行对比，通过不断对 10 个参数进行调试与率定，获得模型最优参数组合(表 8-4 和表 8-5)。

表 8-4 半城子流域 WETSPA 模型参数校准

参数定义及代码	单位	范围	校准值
壤中流缩放因子(C_i)	—	0~10	2.07
地下水衰退系数(C_g)	d^{-1}	0~0.05	0.031
初始土壤水分因子(K_{ss})	—	0~2	1.324
PET 校正因子(K_{ep})	—	0~2	1.397
融雪温度系数(K_{snow})	mm/(℃·d)	0~10	2.894
决定融雪的降雨系数(K_{rain})	mm/(mm·℃·d)	0~0.05	0.042
初始地下水储量(G_0)	mm	0~500	29.66
地下水储存缩放因子(G_{max})	mm	0~2000	570.24
降雨强度对地表径流的效应系数(K_{run})	—	0~5	2.763
降水强度阈值(P_{max})	mm/d 或 mm/h	0~500	490.06

表 8-5 红门川流域 WETSPA 模型参数校准

参数定义及代码	单位	范围	校准值
壤中流缩放因子(C_i)	—	0~10	2.0
地下水衰退系数(C_g)	d^{-1}	0~0.05	0.045
初始土壤水分因子(K_{ss})	—	0~2	1.014
PET 校正因子(K_{ep})	—	0~2	1.217
融雪温度系数(K_{snow})	mm/(℃·d)	0~10	2.389
决定融雪的降雨系数(K_{rain})	mm/(mm·℃·d)	0~0.05	0.044
初始地下水储量(G_0)	mm	0~500	38.614
地下水储存缩放因子(G_{max})	mm	0~2000	575.01
降雨强度对地表径流的效应系数(K_{run})	—	0~5	2.775

8.3.3　模型径流模拟与验证的结果分析

研究流域位于华北土石山区,地处半湿润气候区,降雨产生的径流多以蓄满产流为主,所以模型研究中考虑了地表径流和基流。从研究流域实测雨洪资料可知,研究流域在冬季鲜有径流产生,故月径流模拟期和验证期的模拟时段选为 5～10 月,没有考虑融雪、冰冻等情况,模型研究以降雨产流为主。参考其他文献资料,对模型模拟精度要求设定如下:要求研究流域径流模型模拟值与流域径流实测值相对误差 Re<15%;流域径流模型模拟值与流域径流实测值线性回归拟合方程决定系数 R^2 >0.6;Nash-Suttcliffe 系数 Ens>0.5。

1. 半城子流域径流及其组分的校准与验证

考虑到模型运行初期,土壤含水量初始值等对模型模拟的影响,故本研究将半城子流域整个研究时段(1988～2011 年)分成三段,1988～1991 年为启动阶段,1992～2001年为校准阶段,2002～2011 年为验证阶段。

1)年径流校准和验证

图 8-7 为半城子流域年径流模拟值与实测值对比,结合表 8-6 可以发现,半城子流域年径流校准结果符合上面中提及的模型模拟精度要求,其中,校准期径流模拟值与实测值相对误差 Re 为 5.39,R^2 等于 0.887,Ens 为 0.801,验证期的相对误差为 12.97,决定系数为 0.864,Ens 为 0.525。此外,由图 8-8 还可发现,校准期和验证期模拟值均大于实测值,说明流域径流量在其他因素影响下减少趋势明显,综合各项评价指标取值,可以认为在半城子流域年径流的模拟值与实测值的拟合效果较好,且校准期模拟效果优于验证期模拟效果。

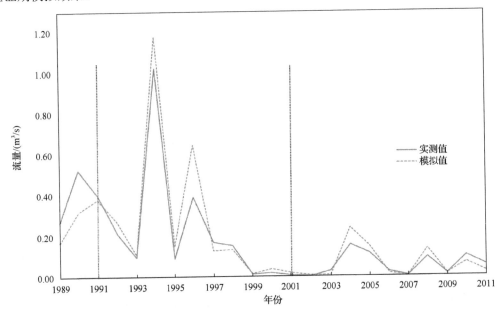

图 8-7　半城子流域年径流模拟值与实测值对比

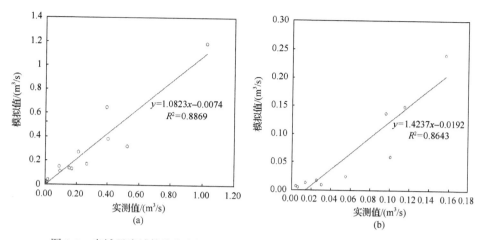

图 8-8　半城子流域校准期(a)和验证期(b)年均流量模拟值与实测值散点图

表 8-6　半城子流域年径流模拟结果评价

时段	年均值/(m³/s)		Re/%	R^2	Ens
	实测值	模拟值			
校准期(1988~2001 年)	0.26	0.274	5.39	0.887	0.801
验证期(2002~2011 年)	0.060	0.068	12.97	0.864	0.525

利用 WETSPA 模型可将径流分割为地表径流和基流(含壤中流及地下径流),与根据流域实测雨洪资料采用数字滤波法所得的流域基流分割结果进行对比(图 8-9)。由图 8-10可以发现,半城子流域校准期基流模拟效果好于验证期,其中,如表 8-7 所示,校准期实测值与模拟值相对误差较小,仅为 3.15%,而验证期则达到 14.63%,偏差较大。此外,通过决定系数 R^2 及 Ens,同样可以发现,验证期模拟效果较校准期相对较差,但同样满足设定的精度要求。

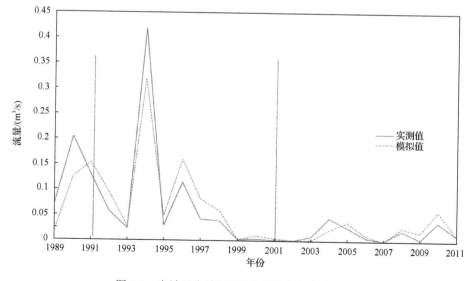

图 8-9　半城子流域年基流实测值与模拟值对比

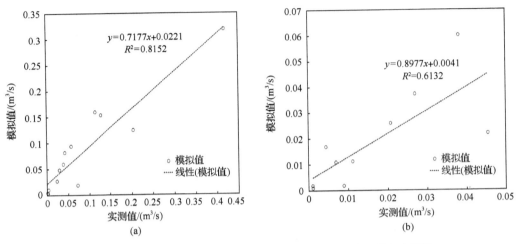

图 8-10　半城子流域校准期(a)和验证期(b)年基流量模拟值与实测值

表 8-7　半城子流域年基流模拟评价结果

时段	年均值/(m³/s)		Re/%	R^2	Ens
	实测值	模拟值			
校准期(1988~2001 年)	0.088	0.085	3.15	0.82	0.79
验证期(2002~2011 年)	0.017	0.019	14.63	0.61	0.52

2)月径流校准与验证

月径流校准是在年径流校准的基础之上进行的，根据年径流的校准与验证模型能够很好地应用于该研究区。由于该研究区径流量不大，在非汛期沟道会出现断流的现象，冬季还会有结冰现象，结合半城子流域径流年内分布规律，对月径流量的校准主要采用汛期 4~9 月的实测流量来进行验证。流域校准期 1992~2001 年的月均流量的模拟值见图 8-11，流域验证期 2002~2011 年的月均流量的模拟值见图 8-12。校准期和验证期月流量模拟值与实测值相关关系见图 8-13。模型模拟结果评价结果见表 8-8。

由表 8-8 并结合图 8-11、图 8-12 和图 8-13 可以发现，月径流校准期和验证期内，半城子流域月均流量模拟结果较实测值均呈现偏大现象，相对误差 Re 分别为 9.92%和 12.91%，R^2 分别达到 0.83 和 0.89，Ens 值则分别达到 0.72 和 0.81，校准期和验证期各项评价指标均在合理范围之内，故认为能够满足模拟精度要求。与年径流校准一致，模拟值较实测值均表现出一定的偏大现象，主要与研究时段内多次出现枯水年份和丰水年份相关。其中，流域枯水年份河道断流等现象的出现易导致流域径流模型模拟值与流域径流实测值出现偏差，而流域丰水年份，考虑到暴雨等极端天气频发等原因，可能导致洪峰时段径流不能做到及时观测，进而导致流域径流模拟值与流域径流实测值偏高。

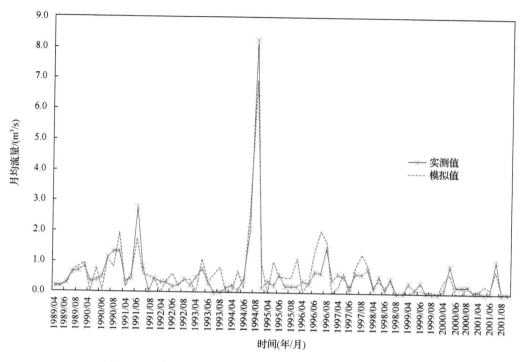

图 8-11　半城子流域校准期月径流实测值与模拟值对比图

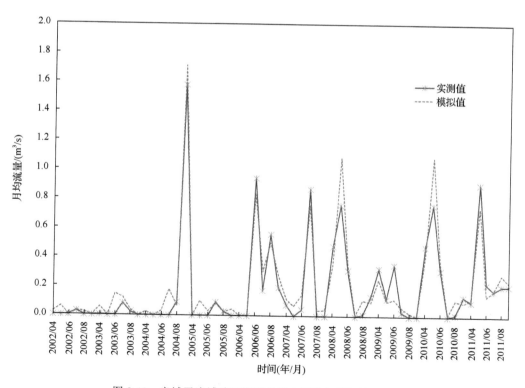

图 8-12　半城子流域验证期月径流实测值与模拟值对比图

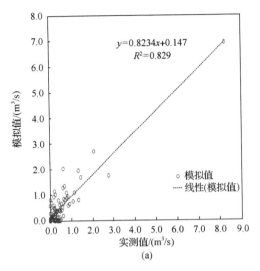 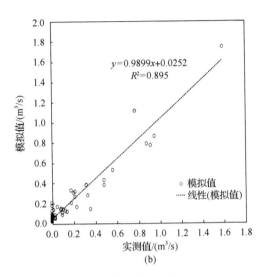

图 8-13　半城子流域校准期和验证期月流量模拟值与实测值相关关系图

表 8-8　半城子流域月均径流模拟结果评价表

时段	月均值/(m³/s)		Re/%	R^2	Ens
	实测值	模拟值			
校准期(1988~2001 年)	0.533	0.586	9.92	0.83	0.72
验证期(2002~2011 年)	0.181	0.205	12.91	0.89	0.81

3) 日径流校准与验证

与同以 ArcView 3.2 为操作平台的 SWAT 模型相比，WETSPA 模型在模拟日径流、单次洪水事件模拟方面有较强优势，本研究日径流校准是在月径流校准的基础之上进行的，受数据资料局限，本节选取有特大暴雨出现的校准期 1994 年和验证期 2004 年为对象，进行模拟值与实测值的比较，与月径流模拟类似，本研究仅选取 4~9 月逐日实测流量进行验证。流域校准期 1994 年 4~9 月的日流量的模拟值见图 8-14，流域验证期 2004 年的日流量的模拟值见图 8-15。校准期与验证期日径流实测值与模拟值见图 8-16。模型模拟结果评价结果见表 8-9。

由图 8-14 可见，模拟结果与实测值有较好的一致性，但是总体上模拟值略高于实测值。结合表 8-9 可知，校准期 1994 年 4~9 月模拟值与实测值相对误差达到 12.40%，二者相关关系显著，决定系数达到 0.93，Ens 达到 0.79，说明校准期模拟结果能够符合上述要求，总体模拟效果较好。由图 8-15 和表 8-9 可知，验证期模拟值与实测值相对误差较大，达到 14.18%，但二者相关关系显著，决定系数达到 0.81，Ens 达到 0.72，说明模拟结果满足上述的精度要求但模拟效果较校准期较差。此外，验证期日流量峰值出现一定的滞后。

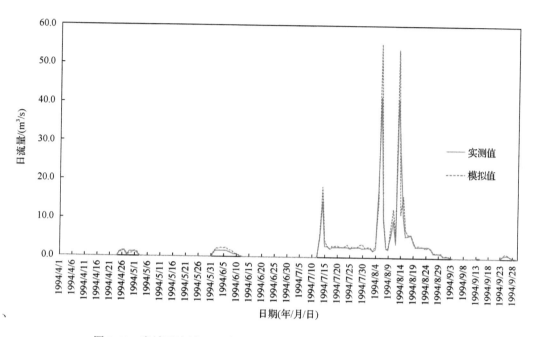

图 8-14　半城子流域 1994 年校准期日径流实测值与模拟值对比图

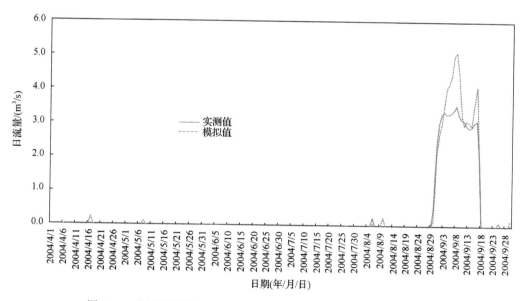

图 8-15　半城子流域验证期 2004 年日径流实测值与模拟值的对比图

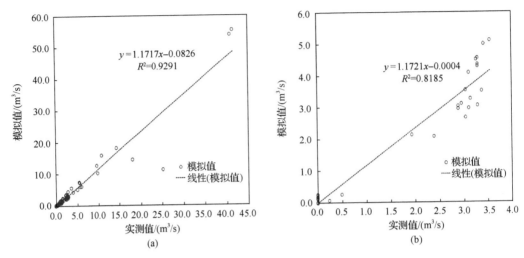

图 8-16　半城子流域校准期(a)与验证期(b)日径流实测值与模拟值

表 8-9　半城子流域日径流模拟值结果评价

时段	日均值/(m³/s)		Re/%	R^2	Ens
	实测值	模拟值			
校准期(1994 年)	1.73	1.94	12.40	0.93	0.79
验证期(2004 年)	0.31	0.36	14.18	0.82	0.72

2. 红门川流域径流及其组分的校准与验证

同理,选择红门川流域出口沙场水库上游水文站的实测径流数据与模拟数据进行校准和验证。考虑到模型运行初期,土壤含水量初始值等对模型模拟的影响,故本研究将整个研究时段(1988～2009 年)分成三段:1988～1991 年为启动阶段,1992～2000 年为校准阶段,2001～2009 年为验证阶段。要求模拟值与实测值年均误差应小于实测值的15%,年均值的决定系数 R^2>0.6,且 Ens>0.5。

1)年径流校准和验证

图 8-17 反映了红门川流域年径流模拟结果。由图 8-17 可知,红门川流域研究时段内模拟值较实测值偏小。具体表现为,校准期年均流量实测值为 0.67,而模拟值仅为 0.59,二者相对误差为 12.19%。校准期与验证期年均径流实测值与模拟值见图 8-18。由表 8-10可知,红门川流域年径流值在校准期和模型验证期各项评价指数均满足模型精度设定条件。其中,校准期和验证期模拟值均小于实测值,说明流域径流量在其他因素影响下减少趋势明显,综合各项评价指标取值,可认为红门川流域年径流的模拟值与实测值的拟合效果较好,且校准期模拟效果较验证期模拟效果更好,但均在接受范围内,说明模型能够比较准确地模拟径流量。

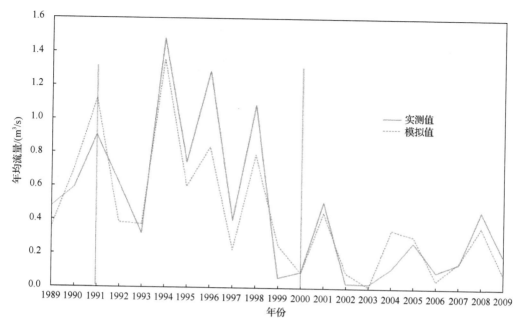

图 8-17　红门川流域年均径流实测值与模拟值的对比图

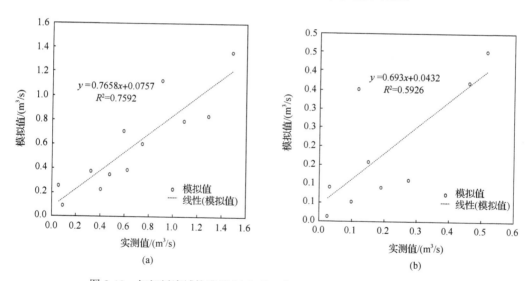

图 8-18　红门川流域校准期(a)与验证期(b)年均径流实测值与模拟值

表 8-10　红门川流域年均径流模拟结果评价

时段	年均值/(m³/s)		Re/%	R^2	Ens
	实测值	模拟值			
校准期(1988~2000 年)	0.67	0.59	12.19	0.76	0.759
验证期(2001~2009 年)	0.21	0.19	9.84	0.59	0.561

同理，利用 WETSPA 模型可将径流进行分割为地表径流和基流（含壤中流和地下径流），与根据流域实测雨洪资料采用数字滤波法所得的基流分割结果对比。由图 8-19 可见，从基流量的实测值与模拟值来看，两者在不同时期走向大概一致，能够较完整地重合。结合图 8-20 和表 8-11，从两者的相关关系来看，校准期的基流量实测值与模拟值的相对误差为 13.79%，决定系数 R^2 为 0.87，Ens 为 0.65，验证期的相对误差为 4.35%，决

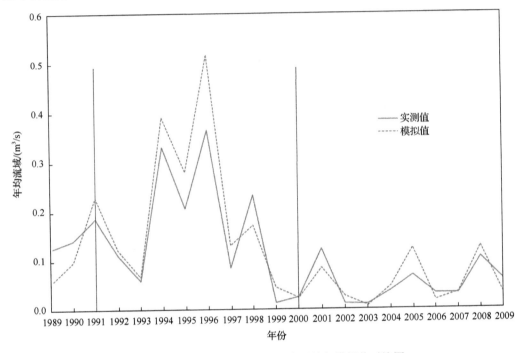

图 8-19　红门川流域年均基流量实测值与模拟值对比图

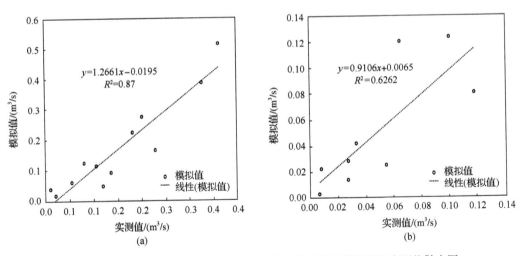

图 8-20　红门川流域校准期(a)和验证期(b)年均基流量模拟值与实测值散点图

表 8-11　红门川流域年均基流模拟结果评价

时段	年均值/(m³/s)		Re/%	R^2	Ens
	实测值	模拟值			
校准期(1988~2000 年)	0.152	0.173	13.79	0.87	0.65
验证期(2001~2009 年)	0.049	0.051	4.35	0.63	0.54

定系数 R^2 为 0.63，Ens 为 0.54。比较而言，校准期模拟值与实测值表现出很高的相关性，但模拟值略大于实测值，一方面说明模型能很好地模拟研究区的年均基流量，另一方面考虑到丰水期可能导致最高的洪峰流量不能及时观测，进而导致实测径流量值偏低。

2）月径流的校准与验证

月径流校准是在年径流校准基础上进行的，根据年径流的校准与验证模型能够很好地应用于该研究区。由于该研究区径流量不大，在非汛期沟道会出现断流的现象，冬季还会有结冰现象，结合红门川流域径流年内分布规律，对月径流量的校准主要采用汛期 6~9 月的实测流量来进行验证。流域校准期 1988~2000 年的月均流量的模拟值见图 8-21，流域验证期 2001~2009 年的月均流量的模拟值见图 8-22。校准期和验证期月流量模拟值与实测值相关关系见图 8-23。模型模拟结果评价结果见表 8-12。

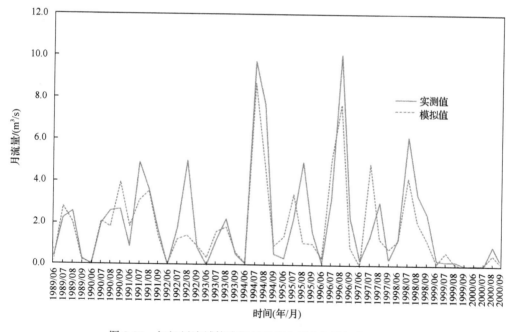

图 8-21　红门川流域校准期月径流实测值与模拟值对比图

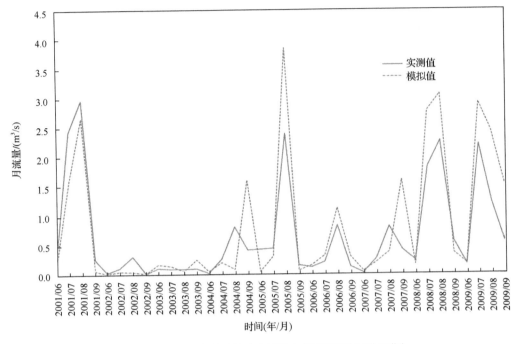

图 8-22 红门川流域月径流实测值与模拟值对比(验证期)

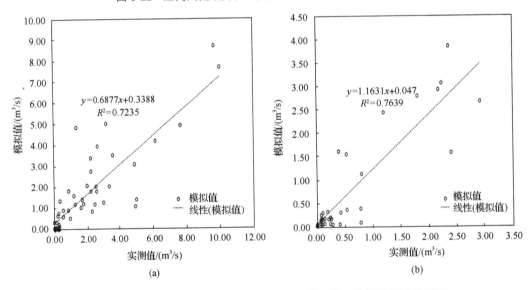

图 8-23 红门川流域校准期和验证期月流量模拟值与实测值相关关系图

表 8-12 红门川流域月径流模拟结果评价

时段	年均值/(m³/s)		Re/%	R^2	Ens
	实测值	模拟值			
校准期(1988～2000 年)	2.039	1.741	14.62	0.72	0.71
验证期(2001～2009 年)	0.636	0.786	6.71	0.76	0.53

从月径流量模拟结果来看，月径流量模拟值与实测值走向大致相似，二者表现出一定的吻合性，其中，校准期的实测月径流量为 2.309m³/s，模拟值略小，为 1.741m³/s，相对误差为 14.62%，决定系数为 0.73，效率系数 Ens 为 0.71；相比而言，验证期的实测月径流量为 0.636m³/s，模拟值为 0.786m³/s，相对误差仅为 6.71%，决定系数为 0.76，效率系数 Ens 为 0.53，以上评价指标均能满足假定条件，说明模型能很好地模拟研究区的月径流量。

3）日径流的校准与验证

受红门川流域雨洪数据资料局限，本研究选取有特大暴雨出现的校准期 1996 年和验证期 2005 年为对象，进行模拟值与实测值的比较，与月径流模拟类似，本研究仅选取 6～9 月逐日实测流量进行验证。流域校准期 1996 年 6～9 月的日流量的模拟值见图 8-24，流域验证期 2005 年的日流量的模拟值见图 8-25。日径流实测值与模拟值校准期、验证期散点图见图 8-26。模型模拟结果评价结果见表 8-13。

由图 8-24 和 8-25 可见，红门川流域日径流值模拟结果与实测值有较好的一致性，洪峰模拟值略高于实测值，但总体看来实测值略低于模拟值。结合表 8-13 可知，校准期日径流实测值为 2.58 m³/s，比模拟值低 0.31m³/s，模拟结果偏大，相对误差 Re 为 12.25%，R^2 为 0.84，Ens 值为 0.696，可见校准期模拟结果能够符合评价标准要求，总体模拟效果比较好。结合表 8-13 可知，验证期模拟结果基本满足精度要求，但模拟效果不如校准期。

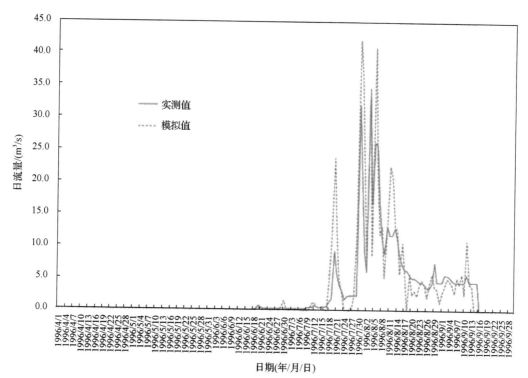

图 8-24　红门川流域校准期 1996 年日径流实测值与模拟值对比图

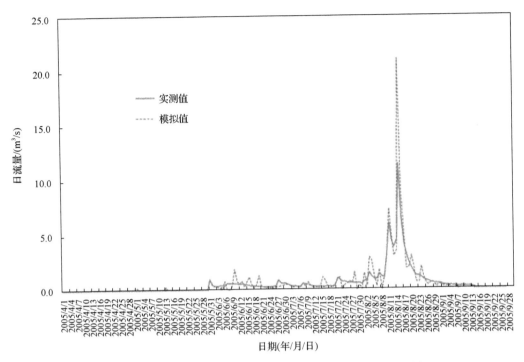

图 8-25　红门川流域验证期 2005 年日径流实测值与模拟值对比

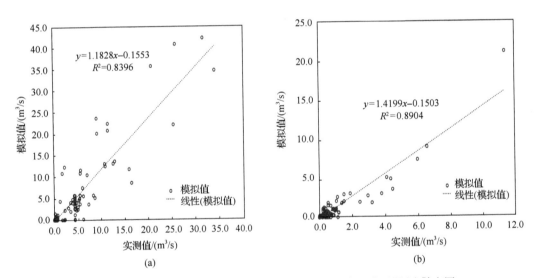

图 8-26　红门川流域日径流实测值与模拟值校准期(a)、验证期(b)散点图

表 8-13　红门川流域日径流模拟结果评价

时期/年	年均值/(m³/s)		Re/%	R^2	Ens
	实测值	模拟值			
校准期(1996)	2.58	2.89	12.25	0.84	0.696
验证期(2005)	0.54	0.61	14.21	0.89	0.572

8.4　WETSPA Extension 模型与数字滤波法径流分割结果比较

目前各种径流分割的方法及理论存在着较大的争议，存在这一争议的主要原因第一是对构成总径流的几种水源划分不统一，第二是采用的分割方法得到的结果相差甚远(Smakhtin, 2001)。就我国而言，径流的划分首先是从总径流过程中割去深层地下径流，由于该径流成分较为稳定而且是河川的基本流量，又称为基流；然后将剩下的径流部分再划分为地表径流和浅层地下径流。而国外许多国家将总径流直接划分为地表径流和基流两部分(熊立华和郭生练，2004)，本研究中的基流与我国传统水文学中的基流概念有差异，是指除去地表径流以外的径流量。

8.4.1　数字滤波法的介绍

数字滤波法(Filter 法)是近些年来国际和国内应用比较广泛的基流分割方法。递归数字滤波法是由 Lyne 和 Hollick(1979) 提出的，一直发展到 1990 年，Nathan 和 McMahon(1990)才将该方法用于径流过程的基流分割中，由于数字信号中的高频部分与代表降雨-径流过程中快速响应的直接径流部分相似，低频部分与代表慢速响应的地下径流部分相似，这样就将径流分为两部分，即直接径流和基流(Eckhardt，2005；黄国如，2007)。其滤波方程为

$$q_i = \beta q_{i-1} + (1+\beta)/2 \times (Q_i - Q_{i-1}) \tag{8-9}$$

式中，q_i 和 q_{i-1} 分别为时段 $t(1d)$ 和 $t-1$ 内过滤的地表径流，即快速响应部分；β 为滤波参数，该值影响基流衰减程度；Q 为径流总量。通过大量的实验证明，β 的取值范围在 $0.8 \sim 0.95$ 之间时计算的基流值与实际值的基流值比较接近。一般将 β 值分别取 0.9、0.925 和 0.95 来进行基流划分，通过不断比较来确定最终的参数值。

已知总径流和地表径流后，基流 b_t 便可由下式求出：

$$b_t = Q_t - q_t \tag{8-10}$$

由式(8-9)和式(8-10)可以计算出地下水出流过程，从而对流量过程线进行分割。

除了上述 Nathan 和 McMahon(1990)提出的分割方法外，还有另外 3 种方法，下面分别进行简单介绍。

方法二。Chapman(1991)在 1991 年对式(8-9)中存在的问题进行系统分析后改进得到如下方程：

$$q_i = (3\beta-1)/(3-\beta)q_{i-1} + 2/(3-\beta) \times (Q_i - \beta Q_{i-1}) \tag{8-11}$$

方法三。Chapman(1999)认为某时刻的基流为前一时刻基流和该时刻地表径流的加权平均，表达式为

$$Q_{b(i)} = kQ_{b(i-1)} + (1-k)Q_{d(i)} \tag{8-12}$$

式中，k 为退水系数，一般取值 0.95。由于 $Q_i = Q_{b(i)} + Q_{d(i)}$，将该式代入式(8-12)，可以得

到基流分割表达式为

$$Q_{b(i)} = k/(2-k)Q_{b(i-1)} + (1-k)/(2-k)Q_i \qquad (8\text{-}13)$$

方法四。为了得到更加平滑的分割结果，引入另外一个参数 C，用 C 代替式(8-13)中的 $1-k$，则将式(8-13)改为 Chapman(1999)的方法，即

$$Q_{b(i)} = k/CQ_{b(i-1)} + C/(1+C)Q_i \qquad (8\text{-}14)$$

数字滤波方法计算得到的基流最大值和最小值不会超出总径流量或者出现负值，因为该方法限制了基流分割时的最大值和最小值。尽管滤波法有很多优点，需要的参数极少，但是该方法也有许多不尽人意的地方(文佩，2006)。第一，数字滤波法脱离水文机理，计算得到的基流过程并不是基于产汇流理论的；第二，数字滤波法所用的参数 β 没有真实的物理意义，其最佳取值范围缺乏一定的客观性，因为 β 的取值是通过不断与人工分割比较得到的，而人工在分割基流时存在着很大的不确定性和主观性。

8.4.2　数字滤波法进行流域径流分割

本研究对数字滤波的几种方法进行反复比较，同时参考相关文献(唐寅，2011)，选取滤波方法三，取参数值为 0.95 对半城子流域和红门川流域 1990～2006 年的径流进行分割(表 8-14)。并分别列举 2 个流域 1995 年的基流过程线(图 8-27 和图 8-28)及 2000 年的基流过程线(图 8-29 和图 8-30)。从图中可以看出 2 个流域基流过程线都没有超出总径流线，同样也不会有负值出现，这是因为数字滤波方法在计算过程中限制了每个时段基流的最小值和最大值。

表 8-14　数字滤波法划分的多年平均基流占总径流量比例

流域名称	多年平均径流量/(万 m³)	基流量/(万 m³)	百分比/%
半城子	683.68	359.6	52.6
红门川	1609.0	852.77	53.0

从表 8-14 中可以看出，经过数字滤波法对 2 个流域进行径流划分后，半城子流域 1990～2006 年基流量占多年平均径流 683.68 万 m³ 的 52.6%；红门川流域研究时段内平均基流量占多年平均径流总量 1609.0 万 m³ 的 53.0%。2 个流域的多年基流量都在 50%以

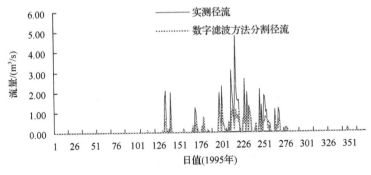

图 8-27　数字滤波方法划分的半城子流域 1995 年基流过程线

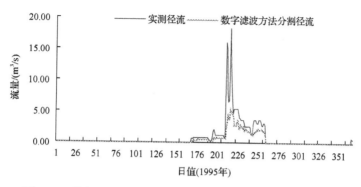

图 8-28　数字滤波方法划分的红门川流域 1995 年基流过程线

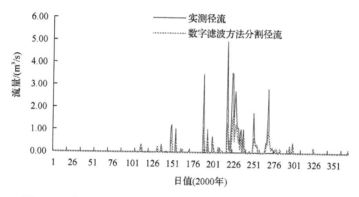

图 8-29　数字滤波方法划分的半城子流域 2000 年基流过程线

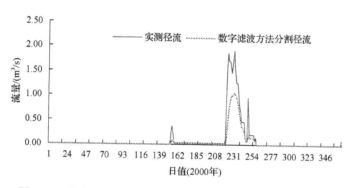

图 8-30　数字滤波方法划分的红门川流域 2000 年基流过程线

上，说明北京山区这 2 个流域森林具有很好的水源涵养作用，产生的地面径流较少，这与山区土层薄、温度低等都有关系，是山区森林覆盖与各种水文要素之间的综合作用所产生的结果。

8.4.3　两种径流分割结果对比

前面在模型模拟验证过程中，仅列出了 2 个流域 1995 年和 2000 年日均径流值不同组分之间的比例，下面将 WETSPA Extension 模拟的 2 个流域的多年平均基流量(壤中流+地下径流)与传统的数字滤波法划分的多年平均基流量进行比较，具体结果列于表 8-15。

表 8-15　两种方法划分的基流量比较

流域名称	时段	数字滤波法		WETSPA Extension 模型	
		基流比例/%	合计/%	壤中流比例/%	地下径流比例/%
半城子	1990~1997 年	54.3	49.6	23.2	26.4
	1998~2006 年	55.9	55.5	22.9	32.6
红门川	1990~1997 年	52.5	48.7	18.7	29.8
	1998~2006 年	60.0	57.3	23.1	34.3

从表 8-15 可以看出,半城子流域 1990~1997 年间 WETSPA Extension 模型计算的壤中流和地下径流分别占该时段总径流的 23.2%和 26.4%,1998~2006 年间壤中流和地下径流分别占该时段总径流的 22.9%和 32.6%;两个时段模型模拟基流合计值均小于数字滤波法划分的基流值,但相差不大,分别相差 4.7 个百分点和 0.4 个百分点。红门川流域 1990~1997 年间 WETSPA Extension 模型计算的壤中流和地下径流分别占该时段总径流的 18.7%和 29.8%,1998~2006 年间壤中流和地下径流分别占该时段总径流的 23.1%和 34.3%;两个时段模型模拟基流合计值也小于数字滤波法划分的基流值,差别也不明显,分别相差 3.8 个百分点和 2.7 个百分点。许多文献研究表明,相对其他基流分割方法,数字滤波法在选择最优参数后能够得到可信的分割结果(Arnold et al., 1995;文佩, 2006;唐寅, 2011),本研究两种方法分割结果十分相近,所以认为用 WETSPA Extension 模型模拟的壤中流和地下径流结果可信。从表 8-15 中还发现,两个流域 1990~1997 年间的基流比例均小于 1998~2006 年间的基流比例,这说明在流域降水量较少时,流域径流相当大的一部分来源于基流,这是因为北京石质山区土层较薄,地下水埋深较浅,枯水季节地下水资源成为流域径流主要的补给来源。

8.5　流域森林覆被变化的径流模拟分析

8.4 节就研究流域气候和土地覆被年际变化规律作了分析,并采用经验模型及统计学方法探讨了流域气候和森林植被变化对流域径流变化的影响,考虑到研究流域均以森林为流域景观基质,森林面积在流域占绝对主导地位,其他土地利用类型面积较小,为此本节主要从分布式水文模型角度,分析流域森林植被数量变化和质量变化对流域径流的影响规律。

8.5.1　流域实际森林植被类型的径流响应分析

结合第 5 章可知,半城子流域和红门川流域森林面积均占到流域面积的 90%以上,在各土地利用类型中占绝对主导地位,森林对流域径流变化的影响在各项土地利用类型中贡献率最大,贡献率平均值达到 86%,且不同森林类型水文调节功能存在明显差异,为此本节从森林植被类型变化入手,基于分布式水文模型 WETSPA 模拟研究流域实际不同森林植被类型的水文响应。

1. 半城子流域不同情景森林植被类型的径流响应

为探讨流域森林植被变化对研究流域径流的影响，利用 WETSPA 模型，基于流域降水-径流年际变化特征，根据年径流与多年平均径流之间的关系，分别选取不同的典型水平年来分析流域径流及其组分演变规律。根据流域径流年际变化规律，分别选取 2002 年、1994 年和 1997 年为枯水年、丰水年和平水年，以 1995 年土地利用情况作为本底值，采用替换法（即将不同森林类型全部转换为某一森林植被类型）分析不同森林植被类型对研究流域径流及其组分的影响。

1) 丰水年不同森林植被类型对径流的影响分析

丰水年不同森林植被类型下的流域产水量见表 8-16。由表 8-16 可以看出，在相同降水条件下，在其他森林类型转换为灌木林情景下，流域产生的流量最大，达到 602.29mm，产流量最小的为阔叶林地，产流量仅为 445.42mm，占流域年降水量的 45.09%，较灌木林减少 26.05%，具体产流量大小排序为灌木林＞混交林＞针叶林＞阔叶林，这与阔叶林丰富的林下枯落物储量有较大关系；从径流组分看，灌木林产生总径流中基流比例最高，为 43.73%（其中，壤中流为 18.06%，地下径流为 25.67%），针叶林产生总径流中基流比例最小，仅为 33.74%（其中，壤中流为 11.25%，地下径流为 22.49%），说明在丰水年份针叶林地产流量中绝大部分以地表径流的形式输出，这主要与针叶林枯落物少，蓄水量低有关。

表 8-16　不同森林植被类型的水文生态响应

流域	森林类型	降水量/mm	年径流/mm	壤中流		地下径流	
				值/mm	百分比/%	值/mm	百分比/%
半城子流域	混交林	987.8	509.080	80.54	15.82	137.81	27.07
	阔叶林	987.8	445.416	57.24	12.85	114.52	25.71
	针叶林	987.8	481.962	54.22	11.25	108.39	22.49
	灌木林	987.8	602.285	108.77	18.06	154.61	25.67

2) 平水年不同森林植被类型对径流的影响分析

平水年不同森林植被类型下的流域产水量见表 8-17。从表 8-17 中可以看出，在相同降水条件下，同样为灌木林地流域产生的流量最大，达到 159.207mm，产流量最小的同样为阔叶林地，产流量仅为 121.898mm，占流域年降水量的 22.96%，较灌木林减少 23.43%，具体产流量大小排序为灌木林＞混交林＞针叶林＞阔叶林；从径流组分看，阔叶林产生总径流中基流比例最高，为 44.55%（其中，壤中流为 17.58%，地下径流为 26.97%），针叶林产生总径流中基流比例最小，仅为 33.41%（其中，壤中流为 12.63%，地下径流为 20.78%），说明在平水年份针叶林地产流量中绝大部分以地表径流的形式输出，这主要与针叶林枯落物少，蓄水量低有关；此外，阔叶林地下径流比例最高，说明阔叶林地相比其他森林类型土壤渗透性能更好。

表 8-17　不同土地利用类型的水文生态响应

流域	森林类型	降水量/mm	年径流/mm	壤中流		地下径流	
				值/mm	百分比/%	值/mm	百分比/%
半城子流域	混交林	530.9	140.457	22.87	16.28	29.16	20.76
	阔叶林	530.9	121.898	21.43	17.58	32.88	26.97
	针叶林	530.9	140.410	17.73	12.63	29.18	20.78
	灌木林	530.9	159.207	19.12	12.01	25.43	15.97

3) 枯水年不同森林植被类型对径流的影响分析

枯水年不同森林植被类型下的流域产水量见表 8-18。从表 8-18 中可以看出，在相同降水条件下，同样为灌木林地产生的径流最大，达到 26.45mm，产流量最小的为阔叶林地，产流量仅为 19.40mm，较灌木林减少 26.65%，具体产流量大小排序为灌木林＞混交林＞针叶林＞阔叶林；从径流组分看，阔叶林基流比例最大，达到 67.74%，灌木林基流比例最小，仅为 55.76%，具体大小排序为阔叶林＞针叶林＞混交林＞灌木林。

表 8-18　不同土地利用类型的水文生态响应

流域	森林类型	降水量/mm	年径流/mm	壤中流		地下径流	
				值/mm	百分比/%	值/mm	百分比/%
半城子流域	混交林	344.4	21.007	7.25	34.51	6.49	30.88
	阔叶林	344.4	19.399	6.49	33.47	6.65	34.27
	针叶林	344.4	20.192	7.43	36.82	6.18	30.61
	灌木林	344.4	26.451	8.81	33.29	5.94	22.47

2. 红门川流域不同情景森林植被类型的水文响应

与半城子流域类似，根据年径流与多年平均径流之间的关系，选取 1994 年、2001 年和 2003 年分别作为丰水年、平水年和枯水年最为典型年份，土地利用采用 1995 年的土地/覆被情况作为本底值，采用替换法(即将不同森林类型全部转换为某一森林植被类型)分析不同森林植被类型对研究流域径流及其组分的影响。

1) 丰水年不同森林植被类型对径流的影响分析

丰水年不同森林植被类型下的流域产水量见表 8-19。从表 8-19 中可以看出，在相同降水条件下，灌木林产流量最大，达到 264.51mm，产流量最小的为阔叶林地，产流量仅为 193.99mm，较灌木林减少 26.67%，具体产流量大小排序为灌木林＞混交林＞针叶林＞阔叶林，这与阔叶林丰富的林下枯落物储量有较大关系；从径流组分看，阔叶林产生总径流中基流比例最高，为 32.01%(其中，壤中流为 12.29%，地下径流为 19.72%)，灌木林产生总径流中基流比例最小，仅为 23%(其中，壤中流为 8.43%，地下径流为 14.57%)，说明在丰水年份灌木林地产流量中绝大部分以地表径流的形式输出。

表 8-19　不同土地利用类型的水文生态响应

流域	森林类型	降水量 /mm	年径流 /mm	壤中流		地下径流	
				值/mm	百分比/%	值/mm	百分比
红门川流域	混交林	758.3	210.07	25.4	12.08	37.0	17.60
	阔叶林	758.3	193.99	23.8	12.29	38.3	19.72
	针叶林	758.3	201.92	21.0	10.41	34.8	17.21
	灌木林	758.3	264.51	22.3	8.43	38.5	14.57

2）平水年不同森林植被类型对径流的影响分析

平水年不同森林植被类型下的流域产水量见表 8-20。从表 8-20 中可以看出，在相同降水条件下，同样为灌木林地流域产生的流量最大，达到 198.169mm，产流量最小的同样为阔叶林地，产流量仅为 170.898mm，较灌木林减少 13.76%，具体产流量大小排序为灌木林＞混交林＞针叶林＞阔叶；从径流组分看，阔叶林产生总径流中基流比例最高，为 41.79%（其中，壤中流为 20.64%，地下径流为 21.15%），灌木林产生总径流中基流比例最小，仅为 19.27%（其中，壤中流为 9.49%，地下径流为 9.78%），说明在平水年份灌木林地产流量中绝大部分以地表径流的形式输出，这主要与灌木林枯落物少，蓄水量低有关；此外，阔叶林地下径流比例最高，说明阔叶林地相比其他森林类型土壤渗透性能更好。

表 8-20　不同土地利用类型的水文生态响应

流域	森林类型	降水量 /mm	年径流 /mm	壤中流		地下径流	
				值/mm	百分比/%	值/mm	百分比
红门川流域	混交林	487	180.537	27.89	15.45	28.63	15.86
	阔叶林	487	170.898	35.27	20.64	36.14	21.15
	针叶林	487	179.349	21.43	11.95	22.04	12.29
	灌木林	487	198.169	18.81	9.49	19.38	9.78

3）枯水年不同森林植被类型对径流的影响分析

枯水年不同森林植被类型下的流域产水量见表 8-21。从表 8-21 中可以看出，在相同降水条件下，同样为灌木林地产生的径流最大，达到 8.870mm，产流量最小的为阔叶林地，产流量仅为 7.287mm，较灌木林减少 17.85%，具体产流量大小排序为灌木林＞针叶林＞混交林＞阔叶；从径流组分看，阔叶林基流比例最大，达到 34.62%，灌木林基流比例最小，仅为 20.87%，具体大小排序为阔叶林＞混交林＞针叶林＞灌木林。

表 8-21　不同土地利用类型的水文生态响应

流域	森林类型	降水量 /mm	年径流 /mm	壤中流		地下径流	
				值/mm	百分比/%	值/mm	百分比
红门川流域	混交林	419	7.617	0.92	12.04	1.22	15.98
	阔叶林	419	7.287	0.95	13.08	1.57	21.54
	针叶林	419	7.796	0.71	9.09	0.97	12.42
	灌木林	419	8.870	0.71	8.04	1.14	12.83

8.5.2　流域不同情景森林覆盖率和单位面积生物量的径流响应

1. 流域不同情景森林覆盖率和单位面积生物量模式的构建

据第 5 章可知，林地是半城子流域和红门川流域土地利用类型的主要组成部分，2 个研究流域各期土地利用森林覆盖率均达到 85% 以上，在研究区域降水条件年际变化差异较小情景下，流域森林覆被质量与数量变化势必对流域水文年际变化造成重要影响，为了深刻认识流域森林变化对流域水文生态的影响，本节基于分布式水文模型 WETSPA 探讨了流域森林覆被变化对流域径流及其组分的影响，根据流域森林覆盖率与流域单位面积生物量相关关系，构建了流域森林覆盖率与单位面积森林生物量相关关系方程（图 8-31），依此构建流域不同情景森林覆盖率和单位面积森林生物量模式（表 8-22）。

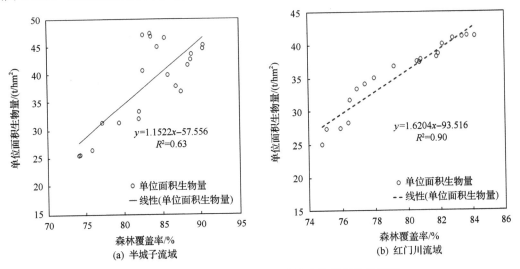

图 8-31　森林覆盖率与单位面积森林生物量相关关系图

表 8-22　模型摘要表

模型	R	R^2	调整的 R^2	估计的标准误差
1	0.807^a	0.651	0.590	3.091

a. 预测因子（常数）：森林覆盖率。

半城子流域森林覆盖率（X）与单位面积森林生物量（Y）相关关系方程为

$$Y = 1.1522X - 57.556 \quad R^2 = 0.63 \tag{8-15}$$

如表 8-23 所示，对式（8-15）进行显著性检验，F 统计量为 29.817，显著性水平为 0.000，$F_{(0.005, 2, 18)}$ 值为 7.21 < 29.82，由此可见拟合模型方程线性相关关系非常显著。

表 8-23 方差分析表

	模型	平方和	自由度	均方	F	显著性
	回归	284.889	1	284.889	29.817	0.000[a]
1	残差	181.539	19	9.555		
	总计	466.428	20			

a. 预测因子(常数): 单位面积生物量;

注: 表中因变量: 森林覆盖率。

红门川流域森林覆盖率(X)与单位面积森林生物量(Y)相关关系方程为

$$Y=1.6204X–93.516 \qquad R^2=0.90 \qquad (8\text{-}16)$$

如表 8-24 和表 8-25 所示, 对回归方程(8-16)进行显著性检验, F 统计量为 310.054>>7.21, 说明红门川流域森林覆盖率和单位面积森林生物量之间存在明显线性正相关关系。

表 8-24 模型摘要表

模型	R	R^2	调整的 R^2	估计的标准误差
1	0.951[a]	0.904	0.922	1.205

a. 预测因子(常数): 森林覆盖率。

表 8-25 方差分析表

	模型	平方和	自由度	均方	F	显著性
	回归	472.932	1	472.932	310.054	0.000[a]
1	残差	25.930	17	1.525		
	总计	498.863	18			

a. 预测因子(常数): 森林覆盖率;

注: 表中因变量: 单位面积生物量。

依据对森林覆盖率和单位面积森林生物量二者之间相关关系的深刻认识, 采用土地利用类型极端替换法设置不同森林植被变化情景对流域径流及其组分的影响, 同时考虑不同森林覆盖率及单位面积森林生物量等因素, 综合分析森林变化对流域径流形成的影响。具体将以 2010 年流域土地利用类型图作为背景, 结合流域实际情况及实际可操作性, 设置相应情景。情景设计思路见表 8-26, 具体情景设置见表 8-27。其中, 单位面积生物量依据 5.3 小节及杨本琴(2009)等相关研究成果按流域不同森林类型面积进行叠加计算。

表 8-26 情景设置

编号	森林类型变化情景设置
情景 1	流域内水域与建设用地面积不变, 将所有林地类型(针叶林、阔叶林、混交林、灌木林)和草地设置为耕地, 此时流域森林覆盖率基本为 0
情景 2	考虑到当前营造混交林的迫切需求, 保留流域内建设用地、水域、耕地和草地面积不变, 将灌木林、针叶林、阔叶林设置为混交林

编号	森林类型变化情景设置
情景 3	保留流域内建设用地、水域、耕地、草地面积不变,将混交林、阔叶林、针叶林变成灌木林地
情景 4	保留流域内建设用地、水域面积不变,将耕地、草地设置为混交林地,此时流域森林覆盖率达到最大值,接近 100%
情景 5	保留流域内建设用地、水域面积不变,将所有林地类型及耕地设置为草地,此时流域森林覆盖率基本为 0

表 8-27　研究流域森林数量及质量变化情景设置

流域	编号	森林覆盖率%	单位面积森林生物量/(t/hm²)
半城子流域	情景 1	0.00	0.00
	情境 2	98.33	35.81
	情境 3	98.33	5.14
	情景 4	98.47	36.09
	情境 5	0.00	0.00
红门川流域	情景 1	0.00	0.00
	情境 2	91.12	32.25
	情境 3	91.12	4.85
	情境 4	93.47	35.99
	情境 5	0.00	0.00

2. 半城子流域不同情景森林覆盖率和单位面积森林生物量的水文响应

根据半城子流域森林数量及质量变化情景设置,将流域 2010 年的土地利用类型进行重新分类后分别加载到模型中进行运行,保持模型率定参数不变,添加 1988~2011 年的逐日降水数据模拟不同情景森林覆盖率和单位面积森林生物量下的流域年径流及其组分变化情况,将不同场景模拟值与 2010 年土地利用模拟值进行对比,具体对比结果见表 8-28。

表 8-28　半城子流域不同森林覆盖率和单位面积生物量情景的径流及其组分比较

森林变化情景	年均径流深/mm	壤中流量/mm	地下径流量/mm	壤中流百分比/%	地下径流百分比/%
2010 年	71.56	7.91	9.89	11.05	13.82
情景 1	92.84	13.90	17.56	14.98	18.92
情景 2	54.63	10.09	11.27	18.48	20.64
情景 3	84.89	12.18	19.32	14.35	22.77
情景 4	68.97	9.08	10.61	13.16	15.38
情景 5	99.58	11.09	14.78	11.13	14.84

由表 8-28 可知,在 2010 年土地利用类型下流域年径流深模拟值为 71.56mm,基流量占流域总径流量的 24.87%。在所设置的 5 种流域情景当中,情景 1 和情景 5 中流域森林覆盖率为 0,所模拟的流域年均径流值相对较大,分别为 92.84mm 和 99.58mm,较 2010

年现有土地利用状况分别增加 29.74%和 39.16%，说明草地产流较耕地产流更多；在情景 2 中，将所有森林林分类型转化为混交林后，流域森林覆盖率为 98.33%，单位面积生物量为 35.81t/hm^2，流域年均径流值达到最小为 54.63mm，较 2010 年减少 23.66%；情景 3 中，将所有林分类型替换为灌木林地，森林覆盖率较情景 2 没有减少，但单位面积生物量减少至 5.14t/hm^2，导致流域年径流量有所增加，增加 18.63%；情景 4 为将半城子流域耕地、草地转化为林地后的情景，同时为流域实际情况下可达到的流域最大覆盖率为 98.47%，此时，流域年径流仅较 2010 年减少 3.62%，说明耕地、草地向林地转化后对减少流域径流起到积极推动作用。

3. 红门川流域不同情景森林覆盖率和单位面积森林生物量的水文响应

根据红门川流域森林数量及质量变化情景设置，将流域 2005 年的土地利用类型进行重新分类后分别加载到模型中进行运行，保持模型参数不变，添加 1988～2009 年的逐日降水数据模拟不同情景森林覆盖率和单位面积森林生物量下的流域径流及其组分变化情况，将不同场景模拟值与 2005 年土地利用现状模拟值进行对比，具体的结果见表 8-29。

表 8-29　红门川流域不同森林覆盖率和单位面积生物量情景的径流及其组分比较

森林覆盖率情景	年均径流深/mm	壤中流量/mm	地下径流量/mm	壤中流百分比/%	地下径流百分比/%
2005 年地类	68.99	9.87	17.11	14.3	24.8
情景 1	85.24	12.99	18.07	15.24	21.2
情景 2	43.27	8.46	8.78	19.55	20.28
情景 3	80.34	13.29	15.72	16.54	19.57
情景 4	62.37	9.57	14.43	15.34	23.14
情景 5	94.58	11.89	20.14	12.57	21.29

由表 8-29 可知，2005 年现有土地利用类型下流域年径流深模拟值为 68.99mm，基流量占流域总径流量的 39.1%。在所设置的 5 种流域情景当中，情景 1 和情境 5 中流域森林覆盖率为 0，所模拟的流域年均径流值较大，分别为 85.24mm 和 94.58mm，较 2005 年现有土地利用状况分别增加 23.55%和 37.09%；在情景 2 中，将所有森林林分类型转化为混交林后，流域森林覆盖率为 91.12%，单位面积森林生物量为 32.25t/hm^2，流域年均径流值达到最小为 43.27mm，较 2005 年减少 37.28%；情景 3 中，将所有林分类型替换为灌木林地，森林覆盖率较情景 2 没有减少，但单位面积森林生物量减少至 4.85t/hm^2，导致流域年径流量有所增加，增加 16.45%；情景 4 为将红门川流域耕地转化为林地后的情景，同时为流域实际情况下可达到的流域最大覆盖率为 93.47%，此时，流域年径流仅较 2005 年减少 9.60%，说明耕地和草地向林地转化后对减少流域径流起到积极推动作用。

参 考 文 献

拜存有. 2008. 渭河流域关中段径流过程变异点诊断研究[D]. 咸阳: 西北农林科技大学.

布仁仓, 胡远满, 常禹. 2005. 景观指数之间的相关分析[J]. 生态学报, 25(10): 2764-2775.

蔡强国, 王贵平, 陈永宗. 1998. 黄土高原小流域侵蚀产沙过程与模拟[M]. 北京: 科学出版社.

常建国, 王庆云, 武秀娟. 2013. 山西太行山不同林龄油松林的水量平衡[J]. 林业科学, 49(7): 1-9.

陈东立, 余新晓. 2005. 黄土丘陵沟壑区流域景观格局调控与减水减沙效益[J]. 中国水土保持科学, (4): 77-80.

陈广才, 谢平. 2006. 水文变异的滑动 F 识别与检验方法[J]. 水文, (2): 57-60.

陈军峰, 张明. 2003. 梭磨河流域气候波动和土地覆被变化对径流影响的模拟研究[J]. 地理研究, 22(1): 73-78.

陈军峰, 李秀彬. 2001. 森林植被变化对流域水文影响的争论[J]. 自然资源学报, 16(5): 474-480.

陈晓宏, 涂新军, 谢平, 等. 2010. 水文要素变异的人类活动影响研究进展[J]. 地球科学进展, 25(8): 888-899.

陈张丽, 吴志峰, 魏建兵. 2012. 基于遥感和 GIS 的广州市天河区水域景观演变及其驱动因子分析[J]. 国土与自然资源研究, 34(6): 55-57.

程晓陶. 2002. 关于海河流域生态环境恢复几个基本问题的探讨[J]. 海河水利, 2(3): 15-17.

崔灵周, 李占斌, 朱永清, 等. 2006. 流域地貌分形特征与侵蚀产沙定量耦合关系试验研究[J]. 水土保持学报, 20(2): 1-4, 9.

邓慧平, 李秀彬, 陈军锋, 等. 2003. 流域土地覆被变化水文效应的模拟——以长江上游源头区梭磨河为例[J]. 地理学报, 25(1): 53-62.

丁晶. 1986. 洪水时间序列干扰点的统计推估[J]. 武汉大学学报(工学版), (5): 36-41.

丁相毅, 贾仰文, 王浩, 等. 2010. 气候变化对海河流域水资源的影响及其对策[J]. 自然资源学报, 25(4): 604-613.

丁永建, 叶柏生, 刘时银. 1999. 祁连山区流域径流影响因子分析[J]. 地理学报, 54(5): 431-437.

董国强, 杨志勇, 于赢东. 2013. 下垫面变化对流域产汇流影响研究进展[J]. 南水北调与水利科技, 11(3): 111-117.

董晓华, 邓霞, 薄会娟, 等. 2010. 平滑最小值法与数字滤波法在流域径流分割中的应用比较[J]. 三峡大学学报(自然科学版), 32(2): 1-4.

杜习乐, 吕昌河, 王海荣. 2011. 土地利用/覆被变化(LUCC)的环境效应研究进展[J]. 土壤, 43(3): 350-360.

段新光. 2010. 密云水库 94·7 暴雨洪水分析[C]. 中国水利学会: 中国水科学会 2010 学术年会论文集(上册): 171-176.

范广洲, 吕世华. 1999. 高分辨嵌套区域气候模式对我国中东部地区夏季气候的数值模拟[J]. 高原气象, 18(4): 641-648.

傅伯杰, 陈利顶. 1996. 景观多样性的类型及其生态意义[J]. 地理学报, 51(5): 454-462.

傅国斌. 1991. 全球变暖对华北水资源影响的初步分析[J]. 地理学与国土研究, 7(4): 22-26.

甘敬. 2008. 北京山区森林健康评价研究[D]. 北京: 北京林业大学.

高华端, 李锐. 2006. 区域土壤侵蚀过程的地形因子效应[J]. 亚热带水土保持, 18(2): 6-9, 14.

高甲荣, 肖斌, 张东升, 等. 2001. 国外森林水文研究进展述评[J]. 水土保持学报, 15(5): 60-75.

高彦春, 于静洁, 刘昌明. 2002. 气候变化对华北地区水资源供需影响的模拟预测[J]. 地理科学进展, 21(6): 616-624.

关志成, 朱元甡, 段元胜, 等. 2001. 水箱模型在北方寒冷湿润半湿润地区的应用探讨[J]. 水文, 21(4): 25-29.

郭浩, 叶兵, 林权中, 等. 2006. 妫水河流域水源涵养林时空动态格局研究[J]. 中国水土保持科学, 4(3): 16-20.

郭军庭, 张志强, 王盛萍. 2011. 黄土丘陵沟壑区小流域基流特点及其影响因子分析[J]. 水土保持通报, 31(1): 87-92.

郭珉. 2004. 土地需求量及土地人口承载力的预测与分析[D]. 南宁: 广西大学: 21-22.

郭生练, 熊立华, 杨井, 等. 2000. 基于 DEM 的分布式流域水文物理模型, 武汉水利电力大学学报, (12): 1-5.

韩瑞光, 丁宏志, 冯平. 2009. 人类活动对海河流域地表径流量影响的研究[J]. 水利水电技术, 40(3): 4-7.

郝芳华, 陈利群, 等. 2004. 土地利用变化对产流和产沙的影响分析[J]. 水土保持学报, 18(3): 5-8.

郝润全, 高建国, 赵煜. 2005. 降水主要集中时段即主汛期划分方法初探[J]. 内蒙古气象, 29(2): 21-24.

郝振纯, 鞠琴, 王璐, 等. 2011. 气候变化下淮河流域极端洪水情景预估[J]. 水科学进展, 22(5): 605-614.

侯西勇, 常斌, 于信芳. 2004. 基于 CA-Markov 的河西走廊土地利用变化研究[J]. 农业工程学报, 20(5): 286-291.

黄伯璠. 1982. 涵养水源是治 Huber 理长江的根本大计——长江流域水土保持考察纪要中国林学会长江流域水土保持考察组 [J]. 农业经济丛刊, (2): 1-6, 40.

黄国如. 2007. 流量过程线的自动分割方法探讨[J]. 灌溉排水学报, 26(1): 73-78.

黄新会, 王占礼, 牛振华. 2004. 水文过程及模型研究主要进展[J]. 水土保持研究, 1(4): 105-108.

黄志刚. 2009. 基于集水区法的森林生态系统影响径流研究进展[J]. 世界林业研究, 22(3): 36-41.

江涛, 陈永勤, 陈俊护, 等. 2000. 未来气候变化对我国水文水资源影响的影响[J]. 中山大学学报自然科学版, 39(2): 151-157.

金栋梁, 刘于伟. 2005. 径流量评价[J]. 水资源研究, 26(I): 13-20.

金菊良, 魏一鸣, 丁晶. 2005. 基于遗传算法的水文时间序列变点分析方法[J]. 地理科学, (6): 720-724.

景元书, 缪启龙, 杨文刚. 1998. 气候变化对长江干流区径流量的影响[J]. 长江流域资源与环境, (4): 48-51.

亢健. 2010. 湟水流域土地利用/覆被变化下的水文响应研究[D]. 西宁: 青海师范大学: 25-27.

雷红富, 谢平, 陈广才, 等. 2007. 水文序列变异点检验方法的性能比较分析[J]. 水电能源科学, 25(4): 36-40.

雷水玲. 2001. 全球气候变化对宁夏春小麦生长和产量的影响[J]. 中国农业气象, 22(2): 33-36.

李昌峰, 高俊峰, 曹慧. 2002. 土地利用变化对水资源影响研究的现状和趋势[J]. 土壤, (4): 191-205.

李春晖, 杨志峰. 2004. 黄河流域 NDVI 时空变化及其与降水/径流关系[J]. 地理研究, 23(6): 753-759.

李海光. 2011. 黄土高原吕二沟流域环境演变的生态水文响应[D]. 北京: 北京林业大学.

李建柱, 冯平. 2010. 降雨因素对大清河流域洪水径流变化影响分析[J]. 水利学报, 41(5): 595-607.

李克让, 陈育峰. 1999. 中国全球气候变化影响研究方法的进展[J]. 地理研究, 18(2): 214-219.

李兰, 钟名军. 2003. 基于 GIS 的 LL-II 分布式降雨径流模型的结构[J]. 水电能源科学, (4): 35-38.

李名勇, 晏路明. 2010. 基于协整理论和前移回归模型的福建省耕地资源变动预测及其驱动机制研究[J]. 中国土地科学, 24(11): 10-14.

李文华, 何永涛, 杨丽韫. 2001. 森林对径流影响研究的回顾与展望[J]. 自然资源学报, 16(5): 398-406.

李玉山. 2001. 黄土高原森林植被对陆地水循环影响的研究[J]. 自然资源学报, 16(5): 427-432.

李月臣, 何春阳. 2008. 中国北方土地利用/覆盖变化的情景模拟与预测[J]. 科学通报, 53(6): 713-723.

立川康人. 2002. 流域水循环数值模型的进步与今后的课题, 2002 年水工夏期研修会讲义集 A 课程. 东京: 日本木土学会, A-1: 1-22.

梁国付. 2010. 伊洛河流域景观动态及其径流效应研究——以伊河上游地区为例[D]. 开封: 河南大学.

林明磊. 2008. 不同植被类型对流溪河小流域产流—产沙影响的研究[D]. 武汉: 华中农业大学: 56.

刘昌明, 李道峰, 田英, 等. 2003. 基于 DEM 的分布式水文模型在大尺度流域应用研究[J]. 地理科学进展, (5): 438-445.

刘昌明, 张丹. 2011. 中国地表潜在蒸散发敏感性的时空变化特征分析[J]. 地理学报, 66(5): 579-588.

刘昌明, 钟俊襄. 1978. 黄土高原森林对年径流量影响的初步分析[J]. 地理学报, 33(2): 113-126.

刘春蓁, 田玉英. 1991. 用改进的非线性水量平衡模型研究气候变化对径流的影响[J]. 水科学进展, 2(2): 120-126.

刘春蓁. 1997. 气候变化对我国水文水资源的可能影响[J]. 水科学进展, 8(3): 220-225.

刘二佳, 张晓萍, 谢名礼, 等. 2013. 退耕背景下北洛河上游水沙变化分析[J]. 中国水土保持科学, 11(1): 39-45.

刘和平, 袁爱萍, 路炳军, 等. 2007. 北京侵蚀性降雨标准研究[J]. 水土保持研究, 14(2): 215-220.

刘善建. 1953. 天水水土流失测验的初步分析[J]. 科学通报, 12: 59-65.

刘盛和, 何书金. 2002. 土地利用动态变化的空间分析测算模型[J]. 自然资源学报, (5): 533-540.

刘贤赵, 李嘉竹, 宿庆, 等. 2007. 基于集中度与集中期的径流年内分配研究[J]. 地理科学, (6): 791-795.

刘志丽, 陈曦. 2001. 基于 ERDAS IMAGING 软件的 TM 影像几何精校正方法初探——以塔里木河流域为例[J]. 干旱区地理, 24(4): 353-358.

卢磊, 乔木, 周生斌, 等. 2011. 1960-2009 年新疆渭干河流域蒸发皿蒸发量变化特征[J]. 地理科学进展, 30(3): 306-312.

鲁绍伟, 陈波, 潘青华, 等. 2013. 北京松山 5 种天然纯林枯落物及土壤水文效应研究[J]. 内蒙古农业大学学报(自然科学版), 34(3): 65-70.

陆建华, 刘金清. 1995. 流域产、汇流研究的进展及展望[J]. 北京水利, (4): 3-6.

吕锡芝. 2013. 北京山区森林植被对坡面水文过程的影响研究[D]. 北京: 北京林业大学: 110-112.

马荣田, 周雅清, 朱俊峰, 等. 2007. 晋中近49年气候变化特征及对水资源的影响[J]. 气象, 33(1): 107-111.

马雪华. 1993. 森林水文学[C]. 北京: 中国林业出版社: 55-56.

莫菲. 2008. 六盘山洪沟小流域森林植被的水文影响与模拟[D]. 北京: 中国林业科学研究院.

莫菲. 2008. 六盘山洪沟小流域森林植被的水文影响与模拟[D]. 北京: 中国林业科学研究院: 18-20.

穆兴民, 李靖. 2004. 基于水土保持的流域降水-径流统计模型及其应用[J]. 水利学报, (5): 122-128.

穆兴民, 王飞, 李靖, 等. 2004. 水土保持措施对河川径流影响的评价方法研究进展[J]. 水土保持通报, 24(3): 73-78.

穆兴民, 徐学选, 陈霁巍. 2001. 黄土高原生态水文研究[M]. 北京: 中国林业出版社.

穆兴民, 张秀勤, 高鹏, 等. 2010. 双累积曲线方法理论及在水文气象领域应用中应注意的问题[J]. 水文, 30(4): 47-51.

欧阳志云, 王效科, 苗鸿. 1999. 中国陆地生态系统服务功能及其生态经济价值的初步研究[J]. 生态学报, 19(5): 19-25.

秦富仓. 2006. 黄土地区流域森林植被格局对侵蚀产沙过程的调控研究[D]. 北京: 北京林业大学: 12-13.

邱扬, 傅伯杰, 王勇. 2002. 土壤侵蚀时空变异及其与环境因子的时空关系[J]. 水土保持学报, 16(1): 108-111.

全斌, 朱鹤健, 陈松林, 等. 2006. 遥感技术在区域土地利用/覆被变化中的应用——以福建省为例[J]. 中国土地科学, 20(2): 39-43.

冉大川. 1992. 泾河流域水沙特性及减水减沙效益分析[J]. 水土保持通报, 12(5): 20-28.

冉大川, 刘斌, 罗全华, 等. 2001. 泾河流域水土保持措施减水减沙作用分析[J]. 人民黄河, 23(2): 6-8.

任美锷. 1958. 台维斯地貌学论文选[M]. 北京: 科学出版社.

芮孝芳, 黄国如. 2004. 分布式水文模型的现状与未来[J]. 水利水电科技进展, 4(2): 55-58.

芮孝芳, 石朋. 2004. 数字水文学的萌芽及前景[J]. 水利水电科技进展, 24(6): 55-58.

申书侃, 王威, 宗雪, 等. 2011. 北京山区流域层次水源林结构与功能研究[J]. 林业资源管理, 40(6): 65-72.

石教智. 2006. 变化环境下流域径流演变研究——驱动力、演化模式及模拟预测[D]. 广州: 中山大学.

石培礼, 李文华. 2001. 森林植被变化对水文过程和径流的影响效应[J]. 自然资源学报, 16(5): 481-487.

史宇. 2011. 北京山区主要优势树种森林生态系统生态水文过程分析[D]. 北京: 北京林业大学: 68-70.

舒晓娟, 陈洋波, 徐会军, 等. 2009. Wetspa模型在溪溪河水库入库洪水模拟中的应用[J]. 长江科学院院报, 26(1): 17-20.

孙宁, 李秀彬, 冉圣洪, 等. 2007. 潮河上游降水-径流关系演变及人类活动的影响分析[J]. 地理科学进展, 26(5): 41-47.

索安宁, 洪军, 林勇, 等. 2005. 黄土高原景观格局与水土流失关系研究[J]. 应用生态学报, 16(9): 1719-1723.

谭少华. 2001. 我国水资源与城市规划协调研究[J]. 地域研究与开发, 20(2): 21-23.

汤江龙. 2006. 土地利用规划人工神经网络模型构建及应用研究[D]. 南京: 南京农业大学: 58-59.

唐华俊, 吴文斌, 杨鹏, 等. 2009. 土地利用/土地覆被变化(LUCC)模型研究进展[J]. 地理学报, 64(4): 456-468.

唐丽霞. 2009. 黄土高原清水河流域土地利用/气候变异对径流泥沙的影响[D]. 北京: 北京林业大学: 57-60.

唐寅. 2011. 运用SWAT模型研究小流域气候及土地利用变化的水文响应[D]. 北京:北京林业大学.

田富强. 2006. 流域热力学系统水文模型理论和方法研究[D]. 北京: 清华大学.

汪美华, 谢强, 王红亚. 2003. 未来气候变化对淮河流域径流深的影响[J]. 地理研究, 22(1): 79-86.

王根绪, 张钰, 刘桂民, 等. 2005. 马营河流域1967~2000年土地利用变化对河流径流的影响[J]. 中国科学 D辑 地球科学, 35(7): 671-681.

王光生, 夏士谆. 1998. SMAR模型及其改进[J]. 水文, (S1): 28-30.

王国庆, 张建云, 贺瑞敏, 等. 2009. 三峡水利工程对区域气候影响的初步分析[C]. 重庆: 自主创新与持续增长第十一届中国科协年会论文集: 818-823.

王国庆, 张建云, 贺瑞敏. 2006. 环境变化对黄河中游汾河径流情势的影响研究[J]. 水科学进展, 17(6): 853-858.

王国庆, 张建云, 林健, 等. 2008. 月水量平衡模型在中国不同气候区的应用[J]. 水资源与水工程学报, 19(5): 34-41.

王国庆, 张建云, 刘九夫, 等. 2008. 气候变化对水文水资源影响研究综述[J]. 中国水利, 6(2): 47-51.

王浩, 雷晓辉, 秦大庸, 等. 2003. 基于人类活动的流域产流模型构建[J]. 资源科学, (6): 14-18.

王浩, 王建华, 秦大庸, 等. 2006. 基于二元水循环模式的水资源评价理论方法[J]. 水利学报, 37(12): 1496-1502.

王贺年, 余新晓, 贾国栋, 等. 2013. 华北土石山区流域森林覆盖率对径流影响的定量分析[J]. 应用基础与工程科学学报, 21(3): 432-441.

王金花, 张胜利, 孙维营, 等. 2011. 皇甫川流域近期水土保持措施减沙效益分析[J]. 中国水土保持, 32(3): 57-60.

王蕾. 2006. 基于不规则三角形网络的物理性流域水文模型[D]. 北京: 清华大学.

王黎明, 周云轩, 王钦军. 2009. 吉林省西部地区蒸散与土地利用/覆盖变化关系[J]. 吉林大学学报(地球科学版), 39(5): 907-912.

王礼先, 张志强. 1998. 森林植被变化的水文生态效应研究进展[J]. 世界林业研究, 11(6): 14-23.

王礼先, 张志强. 2001. 干旱地区森林对流域径流的影响[J]. 自然资源学报, 16(5): 439-444.

王盛萍, 张志强, 孙阁, 等. 2006. 黄土高原流域土地利用变化水文动态响应——以甘肃天水吕二沟流域为例[J]. 北京林业大学学报, (1): 48-54.

王守荣, 黄荣辉, 丁一汇. 2002. 分布式水文-土壤-植被模式的改进及气候水文 offline 模拟试验[J]. 气象学报, 60(3): 290-300.

王思远, 刘纪远, 张增祥, 等. 2001. 中国土地利用时空特征分析[J]. 地理学报, (6): 631-639.

王秀兰, 包玉海. 1999. 土地利用动态变化研究方法探讨[J]. 地理科学进展, 18(1): 81-87.

王亚捷, 王国卿. 2001. 人类活动对柳林泉域水文过程影响研究[J]. 水文, 31(3): 82-88.

王彦辉, 于澎涛, 徐德应, 等. 1998. 林冠截留降雨模型转化和参数规律的初步研究[J]. 北京林业大学学报, 20(6): 25-30.

王仰麟. 1995. 格局与过程[M]. 北京: 中国科技出版社: 437-441.

王友生. 2013. 北京山区典型小流域土地利用/森林覆盖变化的水文生态响应研究[D]. 北京: 北京林业大学.

王玉杰, 熊峰, 王云琪, 等. 2005. 森林植被对水文通量的影响研究综述[J]. 水土保持研究, 12(4): 183-187.

王玉洁, 李俊祥, 吴健平, 等. 2006. 上海浦东新区城市化过程景观格局变化分析[J]. 应用生态学报, 17(1): 36-40.

王瑗, 盛连喜, 李科, 等. 2008. 中国水资源现状分析与可持续发展对策研究[J]. 水资源与水工程学报, 19(3): 10-14.

王中根, 刘昌明, 吴险峰. 2003. 基于 DEM 的分布式水文模型研究综述[J]. 自然资源学报, 18(2): 168-173.

维基百科编者. 2014. 各国二氧化碳排放量列表[G/OL]. 维基百科, 2014-06-03.

魏凤英. 1999. 现代气候统计诊断预测技术[M]. 北京: 气象出版社: 82-88.

魏凤英. 2007. 北京极端降水量的概率分布及其预测[A]. 中国气象学会. 中国气象学会 2007 年年会气候学分会场论文集[C]. 中国气象学会: 10.

魏天兴, 朱金兆. 2002. 黄土残塬沟壑区坡度和坡长对土壤侵蚀的影响分析[J]. 北京林业大学学报, 24(1): 59-62.

温远光, 刘世荣. 1995. 我国主要森林生态系统类型降水截留规律的数量分析[J]. 林业科学, 31(4): 289-298.

文佩. 2006. 基流分割及基于改进 TOPMODEL 径流模拟[D]. 南京: 河海大学.

邬建国. 2007. 景观生态学: 格局、过程、尺度与等级[M]. 第二版. 北京: 高等教育出版社.

吴钦孝, 赵鸿雁. 2000. 黄土高原森林水文生态效应和林草适宜覆盖指标[J]. 水土保持通报, 20(5): 32-34.

夏军, 穆宏强, 邱训平, 等. 2001. 水文序列的时间变异性分析[J]. 长江职工大学学报, 18(3): 1-4.

夏军, 谈戈. 2002. 全球变化与水文科学新的进展与挑战[J]. 资源科学, 24(3): 1-7.

夏军. 2002. 华北地区水循环与水资源安全: 问题与挑战 [J]. 地理科学进展, 21(6): 517-526.

夏军. 2003. 华北地区水循环与水资源安全: 问题与挑战(一)[J]. 海河水利, 3: 1-3.

夏军. 2004. 华北地区水循环与水资源安全: 问题与挑战[J]. 自然资源学报, 21(6): 517-525.

仙巍, 邵怀勇, 周万村. 2005. 嘉陵江中下游地区土地利用格局变化的动态监测与预测[J]. 水土保持研究, (2): 61-64.

肖笃宁. 1991. 景观生态学理论、方法及其应用[M]. 北京: 中国林业出版社: 13-25.

肖生春, 肖洪良. 2003. 黑河流域绿洲生态环境演变因素研究[J]. 中国沙漠, 23(4): 385-388.

谢高地, 甄霖, 陈操操, 等. 2007. 流域宏观尺度降雨-景观-径流变化的相互作用[J]. 资源科学, 29(2): 156-163.

谢平. 2010. 流域水文模型: 气候变化和土地利用/覆被变化的水文水资源效应[M]. 北京: 科学出版社.

熊立华, 郭生练, 田向荣. 2004. 基于 DEM 的分布式流域水文模型及应用[J]. 水科学进展, (4): 517-520.

熊立华, 郭生练. 2004. 分布式流域水文模型[M]. 北京: 中国水利电力出版社.

熊立华, 周芬, 肖义, 等. 2003. 水文时间变点分析的贝叶斯方法[J]. 水电能源科学, 21(4): 39-41.

徐建华. 1995. 人类活动对自然环境演变的影响及其定量评估模型[J]. 兰州大学学报(社会科学版), 23(3): 144-150.

许炯心. 2007. 人类活动对黄河河川径流的影响[J]. 水科学进展, 18(5): 648-655.

薛立, 杨鹏. 2004. 森林生物量研究综述[J]. 福建林学院学报, 24(3): 283-288.

杨本琴. 2009. 北京山区主要灌木林生态系统结构与功能研究[D]. 北京: 北京林业大学: 47-48.

杨桂莲, 郝芳华, 刘昌明, 等. 2003. 基于 SWAT 模型的基流估算及评价——以洛河流域为例[J]. 地理科学进展, 22(5): 463-471.

姚治君, 管彦平. 2003. 潮白河径流分布规律及人类活动对径流的影响分析[J]. 地理科学进展, 22(6): 599-605.

英爱文, 姜广斌. 1996. 辽河流域水资源对气候变化的响应[J]. 水科学进展, 7(s1): 67-72.

游松财, Takahashi K, Matsuoka Y. 2002. 全球气候变化对中国未来地表径流的影响[J]. 第四纪研究, 22(2): 148-157.

余新晓, 李秀彬, 夏兵, 等. 2010. 森林景观格局与土地利用/覆被变化及其生态水文响应[M]. 北京: 科学出版社: 15-18.

余新晓, 牛健植, 关文彬, 等. 2006. 景观生态学[M]. 北京: 高等教育出版社.

余新晓. 2006. 景观生态学[M]. 北京: 高等教育出版社: 32-36.

虞孝感. 2003. 长江流域可持续发展研究[M]. 北京: 科学出版社.

袁飞, 谢正辉, 任立良, 等. 2005. 气候变化对海河流域水文特性的影响[J]. 水利学报, 26(3): 274-279.

袁艺, 史培军. 2001. 土地利用对流域降水-径流变化的影响[J]. 北京师范大学学报(自然科学版), 31(1): 131-136.

袁艺, 史培军. 2003. 土地利用变化对城市洪涝灾害的影响[J]. 自然灾害学报, 12(3): 6-13.

曾永年, 靳文凭, 王慧敏, 等. 2013. 青海高原东部土地利用变化模拟与景观生态风险评价[J]. 农业工程学报, 30(4): 185-194.

詹传春, 刘长秀. 2011. 土地利用/土地覆被变化研究概述[J]. 科技创新导报, 8(4): 25-26.

张光辉. 2001. 土壤水蚀预报模型研究进展[J]. 地理研究, 20(3): 275-281.

张国胜, 李林, 时兴合, 等. 2000. 黄河上游地区气候变化及其对黄河水资源的影响[J]. 水科学进展, 11(3): 278-283.

张洪刚, 郭生练, 徐德龙, 等. 2008. 汉江流域半分布式两参数月水量平衡模型[J]. 人民长江, 39(17): 43-45.

张建云, 王国庆, 贺瑞敏, 等. 2009. 黄河中游水文变化趋势及其对气候变化的响应[J]. 水科学进展, 20(2): 153-158.

张建云, 王国庆, 刘九夫, 等. 2009. 国内外关于气候变化对水的影响的研究进展[J]. 人民长江, 40(8): 39-41.

张金英. 2007. 基于 SWAT 模型的拒马河上游地区土壤侵蚀研究及其影响因子分析[D]. 石家庄: 河北师范大学.

张津涛, 张建军, 郭小平. 1993. 晋西黄土残塬沟壑区沙棘生物量及水土保持效益的研究[J]. 北京林业大学学报, 15(4): 118-124.

张磊, 王晓燕. 2010. 潮白河流域水文要素特征分析[J]. 首都师范大学学报(自然科学版), 31(1): 65-68.

张庆费, 周晓峰. 1999. 黑龙江省汤旺河和呼兰河流域森林对河川年径流量的影响[J]. 植物资源与环境, 8(1): 22-27.

张世法, 顾颖, 林锦. 2010. 气候模式应用中的不确定性分析[J]. 水科学进展, 21(4): 504-511.

张淑兰, 王彦辉, 于澎涛, 等. 2010. 定量区分人类活动和降水量变化对泾河上游径流变化的影响[J]. 水土保持学报, 24(4): 53-58.

张婷, 张楠, 张远. 2013. 太子河流域景观格局对流域径流的影响[J]. 水土保持通报, 33(5): 165-171.

张文林. 2006. 巢湖流域水文时间序列的变点分析[D]. 合肥: 合肥工业大学.

张喜, 薛建辉, 许效天, 等. 2008. 黔中喀斯特山地不同森林类型的地表径流及影响因素[J]. 热带亚热带植物学报, 15(6): 527-537.

张晓明. 2007. 黄土高原典型流域土地利用/森林植被演变的水文生态响应与尺度转换研究[D]. 北京: 北京林业大学.

张晓萍, 张橹, 王勇. 2009. 黄河中游地区年径流对土地利用变化时空响应分析[J]. 中国水土保持科学, 7(1): 19-26.

张岩, 朱清科. 2006. 黄土高原侵蚀性降雨特征分析[J]. 干旱区资源与环境, 20(6): 99-103.

张一驰, 李宝林, 程维明, 等. 2004. 开都河流域径流对气候变化的响应研究[J]. 资源科学, (6): 69-76.

张一驰, 周成虎, 李宝林. 2005. 基于 Brown-Forsythe 检验的水文序列变异点识别[J]. 地理研究, (5): 741-747.

张颖, 牛健植, 谢宝元, 等. 2008. 森林植被对坡面土壤水蚀作用的动力学机理[J]. 生态学报, 28(10): 5084-5094.

张永强, 张海涛, 杨新爱, 等. 2013. 人类活动及气候变化对河北省地表径流量的影响[J]. 水利科技与经济, 19(6): 28-36.

张由松, 肖自幸, 牛健植. 2011. 基于 GIS 的罗玉沟流域降雨侵蚀力时空分布规律研究[J]. 湖南农业科学, 35(15): 87-90.

张友静, 方有清. 1996. 森林对径流特征值影响初探[J]. 南京林业大学学报(自然科学版), 20(2): 34-38.

张远东, 刘世荣, 顾峰雪. 2011. 西南亚高山森林植被变化对流域产水量的影响[J]. 生态学报, 31(24): 7601-7608.

张芸香, 郭晋平. 2001. 森林景观斑块密度及边缘密度动态研究[J]. 生态学杂志, 20(1): 18-21.

张志强, 王盛萍, 孙阁, 等. 2006. 流域径流泥沙对多尺度植被变化响应研究进展[J]. 生态学报, (7): 2356-2364.

赵付竹, 张春花, 郝丽清. 2008. 澜沧江跨境径流对气候变化的敏感性分析[J]. 云南大学学报(自然科学版), 30(S2): 329-333.

赵广举, 穆兴民, 温仲明. 2013. 皇甫川流域降水和人类活动对水沙变化的定量分析[J]. 中国水土保持科学, 11(4): 1-8.

赵文武, 傅伯杰, 陈利顶. 2003. 陕北黄土丘陵沟壑区地形因子与水土流失的相关性分析. 水土保持学报, 17(3): 66-69.

赵晓松, 刘元波, 吴桂平. 2013. 基于遥感的 2000~2009 年鄱阳湖流域蒸散特征及影响因子研究[J]. 长江流域资源与环境, 22(003): 369-378.

赵学敏, 胡彩虹, 张丽娟, 等. 2007. 汾河流域降水变化趋势的气候分析[J]. 干旱区地理, 30(1): 53-59.

赵雪花, 黄强. 2004. 黄河上游径流变化的影响因素分析研究[J]. 自然科学进展, 14(6): 700-704.

赵阳, 余新晓, 贾剑波, 等. 2013. 红门川流域土地利用景观动态演变及驱动力分析[J]. 农业工程学报, 29(9): 239-248.

赵玉友, 耿鸿江, 潘辉. 1996. 基流分割问题评述[J]. 工程勘察, 15(2): 30-36.

郑红星, 刘昌明, 王中根, 等. 2004. 黄河典型流域分布式水文过程模拟[J]. 地理研究, (4): 447-454.

郑江坤, 余新晓, 贾国栋, 等. 2010. 密云水库集水区基于 LUCC 的生态服务价值动态演变[J]. 农业工程学报, 26(9): 315-320.

中国大百科全书总编辑委员会《水利》编辑委员会. 中国大百科全书(水利)[M]. 北京: 中国大百科全书出版社, 1992.

周连义, 江南, 吕恒, 等. 2006. 长江南京段湿地景观格局变化特征[J]. 资源科学, 28(5): 24-29.

周梅. 1995. 森林对河川径流影响研究综述[J]. 内蒙古林学院学报, 17(4): 9-17.

周晓峰, 李庆夏, 金永岩, 等. 2008. 凉水森林水分循环的研究[A]. 林业部科技司: 中国森林生态系统定位研究: 213-222.

周晓峰, 赵惠勋, 孙慧珍. 2001. 正确评价森林水文效应[J]. 自然资源学报, (5): 420-426.

周晓峰. 2001. 正确评价森林水文效应[J]. 自然资源学报, 16(5): 420-426.

朱会义, 李秀彬, 何书金, 等. 2001. 环渤海地区土地利用的时空变化分析[J]. 地理学报, 56(3): 253-256.

朱丽. 2010. 华北土石山区流域防护林空间优化配置[D]. 呼和浩特: 内蒙古农业大学.

朱士光. 1999. 黄土高原地区环境变迁及其治理[M]. 郑州: 黄河水利出版社.

Abbott M B, Bathurst J C, Cunge J A, et al. 1986. An introduction to the European Hydrological System — Systeme Hydrologique Europeen, "SHE", 1: History and philosophy of a physically-based, distributed modelling system[J]. Journal of Hydrology, 87(86): 45-59.

Abramopoulos F, Rosenzweig C, Choudhury B. 1988. Improved ground hydrology calculations for global climate models (GCMs): Soil water movement and evapotranspiration [J]. Journal of Climate, 1(9): 921-941.

Arnell N W. 1999. A simple water balance model for the simulation of stream flow over a large geographic domain [J]. Journal of Hydrology, 217(3-4): 314-355.

Arnold J G, Allen P M, Muttiah R, et al. 1995. Automated baseflow separation and recession analysis techniques[J]. GroundWater, 33(6): 1010-1018.

Arnold J G, Allen P M. 1999. Automated methods for estimating baseflow and ground water recharge from streamflow records1[J]. JAWRA Journal of the American Water Resources Association, 35(2): 411-424.

Arnold J G, Williams J R, Maidment D R. 1995. Contimuous-time water and sediment-routing model for large basins[J]. Journal of Hydraulic Engineering, 121(2): 171-183.

Arnoldus H M J. 1977. Methodology used to determine the maximum potential average annual soil loss due to sheet and rill erosion in Morocco. Nature, 414(6862): 405-406.

Baird A J, Wilby R L. 2002. 生态水文学: 陆生环境、水生环境与水分的关系. 赵文智, 王根绪, 译. 北京: 海洋出版社.

Batelaan O, Wang Z M, de Smedt F. 1996. An adaptive GIS toolbox for hydrological modelling. HydroGIS 1996: Application of Geographic Information Systems in Hydrology and Water Resources Management, Proceedings of the Vienna Conference[C]. IAHS Publ, 1(235): 3-9.

Bathurst J C, Wicks J M, O'Connell P E. 1995. The SHE/SHESED basin scale water flow and sediment transport modelling system [A].//Singh V P. Chapter 16 in Computer Models of Watershed Hydrology [C]. Colorado: Water Resource Publications, Littleton, Co.

Beer T, Borgas M. 1993. Horton's laws and fractal nature of streams [J]. Water Resources Research, 29(5): 1475-1487.

Beven K J, Calver A, Morris E M. 1987. The Institute of Hydrology Distributed Model. Institute of Hydrology Report 98. UK: Wallingford.

Beven K J, Kirkby M J. 1979. A physically based variable contributing area model of basin hydrology [J]. Hydrological Sciences Bulletin, 24(1): 43-69.

Beven K J, Lamb R, Romannowicz P, et al. 1995. Chapter 18 TOPMODEL // Singh V P. Computer Models of Watershed Hydrology. Water Resources Publication.

Beven K J, Wood E F, Sivapalan M. 1996. On hydrological heterogeneity-catchment morphology and catchment response [J]. Journal of Hydrology, 100: 353-375.

Beven K, Lamb R, Quinn P, et al. 1995. Topmodel[J]. Hydrosys Net, 18.

Bi H, Liu B, Wu J, et al. 2009. Effects of precipitation and land-use on runoff during the past 50 years in a typical watershed in Loess Plateau, China [J]. International Journal of Sediment Research, 24(3): 352-364.

Bicknell B R, Imhoff J L, Kittle J L, et al. 1993. Hydrologic simulation program-Fortran, User's manual for release 10. U. S. EPA Environmental Research Laboratory, Athens, Ga.

Bonmann H, Diekkruger B, Hauschild M. 1999. Impact of landscape management on the hydrological behaviour of small agricultural catchments [J]. Phys Chem Earth(B), 24(4): 291-296.

Bosch J M, Hewlett J D. 1982. A review of catchment experiments to determine the effect of vegetation changes on water yield and evapotranspiration [J]. Journal of Hydrology, 55(1): 3-23.

Braud J, Vich A I J, Zuluaga J, et al. 2001. Vegetation influence of runoff and sediment yield in the Audes region: observation and modeling [J]. Journal of Hydrology, 254(1): 124-144.

Bronstert A, Niehoff D, Bürger G. 2002. Effects of climate and land‐use change on storm runoff generation: present knowledge and modelling capabilities[J]. Hydrological Processes, 16(2): 509-529.

Brown A E, Zhang L, McMahon T A, et al. 2005. A review of paired catchment studies for determining changes in water yield resulting from alterations in vegetation[J]. Journal of Hydrology, 310(1): 28-61.

Budyko M I. 1974. Climate and life[M]. London: Academic Press.

Calder I. 1993. Hydrological effects of land-use change. chapter 13// Maidment D R. Handbook of Hydrology. New York: McGraw-Hill: 50.

Chang M. 2012. Forest hydrology: an introduction to water and forests [M]. Boca Raten: CRC Press: 26-29.

Chapman T. 1991. Comment on "Evaluation of automated techniques for baseflow and recession analysis" by R J Nathan and T A McMahon[J]. Water Resources Research, 27(7): 1783-1784.

Chapman T. 1999. A comparison of algorithms for stream flow recession and baseflow separation[J]. Hydrological Processes, 13: 701-714.

Covert S A, Robichaud P R, Elliot W J, et al. 2005. Evaluation of runoff prediction from WEPP-based erosion models for harvested and burned forest watersheds[J]. Transactions of the ASAE, 48(3): 1091-1100.

D'Herbes M, Valentin C. 2003. Land surface conditions of the Niamey region: ecological and hydrological implications [J]. Journal of Hydrology, 273: 164-176.

De Roo A P J, Ddijk M, Schmuck G, et al. 2001. Assessing the effects of land use changes on floods in the meuse and oder catchment[J]. Physics and Chemistry of the Earth (B), 26: 593-599.

De Smedt F, Liu Y B, Gebmmeskel S. 2000. Hydrological modeling on a catchment scale using GIS and remote sensed land use information//Brebbia C A. Risk Analyses Ⅱ. Southampton: WIT Press.

Dung B X, Gomi T, Miyata S, et al. 2012. Runoff responses to forest thinning at plot and catchment scales in a headwater catchment draining Japanese cypress forest[J]. Journal of Hydrology, 444(2): 51-62.

Eckhard K, Breuer L. 2003. Parameter uncertainty and the significance of simulated land use change effects [J]. Journal of Hydrology, 273: 164-176.

Eckhardt K. 2005. How to construct recursive digital filters for baseflow separation? Hydrological Processes, 19: 507-515.

Eeles C W O, Blackie J R. 1993. Land-use changes in the Balquhidder catchments simulated by a daily streamflow model [J]. Journal of Hydrology, 145: 315-336

Faith G, Wilson G, Francis M, et al. 2009. Climate change impact on SWAT simulated streamflow in western Kenya [J]. International; Journal of Climatology, 29: 1823-1834.

Farley K A, Jobbagy E G, Jackson R B. 2005. Effects of afforestation on water yield: a global synthesis with implications for policy [J]. Global Change Biology, 11: 1565-1576.

Flohn H. 1979. Possible climatic consequences of a man-made global warming[J]. IIASA Reports, 2: 1.

Fohrer N, Haverkamp S, Eckhardt K, et al. 2001. Hydrologic response to land use changes on the catchment scale[J]. Physics and Chemistry of the Earth, Part B: Hydrology, Oceans and Atmosphere, 26(7): 577-582.

Franczyk J, Changk H. 2009. The effects of climate change and urbanization on the runoff of the rock creek basin in the Portland metropolitan area, Oregon, USA[J]. Hydrological Processes, 23(6): 805-815.

Franklin J F, Forman R T T. 1987. Creation Landscape pattern by forest cutting: ecological consequence and principles[J]. Landscape Ecology, 1(1): 11-18.

Freeze R A, Harlan R L. 1969. Blueprint for a physically-based, digitally-simulated hydrologic response model[J]. Journal of Hydrology, 9(3): 237-258.

Gao P, Mu X M, Wang F, et al. 2011. Changes in streamflow and sediment discharge and the response to human activities in the middle reaches of the Yellow River[J]. Hydrology & Earth System Sciences, 15(1): 1-10.

Glick P H. 1987. Thedevelopment and testing of a water balance model for climate impact assessment, modeling the sacramento [J]. Basic Water Resources research, 23(6): 1049-1061.

Gocic M, Trajkovic S. 2013. Analysis of changes in meteorological variables using Mann-Kendall and Sen's slope estimator statistical tests in Serbia[J]. Global and Planetary Change, 25(100): 172-182.

Hamed K H. 2008. Trend detection in hydrologic data: The Mann-Kendall trend test under the scaling hypothesis. Journal of Hydrology, 349: 350-363.

Hibbert A B. 1983. Water yield improvement potential by vegetation magament on western range lands[J]. Water Resources Bulletin, 19(3): 375-381.

Horton R E. 1935. Surface runoff phenomena [M]. Mchigan: Horton Hydrology Laboratory Publication 101, Ann Arbor: 1-73.

Huang M B, Gallichand J, Zhang P C. 2003a. Runoff and sediment responses to conservation practices: Loess Plateau of China[J]. Journal of the American Water Resources Association, 39(5): 1197-1207.

Huang M B, Zhang L, Gallichand J. 2003b. Runoff responses to afforestation in a watershed of the Loess Plateau, China[J]. Hydrological Processes, 17(13): 2599-2609.

Huang M B, Zhang L. 2004. Hydrological responses to conservation practices in a catchment of the Loess Plateau, China [J]. Hydrological Process, 18: 1885-1898.

Huber W C, Dicknson R E. 1999. Storm Water Management Model. User's Manual Version 4, 1988.

Huber W C, Heaney J P, et al. 1987. Stormwater management model user's manual (Version III)[M]. U.S.: Environmental Protection Agency.

Hulme M, Barrow E M, Arnell N W, et al. Relative impacts of human-induced climate change and natural climate variability [J]. Nature, 131(397): 688-691.

Hundecha Y, Bárdossy A. 2004. Modeling of the effect of land use changes on the runoff generation of a river basin through parameter regionalization of a watershed model[J]. Journal of Hydrology, 292(1): 281-295.

Ide J, Finér L, Laurén A, et al. 1988. Effects of clear-cutting on annual and seasonal runoff from a boreal forest catchment in eastern Finland[J]. Forest Ecology and Management, 2013, 37(304): 482-491.

IPCC. Climate Change 1995: Impacts, Adaptations and Mitigation of Climate Change: Scientific Technical Analyses. Contribution of Working Group Ⅱ to the Second Assessment Report of the Intergovernmental Panel on Climate Change [M]. Cambridge: Cambridge University Press: 133-135.

IUGG. 1999. XXⅡ General Assembly of International Union of Geodesy and Geophysics. Birmingham, UK: 18-30.

Jia Y W, Ni G H, Kawahara Y, et al. 2001. Development of WEP Model and its application to an urban watershed [J]. Hydrological Processes, 15: 2175-2194.

Jun X, Takeuchi K. 1999. Barriers to sustainable management of water quantity and quality-Introduction. Hydrological Sciences Journal/journal Des Sciences Hydrologiques, 44(4): 503-505.

Kahru M, Brotas V, Manzano‐Sarabia M, et al. 2011. Are phytoplankton blooms occurring earlier in the Arctic? [J]. Global Change Biology, 17(4): 1733-1739.

Karr J R. 1991. Biolpogical integrity: a long neglected aspect of water resource management[J]. Ecological Applications, 1: 66-84.

Kendall M G. 1975. Rank Correlation Met hods [M]. London: Charles Griffin: 109-117.

Kim S J, Park T Y, Jang M W, et al. 2010. Flood Runoff Estimation for the Streamflow Stations in Namgang-Dam Watershed Considering Forest Runoff Characteristics[J]. Journal of The Korean Society of Agricultural Engineers, 52(6): 85-94.

Kirby M J. 1978. Hillslope hydrology[M]. New York: John Wiley & Sons.

Kirby M, Chiew F, Harle K, et al. 2003. Catchment water yield and water demand projections under climate change scenarios for the Australian Capital Territory [R]. China: Consultancy for ACT Electricity and Water: 25-26.

Krol M S, Jaeger A, Bronstert A, et al. 2006. Integrated modeling of climate, water, soil, agricultura land socio-economic processes: a general introduction of the methodology and some exemplary results from the semi-arid Northeast of Brazil[J]. Journal of Hydrology, 328: 417-431.

Kuczera G. 1987. Prediction of water yield reductions following a bushfire in ash-mixed species eucalypt forest [J]. Journal of Hydrology, 94(3): 215-236.

Kuhnel V, Dooge J, O'Kane J, et al. 1991. Partial analysis applied to scale problems in surface moisture fluxes [J]. Surveys in Geophysics, 12: 221-247.

Labat D, Godderiset Y, Probst J, et al. 2004. Evidence for bloble runoff increase related to climate warming [J]. Advances in Water Resources, 27: 631-642.

Langbein W B. 1949. Annual Runoff in the United States. Geological Survey Circular, 52.

Leavesley G H, Markstrom S L, Restrepo P J, et al. 2002. A modular approach to addressing model design, Scale, and parameter estimation issues in distributed hydrological modeling [J]. Hydrological Process, (16): 173-188.

Lee A F S, Heghinian S M. 1977. A shift of the mean level in a sequence of independent normal random variable: a Bayesian approach [J]. Technometrics, 19(4): 503-506.

Lenat D R, Crawford J K. 1994. Effects of land use on water quality and aquatic biota of three North Carolina Piedmont streams [J]. Hydrobiologia, 294(3): 185-199.

Li L J, Bin L I, Liang L Q, et al. 2010. Effect of climate change and land use on stream flow in the upper and middle reaches of the Taoer River, northeastern China[J]. Forestry Study China, 12(3): 107-115.

Li X, Yeh A G O. 2004. Analyzing spatial restructuring of land use patterns in a fast growing region using remote sensing and GIS[J]. Landscape and Urban planning, 69(4): 335-354.

Liang L Q, Li L J, Liu Q. 2010. Temporal variation of reference evapotranspiration during 1961-2005 in the Taoer River basin of Northeast China [J]. Agricultural and Forest Meteorology, 150: 298-306.

Lindström G, Bergström S. 2004. Runoff trends in Sweden 1807–2002/Tendances de l'écoulement en Suède entre 1807 et 2002[J]. Hydrological Sciences Journal, 49(1): 69-83.

Liu C M, Wei Z Y. 1989. Agricultural hydrology and water resources in the north china plain[M]. Beijing: Science Press: 40-41.

Liu H J, Li Y, Josef T, et al. 2014. Quantitative estimation of climate change effects on potential evapotranspiration in Beijing during 1951–2010[J]. Journal of Geographical Sciences, 24(1): 93-112.

Liu M, Tian H, Chen G, et al. 2008. Effects of Land‐Use and Land‐Cover Change on Evapotranspiration and Water Yield in China During 1900–2001 [J]. Journal of the American Water Resources Association, 44(5): 1193-1207.

Liu T, Zhang P L, Xu Y. 2014. Research on Water Level Trends of the Middle Yangtze River Based on Mann-Kendall and ARIMA Model [J]. Applied Mechanics and Materials, 513(3): 3016-3019.

Liu X, Liu W, Xia J. 2013. Comparison of the streamflow sensitivity to aridity index between the Danjiangkou Reservoir basin and Miyun Reservoir basin, China [J]. Theoretical and Applied Climatology, 111(3-4): 683-691.

López-Vicente M, Poesen J, Navas A, et al. 2013. Predicting runoff and sediment connectivity and soil erosion by water for different land use scenarios in the Spanish Pre-Pyrenees [J]. Catena, 102(3): 62-73.

Lørup J K, Refsgaard J C, Mazvimavi D. 1998. Assessing the effect of land use change on catchment runoff by combined use of statistical tests and hydrological modelling: case studies from Zimbabwe [J]. Journal of Hydrology, 205(3): 147-163.

Lyne V, Hollick M. 1979. Stochastic time-variable rainfall-runoff modeling//Hydrology and Water Resources Symposium, National Committee on Hydrology and Water Resources of the Institute of Engineering, Perth, Australia: 89-93.

Mango L M, Melesse A M, McClain M E, et al. 2011. Land use and climate change impacts on the hydrology of the upper Mara River Basin, Kenya: results of a modeling study to support better resource management [J]. Hydrology & Earth System Sciences, 15(7): 2245.

Mann H B. 1945. Non-parametric tests against trend[J]. Econometrica, 13(1): 245-259.

McCulloch J S G, Robinson M. 1993. History of forest hydrology[J]. Journal of Hydrology, 150(2): 189-216.

McGarigal K, Cushman S A, Neel M C, et al. 2014. FRAGSTATS v3: Spatial Pattern Analysis Program for Categorical Maps[E]. Amherst: Computer software program produced by the authors at the University of Massachusetts: 25.

Meng F R, Bourque C P, Jewett K, et al. 1995. The Nashawaak Experimental watershed project: analyzing effects of clearcutting on soil temperature, soil moisture, snowpack, snowmelt and stream flow water [J]. Air and Pollution, 85(2): 363-374.

Middelkoop H, Rotmans J. 2005. Development of perspective-based scenarios for global change assessment for water management in the lower Rhine delta [EB/OL]. http: // www.icis.unimaas.nl/ publ/ downs/ 00_60. pdf[2005-03-05].

Milly P C D, Dunne K A, Vecchia A V. 2005. Global pattern of trends in streamflow and water availability in a changing climate[J]. Nature, 438(7066): 347-350.

Milly P C D, Dunne K A. 2002. Macroscale water fuxes 2. Water and energy supply control of their inter-annual variability [J]. Water Resources Research, 38(10): 1206.

Mimikou M A, Baltas E A. 1997. Climate change impacts on the reliability of hydroelectric energy production [J]. Hydrological Sciences Journal, 42 (5): 661-678.

Mulvany T J. 1850. On the use of self-registering rain and flood gauges [J]. Proceeding of the Institution of Institution of Civil Engineers, 4(2): 1-8.

Nagendra H, Munroe D K, Southworth J. 2004. From pattern to process: landscape fragmentation and the analysis of land use/land cover change[J]. Agriculture, Ecosystems & Environment, 101(2): 111-115.

Nathan R J, McMahon T A. 1990. Evaluation of automated techniques for base flow and recession analyses[J]. Water Resources Research, 26(7): 1465-1473.

Nearing M A, Norton L, Bulgakav A, et al. 1997. Hydraulics and erosion in eroding rills [J]. Water Resources Research, 33(4): 865-876.

Nie W, Yuan Y, Kepner W, et al. 2011. Assessing impacts of Landuse and Land cover changes on hydrology for the upper San Pedro watershed [J]. Journal of Hydrology, 407(1): 105-114.

Niehoff D, Fritsch U, Bronstert A. 2002. Land-use impacts on storm-runoff generation: scenarios of land-use change and simulation of hydrological response in a meso-scale catchment in SW-Germany [J]. Journal of Hydrology, 267(1): 80-93.

Niemann H B, Atreya S K, Bauer S J, et al. 2005. The abundances of constituents of Titan's atmosphere from the GCMS instrument on the Huygens probe [J]. Nature, 438 (7069): 779-784.

Nilsson C, Berggren K. 2000. Alterations of riparian ecosystems caused by river regulation[J]. Bioscience, 50 (9): 783-792.

Oliver J E. 1980. Monthly precipitation distribution: a comparative index [J]. Profess Geographer, 32: 300-309.

Onstad C A, Jmieson D G. 1970. Modeling the effects of land use modification on runoff [J]. Water Resource Research, 6 (5): 1287-1295.

Pacheco E, Rallo E, Úbeda X, et al. 2013. Runoff and sediment production in a Mediterranean basin under two different land uses after forest maintenance[C]. European: EGU General Assembly Conference Abstracts, 15: 5497.

Peel M C, McMahon T A, Finlayson B L. 2010. Vegetation impact on mean annual evapotranspiration at a global catchment scale [J]. Water Resources Research, 46 (9): W09508. DOI: 10. 1029/ 2009WR008233.

Peterson B, Holmes R, McClelland J, et al. 2002. Increasing river discharge to the Arctic Ocean [J]. Science, 298: 2171-2173.

Pettitt A N. 1979. A non-parametric approach to the change-point problem [J]. Applied Statistics, 28 (2): 126-135.

Petts G. 1984. Impounded rivers: perspectives for ecological management[M]. New York: Wiley, Chichebster.

Quick M C. 1995. Chapter 8, The UBC watershed Model // Singh V P. Computer Models of watershed hydrology, Littleton, Colo: Water Resources Publications.

Remec J, Schaake J C. 1982. Sensitivity of water resources systems to climate variations [J]. Hydrological Science Journal, 27: 327-343.

Renard K G, Freimund J R. 1994. Using monthly precipitation data to estimate the R-factor in the revised USLE. Journal of Hydrology, 157: 287-306.

Renner M, Bernhofer C. 2012. Applying simple water-energy balance frameworks to predict the climate sensitivity of streamflow over the continental United States [J]. Hydrology and Earth System Sciences, 16 (8): 2531-2546.

Renner M, Seppelt R, Bernhofer C. 2012. Evaluation of water-energy balance frameworks to predict the sensitivity of streamflow to climate change[J]. Hydrology and Earth System Sciences, 16 (5): 1419-1433.

Robbins C S, Dawson D K, Dowell B A. 1989. Habitat area requirements of breeding forest birds of the middle Atlantic states[J]. Wildlife Monographs, 103:34.

Robert T B. 2009. Potential impacts of global climate change on the hydrology and ecology of ephemeral freshwater systems of the forests of the northeastern United States. Climatic Change, 95: 469-483.

Rodda J. 1995. Whither World Water? [J]. Water Resources Bulletin, 31 (2): 1-7.

Roderick M, Farquhar G. 2011. A simple framework for relating variations in runoff to variations in climatic conditions and catchment properties [J]. Water Resources Research, 47: W00G07. DOI: 10. 1029/2010WR009826.

Sahin V, Hall M J. 1996. The effects of afforestation and deforestation on water yields[J]. Journal of Hydrology, 178 (1): 293-309.

Schaake J, Liu C. 1989. Development and application of simple water balance models to understand the relationship between climate and water resources// New Directions for Surface Water Modeling Proceedings of the Baltimore Symposium. LAHS Publication.

Schilling K E, Chan K S, Liu H, et al. 2010. Quantifying the effect of land use land cover change on increasing discharge in the Upper Mississippi River[J]. Journal of Hydrology, 387 (3): 343-345.

Schlesinger W H, Reynolds J F, Guningham G L, et al. 1990. Biological feedbacks in global desertification[J]. Science, 247 (1): 1043-1048.

Scottd F, Lesch W. 1997. Streamflow responses to aforestation with Eucalyptus grandis and Pinnus patula and to feling in the Mokrobulaan experimental catchments, Mpumalanga Province, South Africa[J]. Journal of Hydrology, 199 (2): 360-377.

Searay J K, Hardison C H. 1960. 'Double-mass curves'. U. S. G. S[J]. Water Supply Paper, 1541 (B): 66.

Sellers P J, Randall D A, Collatz G J, et al. 1996. A revised land surface parameterization (SiB2) for atmospheric GCMs. Part Ⅰ: Model formulation [J]. Journal of Climate, 9 (4): 676-705.

Sen P K. 1968. Estimates of the regression coefficient based on Kendall's tau [J]. Journal of the American Statistical Association, 63 (3): 1379-1389.

Seto K C, Fragkias M. 2005. Quantifying spatiotemporal patterns of urban land-use change in four cities of China with time series landscape metrics [J]. Landscape Ecology, 20(7): 871-888.

Shadmani M, Marofi S, Roknian M. 2012. Trend analysis in reference evapotranspiration using Mann-Kendall and Spearman's Rho tests in arid regions of Iran[J]. Water Resources Management, 26(1): 211-224.

Shafii M, Smedt F D. 2009. Multi-objective calibration of a distributed hydrological model (WetSpa) using a genetic algorithm. Hydrology & Earth System Sciences, 13(11): 2137-2149.

Shalaby A, Tateishi R. 2007. Remote sensing and GIS for mapping and monitoring land cover and land-use changes in the Northwestern coastal zone of Egypt [J]. Applied Geography, 27(1): 28-41.

Smakhtin V U. 2001. Low flow hydrology: a review[J]. Journal of Hydrology, 240: 147-186.

Stednick J D. 1996. Monitoring the effects of timber harvest on annual water yield[J]. Journal of Hydrology, 176(1): 79-95.

Stockton C W, Boggess W R. 1979. Geohydrological implication of climate change on water resources, development [C]. Fort Belvoir: US Army costal Engineering Research Chenter.

Sun G, McNulty S G, Lu J, et al. 2005. Regional annual water yield from forest lands and its response to potential deforestation across the southeastern United States [J]. Journal of Hydrology, 308: 258-268.

Sun G, McNulty S, Moore J. 2004. Modeling the climate change sensitivity on water yield in a coast watershed of North Carolina[C]. International Symposium on River Sedimentation.

Sun G, Zhou G, Zhang Z, et al. 2006. Potential water yield reduction due to forestation across China [J]. Journal of Hydrology, 328: 548-558.

Sun S, Chen H, Ju W, et al. 2013. Effects of climate change on annual streamflow using climate elasticity in Poyang Lake Basin, China [J]. Theoretical and Applied Climatology, 112: 169-123.

Swank W T, Crossley D A Jr. 1988. Forest Hydrology and Ecology at Coweta[M]. Berlin: Springer-Verlag: 15-24.

Tabari H, Aeini A, Talaee P H, et al. 2012. Spatial distribution and temporal variation of reference evapotranspiration in arid and semi - arid regions of Iran[J]. Hydrological Processes, 26(4): 500-512.

Tabari H, Talaee P H. 2011. Temporal variability of precipitation over Iran: 1966–2005[J]. Journal of Hydrology, 396(3): 313-320.

Thornthwite G W. 1949. A approach toward a rational classification of climate [J]. Geographical Review, 38: 55-94.

Tomer M, Schilling K. 2009. A simple approach to distinguish land-use and climate-change effects on watershed hydrology [J]. Journal of Hydrology, 376: 24-33.

Turner K M. 1991. Annual evapotranspiration of native vegetation in a Mediterranean-type climate [J]. Water Resources Bulletin, 27: 1-6.

Unite States Department of Agriculture. 1978. Predicting Rainfal Erosion Losses-AQ Guide to Conservation Planning[C]. Washington: Agriculture Handbook: 537.

Vandewiele G L, Xu C Y, Ni-Lar-Win. 1992. Methodology and Comparative Study of Monthly Water Balance Models in Belgium, China and Burma [J]. Journal of Hydrology, 134(4): 315- 347.

Vink A P A. 1983. Landscape ecology and land use [M]. London: Longman Inc. 54.

Wagener T. 2007. Can we model the hydrological impacts of environmental change?[J]Hydrological Process, 21(23): 3233-3236.

Wang G, Yang H, Wang L, et al. 2014. Using the SWAT model to assess impacts of land use changes on runoff generation in headwaters[J]. Hydrological Processes, 28(3): 1032-1042.

Wang S, Fu B J, He C S. 2011. A comparative analysis of forest cover and catchment water yield relationships in northern China [J]. Forest Ecology and Management, 2011, 262(3): 1189-1198.

Wang W G, Shao Q X, Yang T, et al. 2013. Quantitative assessment of the impact of climate variability and human activities on runoff changes: a case study in four catchments of the Haihe River basin, China[J]. Hydrological Processes, 27: 1158-1174.

Wang Y H, Yu P T, Feger K H, et al. 2011. Annual runoff and evapotranspiration of forestlands and non - forestlands in selected basins of the Loess Plateau of China. Ecohydrology, 4(2): 277-287.

Wang Y H, Yu P T, Xiong W, et al. 2008. Water yield reduction after afforestation and related processes in the semiarid Liupan Mountains, Northwest China[J]. Journal of the American Water Resources Association, 44(5): 1086-1097.

Wang Z M, Batelaan O, De Smedt F. 1997. A distributed model for water and energy transfer between soil, plants and atmosphere (WetSpa)[J]. Phys Chem Earth, 21(3): 189-193.

Wei X H, Sun G, Liu S R, et al. 2008. The forest-streamflow relationship in China: a 40-year retrospects[J]. Journal of the American Water Resources Association, 44(5): 1076-1085.

Wei X, Zhou X, Wang C. 2003. The influence of mountain temperate forest on the hydrology in northern China[J]. The Forestry Chronicle, 79(2): 297-300.

Weng Q. 2002. Land use change analysis in the Zhujiang Delta of China using satellite remote sensing, GIS and stochastic modelling [J]. Journal of Environmental Management, 64(3): 273-284.

Whitehead P G, Robinson M. 1993. Experimental basin studies—an international and historical perspective of forest impacts[J]. Journal of Hydrology, 145: 217-230

Wiberg D A. Strzepek K M. 2000. CHARM: A Hydrologic Model for Land Use and Climate Change Studies in China. IIASA Interim Report, IR-00-072, Laxenburg, Austria.

Xia J, Zhang L, Liu C, et al. 2007. Towards better water security in North China [J]. Water Resources Management, 2007, 21(1): 233-247.

Xie Z H, Su F G, Zeng Q C, et al. 2003. Applications of a surface runoff model with horton and dunne runoff for VIC. [J]. Advances in Atmospheric Sciences, 20(2): 165-172.

Yang D, et al. 2002. A geomorphology-based hydrological model and its applications// Singh V P, Frevert D K. Mathematical Models of small watershed hydrology and applications. Littleton, Colorado: Water Resources Publications, 259-300.

Yang H, Yang D. 2011. Derivation of climate elasticity of runoff to assess the effects of climate change on annual runoff [J]. Water Resources Research, 47: W07526.

Yu P T, Krysanova V, Wang Y H, et al. 2009. Quantitative estimate of water yield reduction caused by forestation in a water-limited area in Northwest China[J]. Geophysical Research Letters, 36(2): L02406.

Yu X X. 1991. Forest hydrologic research in China[J]. Journal of Hydrology, 122 (1-4): 23-31.

Yue S, Pilon P, Cavadias G. 2002. Power of the Mann–Kendall and Spearman's rho tests for detecting monotonic trends in hydrological series [J]. Journal of Hydrology, 259(1): 254-271.

Zhan C, Xu Z, Ye A, et al. 2011. LUCC and its impact on run-off yield in the Bai River catchment—upstream of the Miyun Reservoir basin [J]. Journal of Plant Ecology, 4(1-2): 61-66.

Zhang L, Dawes W R, Walker G R. 1999. Predicting the effect of vegetation changes on catchment average water balance. CRC for Catchment Hydrology, Technical Report 99/12. Victoria, Australia: Monash University.

Zhang L, Dawes W R, Walker G R. 2001. Response of mean annual evapotranspiration to vegetation changes at catchment scale[J]. Water Resources Research, 37(3): 701-708.

Zhang M, Wei X, Sun P, et al. 2012. The effect of forest harvesting and climatic variability on runoff in a large watershed: The case study in the Upper Minjiang River of Yangtze River basin[J]. Journal of Hydrology, 464(465): 1-11.

Zhang Q, Xu C, Becker S, et al. 2006. Sediment and runoff changes in the Yangtze River basin during past 50 years[J]. Journal of Hydrology, 331(3): 511-523.

Zhang X P, Zhang L, McVicar T R, et al. 2007a. Modelling the impact of afforestation on average annual streamflow in the Loess Plateau, China[J]. Hydrological Processes, 22(12): 1996–2004.

Zhang X P, Zhang L, Mu X M, et al. 2007b. The mean annual water balance in the Hekou-Longmen Section of the middle Yellow River: Testing of the regional scale water balance model and its calibration[J]. Acta Geographica Sinica, 62(7): 753-763.

Zhang Y K, Schilling K E. 2006. Increasing streamflow and baseflow in Mississippi River since the 1940s: Effect of land use change [J]. Journal of Hydrology, 324(1): 412-422.

Zhao Y, Yu X X. 2013. Effects of climatic variability and human activity on runoff in the Loess Plateau of China [J]. The Forestry Chronicle, 89(2): 153-161.